本书承蒙《国家社会科学基金项目》（13BFX151）的资助，特此致谢！

·法律与社会书系·

生态文明理念之建构及中国对策研究

——基于WTO法理框架

姜作利 | 著

光明日报出版社

图书在版编目（CIP）数据

生态文明理念之建构及中国对策研究：基于 WTO 法理框架 / 姜作利著. -- 北京：光明日报出版社，2021.7

ISBN 978-7-5194-6206-2

Ⅰ.①生… Ⅱ.①姜… Ⅲ.①生态文明—建设—研究—中国 Ⅳ.①X321.2

中国版本图书馆 CIP 数据核字（2021）第 161852 号

生态文明理念之建构及中国对策研究：基于 WTO 法理框架

SHENGTAI WENMING LINIAN ZHI JIANGOU JI ZHONGGUO DUICE YANJIU：JIYU WTO FALI KUANGJIA

著　　者：姜作利

责任编辑：陆希宇　　责任校对：陈永娟

封面设计：中联华文　　责任印制：曹　诤

出版发行：光明日报出版社

地　　址：北京市西城区永安路 106 号，100050

电　　话：010-63169890（咨询），63131930（邮购）

传　　真：010-63131930

网　　址：http//book.gmw.cn

E - mail：luxiyu@gmw.cn

法律顾问：北京德恒律师事务所龚柳方律师

印　　刷：三河市华东印刷有限公司

装　　订：三河市华东印刷有限公司

本书如有破损、缺页、装订错误，请与本社联系调换，电话：010-63131930

开　　本：170mm×240mm

字　　数：314 千字　　印　　张：17.5

版　　次：2021 年 7 月第 1 版　　印　　次：2021 年 7 月第 1 次印刷

书　　号：ISBN 978-7-5194-6206-2

定　　价：95.00 元

版权所有　　翻印必究

前　言

我自1998年开始研究GATT和WTO以来，一直关注着WTO的发展，特别是多哈回合的谈判进程及相关问题。幸运的是，我于2012年应WTO总部的邀请赴瑞士日内瓦参见国际学术会议并应邀做了几次演讲，结识了被誉为两大WTO理论奠基人之一的彼特斯曼（Petersmann）教授及著名WTO学者鲍威林（Pauwelyn）和梅索（Marceau）教授，并同他们进行了深入的讨论，受到了诸多启发。随着经济全球化的快速发展，WTO促进了各国政治、经济及法律等的相互融合，促进了国际贸易的发展。另一方面，随着国际贸易的发展，各国赖以生存的环境也日益恶化，威胁着各国人民的生存，引起了各国人民的关注，催生了日益高涨的逆全球化浪潮。相应地，各国为了保护环境和气候，先后缔结了多个多边环境保护协定，取得了明显的成效。鉴于此，我开始思考WTO作为当今世界最重要的多边贸易法律组织，应该在促进贸易发展的同时，在保护各国环境方面承担什么样的责任问题。从此以后，我开始了对WTO多哈回合中关于贸易与环境的谈判的研究。

正当我面对如此复杂、庞大的问题深感茫然失措之时，我国政府前几年提出的生态文明理念及建设（尤其是2018年3月“生态文明”被载于宪法，为我国的生态文明建设提供了宪法层面的保障），特别是习近平提出的“人类命运共同体”的倡议，给我送来了启迪：WTO作为“经济联合国”一直是由发达国家主导的，崇尚的是有利于强者的贸易自由化理念和以邻为壑的丛林法则，必然成为国际环境保护的思想障碍。因此，只有在WTO法理框架中构建生态文明的理念，并制定相应的规则，才能迫使WTO承担保护各国环境的历史责任。遗憾的是，新自由主义思想和弱肉强食的丛林理念在西方文化中根深蒂固，不易在短时间内予以根除，只能从中国传统文化中的“天人合一”思想中汲取启迪和营养，完善WTO的法理基础和相关规则，从而保证WTO既促进国际贸易的发展，又为保护好各国的环境做出应有的贡献。此外，当今世界发达国家和发展中国家之间在政治、经济、法律及文化等方面相差悬殊，一些发达国家仍固守冷战思维，发展中国家虽数目居多，但实力弱小，难以对发达国家的强势形成有效的制约，相互之间又缺失互信和真诚合作，难以就 WTO 法理框架中建构生态文明理念达成共识。鉴于此，我们必须紧紧抓住习近平“人类命运共同体”倡议提供的千载难逢的契机，积极在全球普及“共享共建”及“互利共赢”思想，消除冷战思维，壮大发展中国家的力量，促进各国的真诚合作，切实在 WTO 法理框架中构建生态文明的理念，保护好人类共同的家园，改善各国人民的福祉。

本书的主要内容如下。

首先，本书对当前国际国内的最新的生态文明理念进行了梳理和评析，指出了 WTO 法律制度中缺失生态文明的理念和规则，面临着环境保护的严峻挑战。本书在对生态文明理念进行论述的同时，深入挖掘和剖析了当前全球生态危机的理论根源（人类中心主义思想、新自由主义思想及资本主义制度等），阐述了西方学者提出的动物权利论、生物中心论、自然价值论等生态文明理论。在分析 WTO 法律制度方面，本书从哲学、道德及经济等视角展开，揭示了 WTO 法律制度缺失生态文明理念的理论根源，并提出了完善的建议。此外，本书对 WTO 序言及各协定中的有关环境保护的规则进行了分析，并对 WTO 争端解决机构裁决的相关环境保护案例进行了深入的实证分析。

其次，本书对当前诸多多边环境条约及美国和日本等国的相关环境保护法律法规进行了介绍和分析，旨在为在 WTO 法律制度中构建生态文明理念及制度相应规则提供经验和借鉴。第二次世界大战以来，各国为了寻求国际合作来加强对各国环境的保护，制定了许多多边环境条约，美国、日本等经济发达国家为了尽快解决自身环境日益恶化问题，也制定了相应规则予以规制。本书指出，WTO 作为当今世界最重要的多边贸易和法律组织，在环境保护方面远远落后于相关国际环境条约和一些国家的环境保护法律制度，难以适应当前飞速发展的经济全球化和法律全球化的发展。

再次，本书对孔子、孟子、荀子及老子的“天人合一”思想进行了认真的梳理和深入的评述，指出我国传统文化中的“天人合一”思想作为东方哲学思想的代表，蕴含着深刻的人与自然和谐相处的理念和大智大慧，应该成为 WTO 法律制度中构建生态文明理念的核心渊源。同时，本书运用比较分析的方法对西方的新自由主义经济思想及民主、公正、平等的法理理念进行了剖析，认为西方的这些理念中固有的有利于强者的适者生存及弱肉强食思想，必须予以改良和完善，不能作为 WTO 法律制度中生态文明理念中的主导理论。

最后，本书对 WTO 多哈回合关于环境保护谈判面临的困难进行了深入分析，结合习近平建设“人类命运共同体”倡议的思想，提出了发展中国家在多哈回合谈判中如何应对贸易与环境问题及构建生态文明理念的具体对策。其中，本书强调了我国应该充分利用多哈回合谈判平台，积极宣传生态文明和“人类命运共同体”建设的理念，组织和主导与发展中国家的合作，切实增强发展中国家的合力，迫使发达国家在真诚合作和环境保护方面做出实质性让步。同时，建议发展中国家呼吁尽快硬化特殊差别待遇规则，纳入多边气候条约中的“共同但有区别责任”原则，为切实保护发展中国家的环境和利益做出不懈的努力。

最后需要提及的是，虽然国际国内有关 WTO 的资料浩如烟海，著述及各种读物汗牛充栋，但是至今并未发现任何对本题目的系统研究。本书在国际国内首次从人与自然关系的“凌绝顶”高度及生态文明的视角，对 WTO 的未来走向进行了“一览众山小”的鸟瞰和粗犷的勾勒，前瞻性地指出了 WTO 法律制度中只有构建生态文明的理念和制定相应的规则，承担起既促进贸易又保护好环境的历史责任，才能在日益高涨的逆全球化及各国利益激烈冲突的荆棘之中砥砺向前，切实为各国人民的福祉做出应有的贡献。毋庸置疑，我们对上述的前瞻性预见坚定不移，更要信心满怀，但是，我们也深感学识浅薄，可能“窥豹一斑”，致使本研究或多或少环绕着些许乌托邦气息，难以对实践起到较大的指导性作用。因此，本书多多少少会存在错误和疏漏，我们诚恳地期待和欢迎广大读者提出批评指正。

目 录
CONTENTS

导　论

一、本书的缘起

本书最直接的缘起来自我于2013年应WTO总部邀请赴日内瓦参加的一次国际学术会议。我利用本次会议的机会结识了不少美国、法国、意大利等国家的WTO法、生态学、生态经济学等领域的知名学者，意识到了人类面临的生态危机日益严重及WTO作为当今世界最重要的多边贸易法律体系应该如何为促进贸易发展和环境保护做出应有的贡献等问题。这些问题给了我极大的震撼，坚定了我对此进行系统研究的决心。

另一方面，我开始研究这个题目不久，有幸请教了山东大学的几位研究儒学的教授，真切地感受到中国传统文化应该为全球生态环境保护提供自己的智慧，促使我的研究进一步完善。

最后也是最重要的一个缘由，是习近平总书记提出的“人类命运共同体”的倡议，使我感觉到这是全世界各国人民共同保护自己赖以生存的环境的最佳历史机遇，自然也是各国人民共同努力在WTO多边贸易法律体制中建立生态文明理念，保证WTO能够切实促进各国贸易发展和保护好国际环境的良机。因为，在WTO法理框架中建构系统的生态文明理念，需要164个WTO成员摒弃前嫌，诚心合作，特别是发达国家成员要放弃“以邻为壑”的冷战思维，发展中国家成员要携手并肩，增强合力。所以，紧紧抓住习近平总书记提出“人类命运共同体”倡议这个难得的契机，是一个千载难逢的历史机遇。

二、国内外研究现状

由于西方发达国家较早受工业文明导致的生态危机所害，西方学者对生态文明问题的研究起步较早，但相关研究存在诸多的缺陷：一是重点批判资本主义生产和生活方式造成的生态危机，但尚未提出系统的包含生态文明理念的理论框架①；二是仅关注发达国家面临的如绿色贸易壁垒等问题，漠视发展中国家的特殊情形；三是对 WTO 与生态文明的关系问题的研究仅限于相关 WTO 规则及案例，缺乏理论及体制方面的系统研究及构建。

相比之下，国内研究起步较晚，但势头强劲，研究成果较多。遗憾的是，相关研究主要集中在生态文明的概念、马克思恩格斯的生态文明思想、中国特色社会主义生态文明建设的理论及推进生态文明建设的对策等方面。在 WTO 与生态文明建设方面，仅限于对 WTO 相关规则及案例的介绍，尚未出现对 WTO 理论框架中生态文明理念的建构及中国对策的系统研究。

三、本书的创新之处

其一，WTO 作为西方强国发起并主导的产物，其理论框架中漠视实体正义，崇尚唯利是图及“以邻为壑”的丛林法则，难以保护各国尤其是发展中国家的生态环境，是造成 WTO 举步维艰的主要原因。生态文明作为人类社会发展中迄今最先进的文明，是保证人类永续发展的核心理念。WTO 作为当今世界最重要的多边贸易法律组织，其理论框架必须构建生态文明的理念，其具体规则必须进行实质性完善，切实为其实现造福全人类的宗旨提供理论依据；WTO 争端解决机制必须遵循 WTO 的宗旨，在争端解决中认真考量生态问题，在现行法律框架下，通过司法能动来公正解决生态争端。

其二，生态文明作为人类文明迄今的最高级形式，提倡人与自然的和谐统一、可持续性经济发展模式及和谐的社会秩序。然而，资本主义私有制及西方文化中天人对立的思想不可能治愈生态危机。以中国文化中“天人合一”思想为代表的东方智慧，与生态文明理念吻合，也自然成为 WTO 理论框架的核心理念。国学大师钱穆认为：“中国过去最伟大的贡献在于对‘天’‘人’关系的研究。”② 学识贯通中西的季羡林大师指出：“‘天人合一’是东方思想的普遍而又基本的表述，是一个非常伟大的、含义深远的思想，非常值得发扬光大，它关系到人类的前途。”许多国外有识之士也持相同观点，例如，美国生态学家罗尔

---

① 例如，被西方学者誉为 WTO 理论的两大奠基人之一的彼特斯曼教授对 WTO 理论框架提出了实质性的质疑，进而提出了著名的 WTO 宪政思想及 WTO 保护人权的构想，但没有提及 WTO 理论框架中构建生态文明理念的问题。

② 钱穆．中国文化中未来可有的贡献［J］．中国文化，1990（4）：93.

斯顿说："我们需要一种关于自然界的伦理学。在这方面东方很有前途。"① 因此，在 WTO 中构建生态文明理念，借鉴中国文化中的相关智慧，是人类社会发展的必然。

其三，习近平关于生态文明的思想及"人类命运共同体"倡议为在 WTO 理论框架中构建生态文明理念提供了千载难逢的历史机遇。由于历史的原因，世界各国在政治、经济、法律等方面存在诸多差异，必然成为 WTO 正常发展的障碍，因此，习近平总书记提出"人类命运共同体"倡议这个历史机遇，是督促各 WTO 成员诚心合作，共建共享的重要契机。

此外，生态发展的全球性和多元性决定了各国环境标准是多元的、发展的。中国作为发展中国家，自然有权坚持共同但有区别责任的原则，享受环境保护方面的特殊与差别待遇。同时，发达国家有帮助发展中国家保护其环境权的国际法义务。

其四，中国应充分利用 WTO 争端解决机构这个平台，在应对 WTO 关于贸易与环境争端时，坚持生态文明理念和可持续发展思想，据理力争，争取有利于我们的裁定；同时，要认真系统研究 WTO 的相关案例，积极主动采取相应对策。

四、本书的研究框架及结构

首先，我们在第一章中介绍了生态文明的概念及特征，剖析了资本主义制度必然导致生态文明的固有缺陷，分析了诸如非人类中心主义、生态经济学的价值观等理论，诠释了当前生态危机与 WTO 法律体制之间的关系。在第二章中，我们分析了 WTO 协定中协调环境问题的相关规定。在第三章中，我们较系统阐释了经济正义的概念和基本原则及其与 WTO 法之间的关系，指出了 WTO 法存在的固有缺陷。我们在第四章中着重分析了人类中心主义思想、新自由主义思想及可持续性发展理念，阐明了 WTO 法律框架中缺失生态文明理念的客观事实和理论原因。

其次，我们在第五章中讨论了中国传统文化中的"天人合一"思想及对构建 WTO 生态文明理念的意义。在第六章中，我们分析了动物中心论、生物中心论及自然价值论等西方"非人类中心主义"生态理念，旨在从诸多理论中去粗取精，构建合理和系统的 WTO 生态文明理念。

---

① 霍尔姆斯·罗尔斯顿．环境伦理学：大自然的价值以及人对大自然的义务［M］．杨通进，译．北京：中国社会科学出版社，2000：9.

再次，我们在第七章和第八章中介绍了相关世界多边环境条约及主要国家环境保护法中的相关理念和规定，为建构 WTO 生态文明理念提供借鉴。在第九章中，我们结合相关 WTO 关于贸易与环境的案例，指出了 WTO 争端解决机构在裁定中存在的缺陷。我们在第十章中，着重阐释了相应的对策，强调了紧紧抓住习近平总书记提出“人类命运共同体”倡议这个历史机遇，督促所有 WTO 成员摒弃前嫌，诚心合作，切实构建 WTO 生态文明理念，确保 WTO 多边贸易体制为促进各国贸易发展和保护环境做出应有的贡献。同时，我们还提出了一系列具体的实践性对策，如加强与其他发展中国家的合作，充分利用 WTO 争端解决机构等。

第一编 01

WTO法理框架中生态文明理念的缺失

第一章

当前全球生态危机对 WTO 法律体制的挑战

WTO 作为西方强国发起并主导的产物，其理论框架中漠视实体正义及崇尚唯利是图的自由贸易思想，难以保护各国尤其是发展中国家的生态环境，是造成 WTO 举步维艰的主要原因。生态文明作为人类社会发展中迄今最先进的文明，是保证人类永续发展的核心理念。WTO 作为当今世界最重要的多边贸易法律组织，其理论框架必须构建生态文明的理念，其具体规则必须进行实质性完善，切实为其实现造福全人类的宗旨提供理论依据；WTO 争端解决机制必须遵循 WTO 的宗旨，在争端解决中认真考量生态问题，在现行法律框架下，通过司法能动来公正解决生态争端。

生态文明作为人类文明迄今的最高级形式，提倡人与自然的和谐统一、可持续性经济发展模式及和谐的社会秩序。然而，资本主义私有制及西方文化中天人对立的思想不可能治愈生态危机。以中国文化中“天人合一”思想为代表的东方智慧，与生态文明理念吻合，也自然应该成为 WTO 理论框架的核心理念。国学大师钱穆认为：“中国过去最伟大的贡献在于对‘天’‘人’关系的研究。”① 学识贯通中西的季羡林大师指出：“‘天人合一’是东方思想的普遍而又基本的表述，是一个非常伟大的、含义深远的思想，非常值得发扬光大，它关系到人类的前途。”② 许多国外有识之士也持相同观点，例如，美国生态学家罗尔斯顿说：“我们需要一种关于自然界的伦理学。在这方面东方很有前途。”因此，在 WTO 中构建生态文明理念是人类社会发展的必然。

---

① 钱穆．中国文化中未来可有的贡献［J］．中国文化，1990（4）：93.

② 季羡林．谈东西方文化［M］．北京：当代中国出版社，2016：25.

第一节 生态文明的概念与特征

一、生态文明的概念

根据党的十八大的定义，生态文明是人类为了保护和建设美好生态环境而取得的物质成果、精神成果和制度成果的总和，是贯穿于经济建设、政治建设、社会建设全过程和各方面的系统工程，反映了一个社会的文明进步状态。从历史的视角来审视，“生态”一词源于希腊语，主要指我们生活的环境，也指生物在一定的自然环境下生存和发展的状态及生物的生理特征和生活习性。在当今社会，生态学作为一门科学，覆盖的范畴越来越广泛，既包括人类、植物、动物，也包括微生物。也就是说，“生态”一词涉及面很广，已经发展成为一个极其复杂的系统：生态系统内的各个要素之间相互依存、相互作用。随着人类社会的发展和科学技术的进步，人类对自然界的影响越来越大，但人类对自然和生态的依赖也是不容置疑的。

“文明”一词的含义源远流长。在我国，“文明”一词最早见于《尚书》和《周易》，主要指立了规矩，摆脱了黑暗。随着社会的发展，“文明”一词不断被赋予新的含义。例如，近代的梁启超认为现代文明是群众的文明，东西文明的交流可以产生新的文明。国父孙中山先生曾提出：“实际则物质文明与心性文明相待，而后能进步，中国近代物质文明不进步，因之心性文明之进步亦为之稽迟。”① 在当代，人们赋予了“文明”更广泛的含义，指人类文化活动的总称，包括物质与精神诸方面创造的一切成果。

在西方，“文明”（Civitas）一词源于拉丁语，原意为公民的道德品质和社会生活规则。近代美国人类学家摩尔根把人类社会划分为蒙昧、野蛮、文明三个发展阶段，使文明成为人类社会发展的一个独立的阶段。20 世纪以后，文明逐步被引入各个学科，涉及的范畴日趋广泛。

生态文明作为人类继原始文明、农业文明和工业文明之后的人类文明的一种新形态，主要指人类遵循人、自然、社会和谐发展这一客观规律而取得的物质与精神成果的总和，也就是说，生态文明指以人与自然、人与人、人与社会

---

① 虞崇胜．政治文明论［M］．武汉：武汉大学出版社，2003：8.

和谐共生、良性循环、全面发展、持续繁荣为基本宗旨的文化伦理形态①。

二、生态文明的特征

生态文明作为人类社会一种新的文明形态，与农业文明和工业文明相比，具有明显的基本特征。

（一）较强的环境保护意识

在农业文明和工业文明时期，人类在处理与自然的关系上，基本是扮演着征服者的角色。特别是在工业文明时期，人们普遍认为，人是唯一的主体，自然界是人的对象，因而只有人才有价值，其他生命和自然界没有价值。因此，只需对人讲道德，无须对其他生命及自然界讲道德。而生态文明认为，人与地球上的其他生物种类一样，都是生态系统中的一个要素。不仅人是主体，自然也是主体；不仅人有价值，自然也有价值。因此，人类要尊重自然界，承认自然界的权利，对自然界给予道德关怀。换言之，人类要高度重视环境保护工作，从自我做起，珍惜地球上的各种自然资源，减少环境污染，减少生态灾难的发生，为子孙后代造福。

（二）可持续的经济发展模式

可持续性是人类由工业文明走向生态文明的价值基础，必须坚持下去。人类从农业文明时期进入工业文明时期以来，西方发达国家的人类是自然界的唯一主体的哲学思想，催生了自由贸易及追求奢华的理念，为了最大限度地提高经济效益和攫取财富，人类对大自然进行了毫无节制地开发，对自然环境造成了极大的破坏，直接威胁到了人类的正常生活。生态文明要求人们在经济活动中，坚持经济效率与环境保护的统一，严格计算环境成本，力求以最小的环境代价换取最大的经济效益。也就是说，在经济发展中，倡导低耗高效的经济增长模式，注重对再生资源的循环利用，提倡节制性消费模式，从而为后代经济发展和福祉积累留下可持续发展的宝贵资源。

（三）人与自然、人与人、人与社会的全面和谐发展

马克思与恩格斯作为伟大的哲学家，早在青年时期，就前瞻性地关注着生态问题，表达了生态文明的思想。马克思与恩格斯在《人类学笔记》和《家庭、私有制和国家的起源》等著作中，虽然没有明确提出“生态文明”的概念，但明确提出了“人与自然和谐”的思想，即人与自然是相互依存的，人与自然必

---

① 潘岳．论社会主义生态文明［N］．中国经济时报，2006－09－28（12）．

须和谐，而且能够和谐①。例如，他们曾指出："人本身是自然界的产物，是在自己所处的环境中并且和这个环境一起发展起来的。"② 同样，我国传统文化中的"天人合一"的思想，也典型地体现了人与自然和谐发展的思想，对推动人类生态文明理念的发展具有特别重要的意义。

需要强调的是，生态文明注重人与自然、人与社会的系统和全面发展。在系统发展过程中，应处理好公平和互利、整体与部分、眼前与未来、现代与将来利益的有机统一与协调，从而构建和谐、有序、科学发展的运作秩序和机制。

第二节 当前全球生态危机的特征

人类为了使经济效益最大化，肆无忌惮地从自然中攫取财富，严重污染了人类赖以生存的环境，直接威胁着人类的生死存亡，这被称为生态危机。当前势不可当的经济全球化，促进了经济在全球范围的较快增长，同时，也把污染扩散至全球，使各国在经济发展中难以自保。与经济全球化之前的生态危机相比，当今世界的生态危机呈现了明显的特征。

一、全球各国相互依赖性

18世纪60年代，英国开始了以发展机器制造业为主的工业革命，使生产力迅速提高，帮助英国成为世界上最大的资本主义殖民国家。随后，法、美、德、俄、日等国纷纷效仿，很快成为世界强国。这些国家在"人类中心主义""殖民主义"的思想的影响下，以疯狂掠夺的方式，毫无顾忌地挥霍着有限的大自然的资源，大大超过了大自然的自身调节能力，生态平衡遭到严重的破坏。结果是，西方首先发展的工业国家，无一例外地面临着生态危机，给当地人们带来前所未有的生活危机。由于当时世界上广大的发展中国家尚未卷入工业发展，生态危机仅仅在工业发达国家肆虐。随着近年来经济全球化的快速发展，世界大多数国家自觉或不自觉地承袭了早年工业国家的"人类中心主义"的思想，参与了经济的发展。这样，在各国经济发展的同时，生态危机也接踵而至，不可避免。

经济全球化带来的全球变暖、极端天气频发、自然资源短缺、生物多样性

① 刘静．中国特色社会主义生态文明建设研究［D］．北京：中共中央党校，2011.

② 马克思恩格斯选集：第3卷［M］．北京：人民出版社，1995：374－375.

减少、臭氧层破坏、海平面上升、酸雨等生态恶化现象，严重威胁到全人类的生存和发展①。有专家指出："以往的生态危机是局部的，我们的祖先可以用迁移的办法摆脱：现代生态危机是全球性的，我们已无处可逃。"② 换言之，在当前的生态危机之下，全球所有的国家都无法独善其身，要实质性地治理生态危机，只有华山一条路：相互依赖和携手合作，为了共同的家园倾心尽力。

二、人类的实践能力与科技发展

与别的动物相比，人类具有以制造工具为特点的科技发展能力。从18世纪的英国工业革命至今，科技发展帮助人类大幅度提高了生产力，改善了人们的生活。也就是说，科技的发展帮助人类从大自然中获取了极高的经济效益，给人类带来了诸多物质愉悦和享受。另一方面，人类的科技发展大大提高了征服大自然的能力，给环境造成了极大的破坏。国外有学者深刻地指出："技术道路不是通过控制自然来摆脱自然，而是破坏自然和损坏人本身。技术引起的不停杀戮会导致毁灭性的破坏。"③ 因此，人类的科技发展已成为生态危机的重要原因之一。

三、资本主义制度

马克思把生态危机的主要根源归结于资本主义制度，因为资本主义制度把追求利润的最大化作为主要的生产方式。这种"大量生产—大量消费—大量废弃"的生产方式，必然导致对大自然进行无偿占有和恣意掠夺，根本不会考虑生产的生态后果。马克思认为，资本主义制度导致了人与人的异化及人与自然的异化。这一切主要表现在人类对大自然的破坏。因此，要解决人与自然的矛盾，根本的出路在于变革资本主义制度。

第三节　当前全球生态危机根源的主要理论

人类文明的发展历史表明，人类的行为都源于特定理论的支持。随着经济全球化的快速发展，生态危机日益显现，给人类的生存带来了前所未有的威胁，

---

① 杨发庭．生态危机：特征、根源及治理［J］．理论与现代化，2016（2）：32.

② 尹希成．全球问题与中国［M］．武汉：湖北教育出版社，1997：11.

③ 杨发庭．生态危机：特征、根源及治理［J］．理论与现代化，2016（2）：34.

迫使人类意识到了以前关于人与自然关系方面的错误理论及行为，开始进行深刻的反思。经过这些年的思考和发展，人类提出了不少新的理论，来诠释人与自然的关系，为现在和将来的生态文明奠定了理论基础。

一、非人类中心主义理论

如前所述，当前生态危机的主要理论根源是曾流行于西方国家的“人类中心主义”思潮。一般地说，“人类中心主义”思潮最早可以追溯到古希腊哲学家亚里士多德在其著名的论著《政治学》中体现的思想：自然界中的植物是为动物准备的，动物则是为人类的生活和安适准备的，即天生一切动物应当都可以供给人类的享用①。按照亚里士多德的这种哲学推断，人类是主宰地球的万物之首。地球上的一切事物都是围绕着人类而存在的。17世纪以后，西方出现了以“征服自然”为出发点的机械论哲学。著名学者培根发展了机械论哲学，提出了“知识就是力量”的论断，提倡通过科学实验来认识自然，从而找到征服自然的方法，证明人是世界的中心。后来的笛卡尔和牛顿为人类征服自然提供了数学根据。

西方国家这种“主客二分”的哲学模式对于确立人的主体性和科技的发展，在历史上有一定的进步意义。但是它忽视了大自然的整体性和价值观，导致人类对自然界盲目的肆无忌惮的征服和改造，成为生态危机的理论根源。

人类中心主义哲学观否定自然的内在价值和权利，恶化了人类与自然界的和谐、统一的关系，被后来的非人类中心主义生态哲学质疑并被认为是导致生态危机的罪魁祸首。20世纪70年代以来，随着全球性生态危机的日益加剧，非人类中心主义生态哲学得到快速发展，成为当今世界生态文明的哲学根基。

非人类中心主义认为权利主体和道德共同体的范围从人类扩展到动物，再从动物扩展到植物和所有生命共同体，进而扩展至大地、岩石、河流乃至整个生态系统。其中主要的理论包括动物权利论、生物中心论、生态中心论等。

（一）动物权利论

动物权利论的代表学者辛格（Peter Singer）在其《所有的动物都是平等的》一文中指出：“我们必须指出的真理是，就像是黑人不是为白人，妇女不是为男人而存在一样，动物也不是为我们而存在的，它们拥有属于它们自己的生命和价值”，“动物权利运动是人权运动的一部分”②。显然，辛格以道义论为基础，

---

① 亚里士多德．政治学［M］．吴寿彭，译．北京：商务印书馆，1965：23.

② 罗德里克·纳什．大自然的权利［M］．杨通进，译．青岛：青岛出版社，1999：173.

认为动物与人是相似的，应与人一样享有道德上的平等，人类必须平等地考虑动物的利益。另一位动物权利论代表人物汤姆·雷根（Tom Regan）则从价值的视角出发，认为“动物也与人拥有同等的天赋价值。它们也拥有获得尊重的平等权利”①。雷根还认为，动物权利是人权的一种延伸，并认为作为“生活主体”的动物拥有道德权利，且这种道德权利不仅是生命权、自由权和身体完整权，还包括积极的道德权利如得到帮助的权利。可见，雷根关于人类与动物关系的论点，构成了非人类中心主义的一个重要部分。

（二）生物中心论

动物权利论将权利主体和道德共同体扩展到人类之外的动物，而生物中心论将权利主体和道德共同体扩大到所有具有生命的生物身上，如树木、花草等，关注了所有生命的价值，宣扬了所有生物的平等性。法国学者施韦泽（Albert Schweitzer）提出了生物中心主义的第一个论据：生物本身具有生命，生命是神圣的，因此应该得到尊重②。现代生物中心主义的代表保尔·泰勒（P. W. Taylor）在其著名的论著《尊重自然》中建立了完整的生物中心论体系，他提出人类应该采取尊重自然的态度，就是把地球自然生态系统中的野生动植物看作是具有价值的东西。换言之，人类与其他生物都是地球生命社区的成员，人类并不超越其他生物，而且人类与其他生物构成互相依赖的系统。

（三）生态中心论

与动物权利论和生物中心论相比，生态中心论则立足于从生物圈和整个生态系统的角度来倡导环境平等观。也就是说，生态中心论将自然整体化看作是一个包含了人类在内的共同体，人类并不是共同体的中心，而仅仅是其中的一员。人类不仅要尊重动物及生物个体，还应尊重生态整体，即自然共同体。

生态中心论的代表罗尔斯顿（H. Rolston）提出了整体主义生态论，发展和完善了生态中心论，使环境伦理学在一定程度上系统化。他主要论述了自然的多样性价值：工具价值、内在价值、系统价值，以及一系列的非物质形态价值：消费价值、科学价值、审美价值、历史价值、性格培养价值、辩证价值等。他强调自然价值是由自然系统的内在结构所决定的，自然作为一个统一的有机整体，由不同的系统所组成，而每个系统正是其价值存在的基本单元。罗尔斯顿

① 汤姆·雷根．关于动物权利的激进的平等主义观点［J］．杨通进，译．哲学译丛，2000（2）：27.

② ［法］施韦泽．敬畏生命［M］．陈泽环，译．上海：上海社会科学出版社，1992：132.

关于自然整体价值的系统论述和发展将自然中心论推向顶峰①。

综上，非人类中心主义理论具有诸多可取之处，它对人类中心主义的批判促使人类更清醒地认识自己及其理论的不足，重新反思和调整人与自然的关系，有益于环境和生态保护。当然，不可否认的是，非人类中心主义理论并非无懈可击：其一，该理论存在一定的神秘主义及不可知主义和宗教色彩的自然神圣论，有碍于在环境保护中充分发挥人类的主观能动性；其二，该理论难以全面指导生态保护实践。例如，一般地说，作为权利的主体必须具备权利意识和行使权利、履行义务的能力。而动物、生物和植物是没有权利意识和行使权利的能力的。因此，该理论在指导生态保护实践时，无疑存在理论空泛、操作性不强的缺陷。可见，非人类中心主义理论，仍有待于继续探索和进一步完善。

二、科学发展观的新思维

动物与人类相比，具有更强有力的生理器官，如牙齿、舌头、肢体等，能够更容易地获取自然界提供的现成的食物或其他物质资料。因此，动物适应自然环境主要靠它们的自然器官即生理结构的变化。人类则不同，虽然自己的生理器官远不如动物的强大，获取自然界现成的食物或其他物质资料不如动物那么容易，但是人类具有更智慧的大脑，能凭借自己制造的工具改变自然界物质的形态和生存的自然环境，以满足自己的生活需要。也就是说，人类不能依靠自己的生理器官来维持生活，却可以利用自己的大脑和智慧，靠科技来获取远比动物更舒适的生活。同时，与动物相比，人类还具有永不满足地探索自然奥秘的坚韧毅力，这为人类促进科技的发展，提供了强有力的动力。

人类经过千百年的实践，进行了多次科学革命，使得现代的技术几乎达到了“无所不能”的程度。每一次科学观念的变迁和技术手段的升华都导致了经济、社会以及科学自身的巨大变革，从而使人类对科技产生了难以割舍的依赖性，使科技成为“万能的工具”，几乎与宗教一样成为一种神话。毋庸置疑的是，这种“技术万能论”一直是将自然作为操纵和征服的对象。人类依赖科技，能够下五洋捉鳖，能上九天揽月。科技帮助人类在短时间内，几乎耗尽了埋葬在地下的、经过亿万年才得以形成的化石燃料，制造出来形形色色的物质。这一切使地球的净化能力下降，严重破坏了大气的正常构成，使人类的正常生活受到前所未有的威胁。

人类强大的好奇心和无法抑制的贪欲，使科技的发展无所不能，走向了极

---

① 刘爱军．生态文明视野下的环境立法研究［D］．青岛：中国海洋大学，2006.

端：背离和漠视了自然的价值，也背离了伦理世界。实践的结果必然是，自然环境遭到人类肆无忌惮的破坏，直接危及人类的生死存亡。这一切迫使人类开始停下来，认真深刻地审视这种"技术万能论"的人文价值定位及科技与自然的关系。美国著名的环境伦理学家罗尔斯顿（Holmes Rolston）深刻地指出：研究自然是为了遵循自然。"我们研究生态系统健康规律是为了遵循这种规律，研究自然的人们可以找到某些他们能够改变的事物，但他们同时也发现，他们总是要服从——在明智地使我们的行为适合于自然的活动方式的意义上——那些更大的自然过程。我们确实要研究自然，但到头来却仍要遵循自然。"①

在原始文明时代，人类对自然充满了崇拜和敬畏。进入农业文明阶段，人类开始认识自然和利用自然。随着科技的发展，人类在工业文明阶段，开始对自然进行肆无忌惮的掠夺和主宰，对人类生活的自然环境造成极大的破坏，迫使人类深刻反思自己的行为后果。人类经历上述阶段的过程，也是人类哲学观、经济观、科技观被一次一次刷新的过程。这一切迫使人类充分认识到，人类要正常地发展下去，只有与自然和谐相处，保护好生态环境，除此以外，别无他路可走。

三、生态经济学的价值观

随着经济的发展和生态环境的恶化，人类不仅从伦理道德方面开始反思，更从经济与环境之间关系的视角进行深思，逐渐意识到西方主要资本主义国家受人类中心主义、极端利己主义和狭隘功利主义价值观的影响，在工业革命及其经济现代化的过程中采取了一味追求经济效益和速度而不顾生态环境的做法，走的是一条以高消耗、高污染换取高速度的经济发展路子。面对人类资源短缺、环境污染及生态危机等情势，20 世纪一些有远见且责任心较强的经济学家和生态学家开始质疑西方现代经济发展的模式，提出了生态经济学的基本理论。

（一）传统经济学理论存在的主要缺陷

1. 漠视自然、社会的发展规律，片面追求经济规模和效益最大化

传统经济学认为，经济过程是一个"生产——分配——交换——消费"的封闭式单向度循环过程，即生产中追求经济规模，分配、交换及消费中鼓励奢侈，无限制地寻找经济增长点和扩大人们的需求，大大刺激了人们的贪欲和奢靡之风，必然诱使人们不计后果地向生态环境盲目攫取，满足自己无尽的欲望。

① 霍尔姆斯·罗尔斯顿．环境伦理学［M］．杨通进，译．北京：中国社会科学出版社，2000：49.

2. 追求经济增长和高额利润

传统经济学依据所谓的“人们都希望自己利益最大化”的经济人理论，大力推行自由经济模式，刺激人们通过大量消耗各种可利用的自然资源来谋求高额利润，不惜破坏环境。由于传统经济学忽视了自然的承载容量，不注意人们的需求水平与自然的能力，所以对自然造成了严重的破坏。

3. 经济指标不考虑保护生态环境

传统经济学的经济指标主要包括国民生产总值（GNP）、经济增长速度及利润等，并不考虑经济增长对生态环境的破坏和对未来的增长所带来的危害。例如，国民生产总值作为传统经济学经济指标中最重要的因素，指一国所拥有的生产要素所生产的最终产品价值，即指一个国家的国民经济在一定时期（一般为1年）内以货币表现的全部最终产品价值的总和，而不管这些生产活动能否服务于国家的实际社会需要。可见，国民生产总值作为单项指标，所追求的只是利润的最大化，漠视了人类经济活动对环境的破坏，成为当今世界生态危机的最主要的祸首之一。

（二）生态经济学的基本原则

近年来的经济全球化导致的生态环境的持续恶化，给人类的发展带来了前所未有的威胁，催生了生态经济学的兴起和快速发展。一般地说，生态经济学遵循着下列主要的基本原则。

1. 人与自然和谐共存原则

生态经济学认为人与自然不是主体和被征服对象之间的关系，而是彼此平等的关系，是可以和谐共存的。

2. 可持续发展原则

生态经济学要求人类在发展经济时，要切实保护发展经济的生态环境，维持经济发展和生态环境之间的平衡，不能以牺牲生态环境为代价换取短期的经济效益。也就是说，生态经济学反对传统发展模式“高投入、低产出、高排放、高污染”的常态，坚持循环经济理念，合理利用有限的自然资源，发展绿色能源，也要维护资源的再生能力，为子孙后代的发展留下合理的资源。

3. 环境是生产力的原则

生态经济学认为，环境是生产力的重要因素之一，是和生产力不可分割的一体化的事物，不能把它们分割开来。这就要求人类在经济发展中不能漠视环境，要善待环境、保护环境和改善环境。在实际经济发展中，要制定完整的生态发展战略、措施和行动计划，因为保护好环境，就是发展生产力。

四、我国文化中"天人合一"思想中的生态理念

人类在漫长的历史发展过程中，除了努力从自然环境中获取基本的生活物质资料之外，也不断地对人与自然的关系进行思考和反思，是一个不断刷新的过程。一般地说，各国人民对人与自然关系的审视都体现自己的智慧，是现代生态文明过程中不可分割的一部分。虽然西方文化在当今世界上仍处主导地位，但西方传统文化主要崇尚的是"主客二分"的机械论哲学思想，主张"人定胜天"和征服自然，忽视了大自然的整体性和价值观，成为当前生态危机的主要祸首。相比而言，我国古代的哲人提出并发展的"天人合一"思想，对发展和完善现代生态文明的理论，具有特别重要的意义。正如美国生态文明理论的代表罗尔斯顿所说的："我们需要一种关于自然界的伦理学。它是和文化结合在一起的，甚至需要关于野生自然的伦理学，西方传统伦理学未曾考虑过人类之外事物的价值……在这方面似乎东方很有前途。"①

我国文化中"天人合一"的观念源于古代家国合一的社会结构，即古人把天和宗祖融为一体，祭祀中既祭天又祭祖。换言之，古人崇拜的神分为天和祖宗，二者在礼中完美结合，构成天人合一的观念。这样，古人把自然现象和社会现象统一看待，进行统一的解释。老子《道德经》（二十五章）曰："有物混成，先天地生。寂兮寥兮，独立而不改，周行而不殆，可以为天下母，吾不知其名，字之曰道。"《老子》（二十四章）曰："道生一，一生二，三生万物。万物负阴而报阳，冲气以为和。"老子的学说中，天地合一为道，道指自然现象②。

儒家对天人合一思想的发展伴随着礼的发展而发展，进而将人、家、国家、自然合一，形成一个整体，追求整体中的和谐。例如，孔子作为儒家文化的集大成者，曾提出了"畏天命，尽人事"的思想。在理智地认识世界的基础上，衍生出来"知命畏天"的生态伦理意识，并身体力行，逐渐形成了"乐山乐水"的生态伦理情怀。认为人类既有主观能动性，就不能无所作为，应该在"知命畏天"的生态思想指导下改造世界，而同样在"知命畏天"的生态思想指引下，人更不能胡作非为，随意枉乱地对待世界，而是应该形成一种与大自然融为一体，热爱大自然，热爱人类生存的环境，自觉爱护、保护大自然的思想。此外，孔子非常反对竭泽而渔，主张以不破坏自然界的生态平衡为前提，

---

① 邱仁宗．国外自然科学哲学问题［M］．北京：中国社会科学出版社，1991：250.

② 刘爱军．生态文明视野下的环境立法研究［D］．青岛：中国海洋大学，2006.

适时节度地获取自然资源，唯有这样才能够使自然及人类持续地繁衍下去。“钓而不纲，弋不射宿。”① 孔子主张用竹竿钓鱼，不射杀巢宿的禽鸟。如果用绳网捕鱼不分大小多少，一网打尽之；射杀巢宿的禽鸟，也不分大小，一巢打尽之，这样就会破坏生物的可持续性发展，最终造成资源枯竭。孔子主张“泛爱众而亲仁”，对生物我们应保有“仁”的态度，我们虽要生存，但是我们不能仅为了自己的生存而行不仁之径。

显而易见，我国传统文化中的“天人合一”思想，应该成为生态文明的理论的主要渊源和核心理念。特别重要的是，孔子提出的“泛爱众而亲仁”观念将道德关爱扩展到动物和生物，人类应该适时节度地获取自然资源的理念，已经很接近现代生态文明崇尚的观念，对完善生态文明理论具有重要的意义。

第四节　当前全球生态危机与 WTO 法律体制

一、WTO 法律体制中生态文明理念的缺失

WTO 法律体制的发起和发展一直是西方发达国家所主导的，自然是西方发达国家崇尚的贸易自由化的产物。环境保护是生态文明理念的政策和措施，而贸易自由化是为了纠正重商主义和保护主义对贸易造成的扭曲。西方推崇的贸易自由化建立于人人都是能够使自己的经济效益最大化的“经济人”的假想，刺激人类从大自然中肆无忌惮地获取最大的物质利益，追求奢侈的生活。这种贸易自由化的价值观，促进了各国的经济增长，同时，对环境带来了严重的破坏，成为当今世界生态危机的主要理论根源。

二、WTO 法律体制面临环境保护的严峻挑战

第二次世界大战以后，随着世界逐渐进入和平时期及经济全球化的快速发展，世界各国开始意识到自身正面临着日趋严重的生态危机问题，迫使各国通过制定多边环境保护条约的方法，督促和监督各国在发展经济的同时，促进对环境的保护。这些多边环境保护条约遵循着可持续发展、共同但有区别责任等原则，集中代表了人类社会从工业文明走向生态文明的大方向，昭示着人类更加美好的明天。

---

① 《论语·述而》。

WTO 作为当今世界最重要的国际贸易法律组织，在生态文明风起云涌的当今世界，竟依然止步不前，举步维艰，面临严峻的挑战。

（一）理念上仍漠视生态文明理念，拒绝对相关现行规则进行修改

如上所述，WTO 法律制度崇尚的是建立于人类中心主义哲学观基础上的贸易自由化，构成当今世界生态危机的主要理论根源。虽然 WTO 近年来对贸易与环境的问题比较关注，组织过一些学者进行研究。例如，哈坎·诺德斯成（Häkan Nordström）和斯格特·沃冈（Scott Vaghan）为 WTO 秘书处撰写的贸易与环境报告《贸易与环境特别研究》（1999），从经济角度和政治学角度阐述了贸易与环境的关系，指出国际经济整合和增长有利于增强在国际和国内层面对完善的环境政策的需要。但遗憾的是，由于“多哈授权”及其他诸多原因，WTO 涉及贸易与环境保护的谈判虽然取得一定的成果，但尚未收获实质性的进展。例如，WTO 于 2001 年 11 月多哈部长会议正式启动多哈回合谈判中对“贸易与环境”进行谈判，但是设定了授权和限制性的范围，如要求谈判的结果应当符合多边贸易体制的开放性和非歧视性，并不应增加和减损成员方根据现行 WTO 协定特别是“SPS”所具有的权利和义务，也不应该改变这些权利和义务的平衡，同时要考虑发展中国家和最不发达国家的需要。显然，人人皆知的上述“多哈授权”虽然明确了贸易措施与环境措施之间的关系以促进可持续发展，但要求不应增加和减损成员方根据现行 WTO 协定规定的权利和义务。这无疑表明了 WTO 仍然固守传统的贸易自由化的理念，限制了 WTO 理念和规则向生态文明观念的靠拢。特别是，“多哈授权”限定了 WTO“贸易与环境”谈判的范畴，顽固坚守 WTO 的现行规则，致使多哈回合谈判虽进行了多年，但仍未提出任何实质性的涉及环境保护的修改方案。

（二）发达国家贪欲难填，漠视发展中国家的特殊情形

WTO 多哈回合谈判至今没有产生具有实质性意义的贸易与环境方案，另一原因是发达国家和发展中国家就涉及贸易与环境问题难以达成共识。发达国家已经完成了工业化过程，具有足够的资金和技术实力来制定和实施较为严格的环境保护标准和措施，国民的环境保护意识也较强。一方面，他们普遍意识到环境问题的重要性；另一方面，他们担心由于自己国家的环境标准较高，相关工业会转移到发展中国家，国内会失去大量工作机会。因此，他们常常利用自己的强势，以保护自己环境的名义，限制发展中国家的产品进入自己的市场。更重要的是，发达国家漠视发展中国家的特殊情形，不愿承认他们作为先工业化国家对生态环境的破坏，更不愿承担相应的保护国际环境的义务。

发展中国家则认为，贫困是他们面临的首要问题，而贸易是他们取得经济增长、增加就业和消除贫困的重要途径。由于缺乏资金和技术，他们保护环境的能力远不如发达国家。因此，当自由贸易与环境保护发生冲突时，他们往往选择自由贸易①。同时，发展中国家往往慑于发达国家的强势和霸权，特别担心发达国家以保护自己环境的名义，实施贸易保护主义，限制来自发展中国家的产品。因此，在环境保护的问题上，他们要求发达国家承担更多的义务，反对在全球范围内推行统一的环境保护标准。他们甚至主张对 WTO 规则进一步予以强化以确保环境措施不会对贸易产生不必要的消极影响②。

综上，切实解决 WTO 法律制度纳入生态文明理念问题，绝非一朝一夕之功。当前最重要的，是发展中国家携手并肩，完善 WTO 中的可持续发展理论，还要迫使发达国承认其保护国际环境的国际责任，将多边环境保护协定中的共同但有区别的责任原则纳入 WTO 法律体制。

本章小结

生态文明理念是人类在漫长的农业文明、工业文明中，与大自然相互博弈多年后，提出的具有前瞻性的生存理念，揭示了人类与大自然之间的真实关系，昭示着人类发展的正确方向。

生态文明理念崇尚的是非人类中心主义哲学理念，提倡新的科学发展观和生态经济学的生态思想，与我国传统文化中的“天人合一”思想十分契合。然而，WTO 作为当今世界最重要的国际贸易法律制度，一直固守建立于人类中心主义哲学理念的自由贸易思想，拒绝纳入生态文明理念，与当今世界风起云涌的生态文明潮流相悖。因此，当前举步维艰的 WTO 法律制度，只有尽早接受生态文明的理念，在促进贸易发展的同时，加强对环境的保护，才能顺应人类社会的正确走向，也是 WTO 尽早走出困境的唯一正确出路。

---

① GOYAL A. The WTO and International Environmental Law：Towards Conciliation [M]. Oxford：Oxford University Press，2006：10.

② 鄂晓梅．单边 PPM 环境贸易措施与 WTO 规则：冲突与协调 [M]．北京：法律出版社，2007：138 - 140.

第二章

WTO协定中对环境问题的协调与窘境

第一节　WTO的宗旨与环境问题

GATT作为WTO的前身，在成立之初，并没有对环境问题给予足够的重视。虽然GATT第20条一般例外中提出为保护人类、动植物生命或健康以及为保护可用尽的自然资源可以采取有关例外措施，但是由于当时对生态文明的理念尚了解不多及发达国家出于维护自己利益需要的阻挠，这些规定存在诸多缺陷，缺乏司法操作性，一直饱受质疑，尤其是引起发展中国家的不满。

一、GATT早期与环境问题

GATT是政府之间缔结的关于关税及贸易规则的多国协定，其宗旨是以提高缔约国人民生活水平、保证就业率、发展商品的生产与交换以及充分利用世界相关资源为目的，通过对关税进行大幅度削减、消除贸易壁垒、取消商业歧视待遇等措施，促进缔约国之间经济发展及贸易流通最大化。初期的GATT并没有提及有关环境的问题，然而，由于工业化的迅速发展、人口爆炸以及贫困等社会现象引发了诸多环境方面的问题，这引起了学者们的广泛关注。

自20世纪70年代初，环境问题在GATT体制内被热烈讨论。学者们发现一个国家的环境问题可能会通过经贸往来影响到另一个国家，环境问题可以在区域之间转移。但是由于国家之间的经济发展水平以及国家利益各有不同，很难制定出一套统一的国际环境法规进行规制。对此，有的国家采用限定贸易往来中商品的环保标准、禁止进口违反环保标准的商品等措施，限制这些产品进入其国家进行销售，但同时在实践中也会滋长贸易保护措施的演变。因此，GATT

早期主要关注的是环境法规对贸易的影响①。

从1971年开始，GATT开始着眼于对环境问题的研究，并发表了《工业污染控制与国际贸易》的研究报告。此报告针对国际贸易与环境问题进行分析，指出环境保护措施可能会阻碍贸易的发展，成为绿色保护主义。随后GATT总干事将报告提交给各个成员国，鼓励成员国积极探讨贸易与环境的议题，研究环境保护措施对国际贸易的影响。同年GATT成立了环境措施与国际贸易研究小组（Group on Environmental Measures and International Trade，GEMIT小组），是GATT唯一研究贸易与环境问题的机构。其主要任务是负责在缔约国提出请求后，审查环保措施中与贸易相关的事项，尤其是与GATT条款相关联的事务，包括涉及发展中国家的一些特殊问题。然而，GEMIT小组从成立以来一直处于废置状态，直到1991年才开始活动。

1972年斯德哥尔摩大会提及了经济增长、社会发展与环境的关系，并且指出："所有国家不要把环境问题作为借口实行贸易歧视，削弱市场准入。"这表明GATT更注重促进贸易及环境问题。1973—1979年东京回合期间，针对贸易的技术规则和标准进行的谈判使环境措施成为贸易壁垒的可能性大大增加。东京回合要求缔约国在技术规则和标准的制定和适用上不能形成歧视，必须透明。

1980年前后国际贸易高速增长，与此同时，环境对贸易的影响愈发普遍。发展中国家开始表示自己的担忧，认为一些发达国家将危害人类身体健康、损害动植物、破坏环境的产品出口至发展中国家，严重损害了其生态环境和国家利益，而与此同时发达国家却以危害环境、人类及动植物健康为借口，禁止从发展中国家进口类似商品。因此，1982年GATT举行的部长级会议通过了一项决定，即各成员国可以对其他国家被确定为禁止出口的产品进行检查。1987年，在世界环境与发展委员会（WCED）做出的《我们共同的未来》报告中，"可持续发展"的概念首次被提出，该报告指出贫穷是环境不断恶化的重要原因之一，并指出国际贸易可以补偿因贫穷造成的污染所需要的资源。

二、WTO宗旨与环境问题

在乌拉圭举办的回合谈判期间，与会国经过协商，同意《技术性贸易壁垒协议》，并且对《农产品协议》、《服务贸易总协定》、《卫生及植物卫生检疫措施协议》、《与贸易有关的知识产权协议》及《补贴与反补贴措施协议》等相关协定中涉及环境问题的规定进行了一定的修改及补充。

---

① 李寿平．WTO框架下贸易与环境问题的新发展［J］．现代法学，2005，27（1）：33.

1991 年，在欧洲自由贸易联盟的强烈要求下，GATT 总干事组织并督促 GEMIT 小组尽快开会，努力采取行动推进与贸易有关的环保措施论坛建立，还提议在 1992 年召开的联合国环境发展大会上，GATT 签署国应做出相应行动。在此期间，贸易受到环境政策的影响变得显著，并且随着国家间的贸易往来日益频繁，环境受到贸易的影响也越来越大。

在 1992 年召开的里约热内卢环境发展大会上，相关国家积极讨论了迅速解决贫困问题的方法以及减少环境破坏的措施。与会国家经过一周的讨论，一致通过了《21 世纪议程》，该议程指出国际贸易必须以可持续发展为目标。对“可持续发展”的探讨使国际社会更加关注保护环境与发展之间的关系，这为之后在多边贸易体制中对贸易与环境问题进行具体规制做了良好铺垫。

第二节　建立 WTO 协定序言与环境问题

一、建立 WTO 协定序言中有关环境的内容

1994 年 4 月乌拉圭回合谈判期间签署的《建立世界贸易组织的马拉喀什协议》及其四个附件构成了 WTO 的法律框架，标志着 WTO 的正式成立。协议序言开宗明义地提出：加入 WTO 的成员在进行经贸活动时，应追求可持续发展的目标，实现全球资源的最佳化利用，寻求既能保护环境又能通过与其各自经济发展状况相适应的方式实现以上目标的途径。其序言指出了 WTO 的宗旨，基本延续了 GATT 的宗旨，但又对 GATT 宗旨进行了补充和发展，增加了环境保护和可持续发展的内容，即在与会国经贸活动中应以可持续发展为宗旨促进贸易发展，强调环境保护的重要性及对相关能源资源的合理利用。此时的 WTO 在环境问题上不仅仅是对环境法规对贸易的影响给予关注，也更加重视对在多边贸易体制下的具体规则如何制定进行研究。

同时会议还达成了《关于贸易和环境的决定》，确定了保障公正、开放、非歧视的多边贸易体制，认识到与会国在处理经贸领域关系时应同时开展行动保护生态环境、促进可持续发展，即贸易政策和环境规则并非处于对立地位，而应该同步协调发展。① 但部长们对贸易与环境的关系仍持有谨慎的态度，认为不应过分注重环境而阻碍贸易的发展。会议上还成立了 WTO 贸易与环境委员会

---

① 李寿平 . WTO 框架下贸易与环境问题的新发展［J］. 现代法学，2005，27（1）：36.

(CTE)，负责审查贸易协定中关于环境的相关问题，从而真正促进贸易措施与环境措施有序配合，达到可持续发展的目标①。但到目前为止，贸易与环境委员会并未发挥任何具体效用。

2001年多哈回合阶段重申了WTO的宗旨，再次强调可持续发展的重要性，承认贸易与环境是互相支持的。各成员国同意将贸易与环境问题列入会议日程，使之正式成为WTO会议的一项重要议题。由此可以看出，从GATT到WTO，从仅仅追求经济利益最大化到承认可持续发展原则注重保护环境，环境问题所引起的关注越来越广泛而深刻，从而也对国际贸易产生了巨大的影响。如何解决日益严重的环境问题已经成为国际社会必须面对的一大难题，这需要国家之间的相互配合与协作②。所以，不论是国际贸易的自由化问题还是环境保护的问题，都需要通过制定国际层面的法律法规进行协调和解决。

二、建立WTO协定序言中有关环境规定的主要缺陷

然而，目前的WTO仍然更加关注贸易，仅仅当环境问题对贸易产生影响时才会适当介入。WTO强调自身只是一个协调多边贸易政策的组织，并不是专门的环境保护组织，其始终坚持如下原则：如果环境贸易争端涉及某一国际环境协定且该协定中有关于贸易的条款，当双方当事国都是该协定的缔约国时，可根据该国际环境协定解决贸易争端；如果双方当事国均不是该协定的缔约国或者贸易争端依据的是一国的国内法时，WTO则根据自身的规则解决争端③。

WTO协定序言中关于保护环境的规定，虽然存在诸多缺陷，但是该规定作为WTO体制的宪法性条款提出的可持续性发展原则、保护环境与经济发展的均衡原则等，逐渐或正在成为普遍的国际法基本原则，并在后来的“美国汽油案”及“龙虾—海龟案”等争端案例中得到进一步阐释。WTO协定序言的上述规定至少说明成员方已经充分意识到环境保护作为各国国内政策及一项普遍的国际政策目标的重要性和合法性，所提出的可持续性发展的宗旨不仅丰富了GATT1994的内容，也成为其他有关协定的基本原则④。

---

① 对外经济贸易合作部国际经贸关系司．乌拉圭回合谈判结果最后文件［M］．北京：法律出版社，1995：278.

② 王海峰．贸易自由化与环境保护的平衡［J］．世界经济研究，2004，18（4）：63.

③ 王海峰．贸易自由化与环境保护的平衡［J］．世界经济研究，2004，18（4）：64.

④ 龙虾—海龟案（WT/DS58/AB/R），第129段。

第三节　GATT第20条例外与环境问题

一、GATT第20条例外

关贸总协定共涉及100多个缔约国，其中有发达国家、发展中国家，甚至还有最不发达国家。各缔约国之间的经济发展水平、经济制度及政策差距甚大，使其受到完全一致的国际法律规范约束是不大可能的。为了充分照顾各缔约国的利益，通过规定缔约国承担相应义务时可以具有一定灵活性而最大程度地发挥缔约国承担各自义务的能力，充分发挥关贸总协定倡导的国际经济秩序和贸易体制的效用，各缔约国做出了妥协，在GATT条款中明确了第20条例外条款的存在。赵维田教授指出，GATT第20条的一般例外规则主要产生于19世纪以来欧洲各国关于海关卫生检疫的标准由各国自定的传统和各国对本国天然资源保护的要求，也是对当时大量双边和多边通商条约形成的习惯规则的表述，并增加或适当地做了增补和修改①。

GATT中第20条有关环境的例外条款是针对缔约国因为实现除贸易以外的其他目的而采取贸易措施违背多边贸易体制规定义务的免责条款。作为处理环境问题的最重要条款，它是以国际法中的公共秩序保留原则为理论基础，认为维持主权国家的社会稳定及公共秩序的正常化是第一要务，如果国际条约或者惯例可能导致主权国家社会紊乱或者公共秩序失序，那么，相关主权国家可以不遵守该国际条约或者惯例，维护其公共秩序。

环境例外条款包括序言和十项条款，是GATT中最复杂的条款之一，它规定："若下列措施的实施在条件相同的各国间不会构成任意的或无端的歧视，或者不会变相限制国际贸易，不得将本协定的规定解释为禁止缔约方采用或加强这些措施。"该条款用词相对笼统，内容较为宽泛，其中（b）项指明"为保障人类、动植物的生命健康所必需的措施"，（g）项指明"是为了有效保护可能用竭的自然资源且是与国内生产消费的限制措施保持一致的措施"。如果相关成员国出现条款中的相关情形时，可以暂时停止承担多边贸易体制所规定的义务，当规定情形消失或者期间届满之时，其自动恢复承担相应义务，但是前提是不得形成对贸易的变相限制。

---

① 赵维田．世贸组织（WTO）的法律制度［M］．长春：吉林人民出版社，2000：327.

（一）第 20 条（b）款

对该款进行内容解释，要弄清是什么限制措施符合“为保障人类、动植物的生命或健康所必需的措施”的要求，首先需要证明实施该措施具有“正当目的”，其次需要证明实施该措施具有“必要性”。1990 年的泰国香烟案中专家组认为该措施必须是对贸易限制最小的措施①，但由于环保主义者的强烈抗议，WTO 在 2001 年的韩国牛肉进口案中做出了从宽解释，认为在具体案例中应对多个因素进行综合判断，包括被诉措施对于环境及健康影响的大小、其所保护的利益大小、对进出口贸易影响的大小等因素，这其实是将“对贸易限制最小”的标准扩大为“对贸易限制较小”的标准②。

（二）第 20 条（g）款

对该款进行内容解释，要弄清什么限制措施符合“是为了有效保护可能用竭的自然资源且是与国内生产消费的限制措施保持一致的措施”的要求，这需要满足两个条件：首先，需要证明相关国家采取的措施与其所保护的目标即不可再生的相关自然资源之间存在一定程度的联系；其次，该措施必须与国内生产消费的限制措施保持一致。在龙虾—海龟案中，WTO 并没有要求被诉措施必须与国内限制措施具有完全相同的环境保护效果，只要求其在实施限制措施时给予“平衡的处理”即可。

（三）第 20 条序言

为了防止对第 20 条的滥用，某一措施除了需要符合（b）项或者（g）项所规定的条件以外，还需满足在实施过程中不应构成“任意的或不合理的歧视”或形成“对国际贸易的变相限制”。此规定针对的是措施的实施方式，允许在实施限制措施时，在他国与本国之间形成歧视，但歧视不应是“任意的”或者“不合理的”。但是针对相关名词的含义，GATT 并没有给出明确的解释，对此，通过司法解释给予释义自然就成为 GATT 及 WTO 争端解决机构的职责所在③。在实践中，“任意的歧视”是指有关措施的实施过于严苛或者缺乏灵活性，而“不合理的歧视”包括被诉国没有认真尝试通过谈判达成解决方案以及被诉措施的实施缺乏灵活变通性等情况。确定某项措施是否是“对国际贸易的变相限制”，应看措施是否具有公开性，措施的实施是否构成了任意的或者不合理的歧

① 泰国香烟案（WT/DS371/R），第 74—75 段。
② 韩国牛肉进口案（WT/DS161/AB/R），第 164 段。
③ 龙虾—海龟案（WT/DS58/AB/R），第 155 段。

视并应审查措施的形式和构造①。

GATT 第 20 条在起草时并没有融入多少环保的理念，但随着环境问题对国际贸易的影响越来越大，第 20 条在有关环境的国际贸易争端中起了越来越重要的作用。虽然第 20 条的条文一直没有修改，但对于条文内涵的解释随着实践的发展在不断扩充、发展。WTO 通过灵活解释第 20 条的内容，希望既能满足对环境保护的要求，同时也能防止对环境保护措施的滥用而影响国际贸易的正常有序运行。

二、涉及 GATT 第 20 条的主要环境案例

（一）GATT 时期涉及 GATT 第 20 条的环境案例

1. 美国—加拿大金枪鱼案

GATT 的第一起涉及环境争端的案件是加拿大起诉美国金枪鱼案。案情的起点是由于加拿大在专属经济区扣押了美国专门捕捞金枪鱼的几艘渔船，美国决定对其进行报复措施，由此依据美国国内法案 1976 年《渔业养护与管理法案》对来自加拿大的全部种类的金枪鱼及其制品采取禁止进口的措施。1982 年加拿大作为起诉方向关贸总协定争端解决机构起诉美国，起诉理由是美国以违反其国内法为由，禁止进口加拿大全部种类的金枪鱼及其制品。加拿大方认为美国禁止进口加拿大金枪鱼的行为违反了国民待遇原则。而美国反驳此举并未违反，因为美国在国内也限制捕捞某些金枪鱼类，并以 GATT 第 20 条环境例外条款的（g）款为由提出抗辩，认为其禁止进口加拿大金枪鱼的行为是正当的。

对此案件，关贸总协定专家组在经过相关审查后得出如下主张：首先，美国对加拿大“全部”种类的金枪鱼及其制品实行禁止进口措施，但是对其国内的金枪鱼仅是针对“部分”种类进行限制，明显是不一样的对待，这违背了国民待遇原则；其次，对于金枪鱼是否属于“可能用竭的自然资源”来说，由于争端双方均承认金枪鱼是可能用竭的自然资源且均加入了与保护此种鱼类相关的国际公约，因此专家组在这一问题上并无异议；再次，对于美国是否形成“任意的或不合理的歧视”，专家组认为，因为美国对于其他国家的进口产品同样实施了禁止进口的措施，所以美国并没有形成“任意的或不合理的歧视”；但是对于该措施须“与国内生产与消费的限制措施保持一致”这一条件来说，专家组发现美国对于来自加拿大的进口金枪鱼及其制品所采取的限制措施并没有

---

① 龙虾—海龟案（WT/DS58/AB/R），第 166 段；美国汽油案（WT/DS4/AB/R），第 25—27 段。

实施在国内的全部金枪鱼种类上，并且美国方面也没有提供任何证据能够证明在美国国内对金枪鱼及其制品实施了限制措施。由此，专家组判定，美国的禁止进口的行为并不符合条约中指明的“与国内生产与消费的限制措施保持一致”的条件。最后专家组得出结论，美国的限制措施是非正当的，驳回了美方的上诉。此案件的判决表明了这一时期的 GATT 认为贸易自由的重要性要高于环境保护。

2. 泰国香烟案

在涉及 GATT 第 20 条（b）款的案例中，1990 年，美国诉泰国限制外国香烟进口案可以说影响最大。泰国政府依据 1966 年的烟草法案对进口香烟及其他烟草配置品实行了禁止措施，但并没有禁止泰国国内香烟的销售。因此美方认为泰方的限制措施是对 GATT 第 3 条和第 11 条规定的违背，且不符合 GATT 第 11 条第 2 款（c）项以及第 20 条（b）款所规定的具有正当性的限制条件，由此向 GATT 争端解决机构提起诉讼。而泰国辩称，限制外国进口香烟可促进泰国政府控制吸烟政策的实施，且美国进口的香烟中有毒有害物质要比泰国当地香烟所含的有毒有害物质多，由此证明其限制措施符合 20 条（b）款的规定，具有正当性。专家组经审查认为，泰国政府本可以采取符合关贸总协定义务的其他措施来限制吸烟，因此泰国的限制措施并不具有必需性；且其限制外国香烟进口而不限制本国生产出售烟草的做法既不符合国民待遇的规定，也不符合第 20 条（b）款的规定。因此，专家组得出结论，泰国的限制措施不符合第 20 条（b）款的规定，其限制进口的措施不具有正当性。

3. 美墨金枪鱼—海豚案

在海洋生物中，海豚喜好在金枪鱼鱼群活动的水域上方游动，由此，渔民在捕捞金枪鱼的过程中，许多海豚也会因误捕而受害。美国通过的《海洋哺乳动物保护法案》认为墨西哥以此方法捕捞金枪鱼会导致大量海豚的死亡，因此禁止墨西哥捕捞的金枪鱼进入美国市场。1991 年，墨西哥作为起诉方向 GATT 争端解决机构提起诉讼，认为美国根据国内法为了保护海豚而对墨西哥的金枪鱼及其制品实施进口限制的行为不符合 GATT 第 11 条和第 13 条的规定。针对这一指控，美国则援引 GATT 第 20 条（b）款和（g）款进行抗辩，认为其符合“环境例外条款”的条件。

首先，专家组认为美国仅可以针对质量问题进行限制，但不能对金枪鱼的捕捞方法实施限制措施；其次，美国仅为了实现其本国的立法目标而企图在他国实施贸易限制措施，使本国国内法凌驾于他国之上，必然会导致贸易保护主义的滥用；再次，就第 20 条（b）款来说，专家组认为，美国为了保护海豚可以有很多种方式选择，其所采取的限制措施并非保护海豚的生命或健康所必需的；此外，美国并不享有域外管辖权，不能域外适用第20条（b）款和（g）款所规定的情形。因此判决墨西哥方胜诉，美方败诉，并指明美国不能以墨西哥的金枪鱼捕捞方式违反美国国内法规为借口，从而禁止进口墨西哥金枪鱼及其制品，尽管是为了保护动物生命健康或可耗竭的自然资源，在其他国家采取类似贸易措施的行为也是不允许的。

（二）WTO时期涉及GATT第20条的环境案例

1. 汽油标准案

为有效减缓大气污染，美国以《洁净空气法》为基础，制定了有关汽油成分与燃烧废气污染物含量的新条例。1995年巴西、委内瑞拉联合向WTO起诉美国，认为其制定的汽油规则违反了GATT中有关国民待遇以及有关最惠国待遇的规定，因为“汽油规则”规定生产商若要继续销售汽油，需要生产商提供汽油标准不得低于1990年达到的年均标准，即“单一基准”。为了确定“单一基准”，国内生产商允许有三种确定方法，而进口商只能依据第一种方法确定，若进口商依据第一种方法不能确定则只能以法定标准作为基准。巴西、委内瑞拉认为第一种方法确定的要求对于进口商而言基本不可能达到，因此只能采用法定标准，这是对GATT有关国民待遇以及有关最惠国待遇规定的违反。而美国辩称，“单一基准”符合GATT第20条（b）款和（g）款的规定，是正当的行为。

专家组认为美国制定的“单一基准”不符合国民待遇的规定且不能依据第20条（b）款和（g）款的规定认定其具有正当性。首先，汽油无论是进口还是国产，均属于相同的汽油产品，而美国制定的新条例规定国内汽油与进口汽油适用不同检测标准的做法是对GATT1994第3条“给予进口产品平等机会”规定的违反。其次，尽管美方颁布汽油规则是为了减少大气污染物的排放从而达到保护环境的目的，符合GATT1994第20条中“为保护人类、动植物生命及健康所实施的措施”的规定，但是在实施过程中，通过为国产汽油提供对其有利的标准而人为地给进口汽油造成劣势，这一做法并非实现保护大气环境所必须采取的措施，因此不符合第20条（b）款的相关要求。再次，专家组赞同美国辩称的“清洁的空气”是一种“可能用竭的自然资源”这一说法，但同时又指出，美国制定汽油规则的最主要目标并不是保护可能用竭的自然资源，二者之间并无直接联系，不符合（g）项的相关要求。

对此，美国认为专家组的判决并不成立，并立即向相关机构上诉，企图推翻判决。上诉机构在对双方进行了详细审查后得出结论，推翻了之前专家组认定的美国汽油规则不符合（g）项要求这一结论，理由是美国制定的汽油规则尽管符合第20条（g）款的规定，却违反了第20条序言提到的要求，认为汽油规则对国内和进口商的差别标准将会对他国构成任意的、不合理的歧视，对国际贸易造成变相限制，因此汽油规则不能被认定具有正当性。虽然美国最终败诉，但WTO首次肯定了美国的限制措施在第20条（g）款下具有合法性，这表明WTO争端解决机构对贸易与环境关系问题的态度发生了转变。

2. 石棉案

石棉曾经作为绝缘材料广泛应用于建筑材料，而研究表明人类长期接触石棉容易对身体造成恶劣影响。由此，法国下令禁止进口石棉及含有石棉的一切产品。1998年加拿大向WTO争端解决机构对欧共体进行起诉，称作为欧共体之一的法国颁布的禁止进口石棉以及含有石棉的产品的规定违背了GATT第2、11及13条，《SPS协定》第2、3及5条，以及《TBT协定》第2条，损害了加拿大依据这些协定可以享受的利益①。欧共体辩称，法国之所以颁布限制措施，是根据第20条（b）款的规定，并不形成对其他贸易国家"任意的或不合理的歧视"，不会产生"对国际贸易的变相限制"。而且相关进口禁令已经颁布执行，其他WTO成员也纷纷以此为依据制定条例限制从其他国家进口石棉产品。加拿大反驳称，限制措施已被公布的事实并不能够证明其不会形成"对国际贸易的变相限制"，此限制措施是披着保护人类健康的外衣，实际上却是对法国生产石棉替代品的国内产业进行贸易保护。

根据之前专家组在金枪鱼案、泰国香烟案以及美国汽油标准案中的解释来看，其认为"必需"的措施应符合两个条件：（1）没有符合GATT条款的其他可替代措施；（2）是对贸易限制最小的措施。但有学者对这种解释进行了批评，认为它不符合第20条（b）款的文法和语法规则，更为严重的是，这不符合条约法的解释规则，即该解释导致"不构成任意的或不合理的歧视或对贸易的变相限制"这一要求难以得到贯彻落实②。然而，在专家组审查石棉禁令是否是保护人类健康所必需这一前提时，认定"必需"的看法发生了很大改变，承认WTO成员享有制定他们认为恰当的保护标准的权利，法国制定的保护标准能够

---

① WTO石棉案（WT/DS135/R），第5—6段。

② THOMAS J，SCHOENBAUM. International Trade and Protection of the Environment：the Continuing Search for Reconciliation［J］. American Journal of International Law，1997，91：276 - 277.

有效降低石棉进口带来的健康危害，符合第 20 条（b）款中“必需”的定义。专家组注意到，法国的限制措施在进口与出口石棉上都适用，的确是为了国际贸易而实施，因而不构成环境例外条款序言中的“任意的歧视”。专家组虽然承认法国实施限制措施具有使国内生产商受益的可能，但是其认为这种情形的发生是禁止任何产品的过程中都会存在的情况，并不能由此说明法国的限制措施具有贸易保护主义的性质，因此，法国不构成环境例外条款序言中的“对国际贸易的变相限制”。由此可以得出，此案中对“必需”的认定注重的是审查限制措施与期望目标之间的必要关系，而不是审查是否“是对贸易限制最小的措施”。在经过两年的调查研究后，专家组得出结论，法国针对限制措施的解释满足 GATT 第 20 条的定义，具有正当性。石棉案作为成功援引 GATT 第 20 条例外条款的首个案件，具有重要的意义。

3. 龙虾—海龟案

海龟是一种非常珍稀的海洋生物，主要分布在亚热带和热带海域。但是由于人类的活动，海龟的生活环境遭到了严重破坏，在捕捞其他鱼类及海虾的过程中，海龟也极易被误伤。美国于 1973 年通过了《濒危物种法案》，通过禁止在美国领海和公海领域捕捞海龟以保护海龟这类濒危物种，据此要求捕捞龙虾时需装海龟排除装置保证捕捞活动不会对海龟造成威胁，因为安装了该装置后，可使海龟逃离捕虾拖网。美国同样要求其他想要出口龙虾到美国的出口商也须保证捕捞龙虾的方式包括装置海龟排除器，否则禁止利用可能伤害海龟的方式捕捞的龙虾进口。1997 年 1 月印度、巴基斯坦、马来西亚以及泰国向 WTO 争端解决机构提起诉讼，诉称美国禁止进口特定龙虾及其制品这一措施违反了 GATT 的义务。理由如下：首先，美国以环保为借口实施这一措施满足非关税贸易限制措施的条件，违反了关贸总协定第 11 条有关取消一般禁止数量限制的规定；其次，美国不能仅以生产、加工方式有差异为由对那些实质相同但来源于不同国家的进口产品实行差别待遇。美国仅以捕捞方式不同就实行禁令，这违反了 GATT 第 1 条最惠国待遇原则。针对上述控诉，美国援引了 GATT 第 20 条环境例外条款进行辩护。专家组认为美国实施的禁令既不符合 WTO 维护贸易自由的原则，也不符合第 20 条环境例外条款的规定，因此判定美国败诉。

美国对专家组的结论不服，于 1998 年向上诉机构提出上诉。上诉机构认为美国实施的限制措施符合第 20 条（g）款的规定，推翻了专家组的判定结论，但是却提出美国的限制措施不符合环境例外条款序言的要求，因为当其他国家提出其措施符合美国相关要求时，美国法律并不能提供透明的程序来证明其规定的合理性，构成了任意歧视，而且美国的本意是保护海龟，但在实施该条款时，并没有允许出口国可以采取为保护海龟能够采取的其他措施，而只是一味要求需配置其所规定的相关设备。美国在实施限制措施的过程中，给予加勒比和西大西洋地区国家三年的过渡期，而给予本案当事国的准备期只有四个多月，实际上造成了对不同缔约方的歧视。因此，美国在实施该措施时具有任意性和不合理性，在 WTO 成员之间构成了歧视待遇，美国的限制措施并不具有正当性。

龙虾—海龟案是第一个由 WTO 做出的环境措施与贸易规则可以协调判决的案例。虽然美国最终败诉，但上诉机构对第 20 条（g）款做出了有利于环境保护目标的灵活解释，承认了环境保护的重要性，并通过解释条约的方法对环境例外条款中序言及（g）款的规定做出法律论证，推导出与 GATT 时期相比更符合条约通常含义、更令人信服的结论。在 WTO 现行的法律体系中，解决贸易与环境纠纷案件的法律并不完备，在此背景下，龙虾—海龟案创造了一个用司法方式解决贸易与环境冲突与协调问题的成功先例①。根据本案上诉机构的意见可以看出，在以后此类案件中，如果限制措施符合普遍贸易原则并且满足环境例外条款的所有条件，即使缔约方未能通过多边谈判解决环境争端，也可以采取相应的单边环境措施用以保护海龟等濒危物种的安全，从而为世界贸易组织的法律体系与《濒危野生动植物物种国际贸易公约》（CITES）的衔接与协调提供法律依据②。

第四节　WTO 相关协定与环境问题

一、《农业协定》

农业与环境问题息息相关。在 WTO 多边协定中，《农业协定》（AOA）与环境保护联系最为紧密。乌拉圭回合谈判期间，农产品贸易首次被纳入多边贸易体制中，这一突破被看作是发达国家向发展中国家做出的妥协和让步。《农业协定》的序言声明：“应在全部缔约国之间以公平的方式做出承诺，并应注意到其他非贸易事项，包括保护环境以及粮食安全的需要。”AOA 的签订有利于通过削减出口补贴、国内支持和进口关税稳定全球农产品价格，促进国际农业贸易

① 赵维田．WTO 案例研究：1998 年海龟案［J］．环球法律评论，2001（夏季号）．

② 朱榄叶．世界贸易组织国际贸易纠纷案例评析［M］．北京：法律出版社，2000：191.

的交易，更有利于发展中国家发展农业经济。《农业协定》中有关环境问题的主要有以下三个方面。

（一）农产品的市场准入

WTO 的前身 GATT 允许缔约国利用非关税措施对本国农产品进行保护，其农产品贸易规则存在严重缺陷，会导致农产品市场的交易秩序严重混乱，极大阻碍农产品贸易的发展。《农业协定》最大的成果就是建立单一关税制，通过缔约国实施削减关税、削减农产品的出口补贴、取消进口数量限制等措施，降低对市场准入的保护，以市场为导向，建立公平的农产品贸易体制。关税化的过程彻底改变了目前存在的禁止进口农产品这类保护性壁垒不规范的状况①。

（二）农产品的国内支持

《农业协定》鼓励缔约国政府在经过一段时期后逐渐采用对农业贸易扭曲作用尽可能小的措施政策，缔约国承诺约束和削减对农产品的国内支持。“黄箱政策”是针对扭曲贸易的补贴，要求缔约国承诺在一定时期内削弱此类补贴；“绿箱政策”是针对极少扭曲贸易的政策，包括为了帮助农民而对其直接支付、政府授权地对环境问题进行研究等，这类补贴不受到限制；而“蓝箱政策”是指生产者在限产计划下获得政府的直接支付，现阶段这种补贴被一些国家采取。《农业协定》中列出“农业产品综合支持量”这个概念，是指所有列入其中的有关农业的支持措施以及开支都应该被削减，但是对于有关环保的基础工程的支付以及对于依照环境规划应给予农业生产者的直接补贴，可以不进行削减，即所谓的“绿箱政策”，但同时需满足两个条件：通过公众筹资且有明确支持目标的政府项目，以及支持项目不应在价格上帮助生产者。这些灵活性的农业政策措施促进了缔约国政府的农业发展。

（三）农产品的出口补贴

减少缔约国的国内支持，目的是减少农药、化肥等生产资料对环境的破坏，实现农业的可持续发展，改善生态环境。AOA 不允许缔约国实施出口补贴，但有四种例外情形：需要进行削减的补贴；发展中国家实施的补贴；满足“后阶段灵活性”条件且超出减让表限额的补贴；满足反规避规定的不需进行削减的补贴。

综上所述，要改善农业对环境产生的不良影响，需要将农业政策、环境政

---

① 世界贸易组织秘书处．乌拉圭回合协议导读［M］．索必成，胡盈之，译，北京：法律出版社，2000：80－81.

策和贸易政策等因素综合起来考虑，从而制定出最有效、最适合的协定。

二、《与贸易有关的知识产权协定》

《与贸易有关的知识产权协定》（以下简称TRIPs协定）的诞生是源于GATT第20条的环境例外条款。1994年GATT相关国家签订的《与贸易有关的知识产权协定》明确规定了有关最惠国待遇、国民待遇及最低标准等内容，其适用范围及内容涉及版权及相关权利、商标、地理标志、工业设计、专利、集成电路、未泄露的信息和对协定许可中反竞争行为的控制八个方面的问题，并且协定明确了争端的解决程序。

《TRIPs协定》中与环境问题联系最为紧密的是有关专利权授予和保护的条款，即第27条第2款。协定规定，缔约国可以以保护人类及动植物的生命健康或者保护环境为理由，从而拒绝授予一些发明专利，但施行此规定的前提是不能故意利用这条条款而达成获利。TRIPs除了鼓励更多国家在环境保护科技方面投入更多的人力物力之外，还规定了对授予环境方面专利权的拒绝情形。当专利或发明会对公共秩序、社会道德或生态环境造成威胁，或者伤害人类及动植物的安全时，协定要求成员国应阻止该专利或发明在商业上投入使用，从而避免其对社会的不利影响。

在技术转让方面，《TRIPs协定》鼓励发达国家向发展中国家转让技术，提供资金、技术支持，从而帮助发展中国家改善生态环境，但并没有就此做出具体详细的规定。

值得注意的是，发达国家在倡导《TRIPs协定》订立的过程中，一直在努力证明其对环境保护有益，但实际上我们可以看出《TRIPs协定》的条文中并没有多少表现出对环境问题的关注，甚至许多条文与21世纪议程、许多MEAs的目标是不符的①。

三、《与贸易有关的投资措施协定》

经济全球化的发展使得贸易、投资自由化增长快速。因此，相关贸易国家迫切需要在全球范围内建立统一的贸易投资规则。国际投资与环境问题关系密切，国际社会中的各个国家享有为了保护环境而对国际投资采取必要的限制措施的权利。在美、日、欧盟等国的推动下，乌拉圭回合会议专门开设了一个议

---

① SAMPSON G P, CHAMBERS W B. Trade, Environment, and the Millennium [M]. 2nd ed. Toyko: United Nations University Press, 2002: 61.

题，讨论与贸易有关的投资措施，并最终签订了《与贸易有关的投资措施协定》(TRIMs)。TRIMs由引言、正文和附件构成。引言阐明了其宗旨是通过限制那些有碍国际贸易的投资措施来促进国际投资及国际贸易的发展，提及了对发展中国家的特殊与差别待遇。正文及附件均对引言的宗旨做出了具体规定。

与环境问题有最密切联系的要数TRIMs的例外规定。《与贸易有关的投资措施协定》的第3条规定了缔约国如果满足GATT例外条款的条件，则可根据实际情况不承担相应义务。这说明在环境问题上要想适用TRIMs的例外规定需要满足GATT第20条所要求的全部条件，即实施措施是为保障人类或者动植物生命及健康的必要措施，而且措施的实施不会在情形相同的国家之间形成“任意的或不合理的歧视”，且不会形成“对国际贸易的变相限制”。

目前因为环境保护而采取的对国际投资的限制措施争论最大的就是在发展中国家进行投资的跨国公司应适用母国的环境标准还是东道国的环境标准问题。在实践中，大多数在发展中国家投资的跨国公司遵守的还是东道国较低的环境标准，很少有公司主动遵守母国的环境标准。因为母国的环境标准一般较高，更有利于环境保护，因此为了维持良好的生态环境应倡导发达国家主动遵守较高的环境标准。

四、《贸易技术壁垒协定》

随着国际贸易的迅速发展，生态环境日益遭到破坏，各国的贸易措施出现新变化，国际贸易中的贸易技术壁垒问题逐渐显现。“货物”在贸易过程中从原材料的加工制造环节再到销售、消费环节，整个贸易周期都体现了高标准的技术性规则以及程序性规范。常规来讲，这些技术性规范可以对保护人类及动植物生命及健康、保证产品品质、维护良好生态环境、促进贸易市场秩序稳定起到积极的促进作用。然而有些技术性规范由于贸易保护主义的滥用，会大大阻碍国际贸易的发展。1979年，东京回合通过的《技术性贸易壁垒守则》通常被称为“标准守则”，被认为是东京回合守则中最成功的一项，共有47个国家签署了该协议①。后又在标准守则的基础上改进和优化，签署了《贸易技术壁垒协定》(TBT协定)。作为WTO协定的附件，它适用于全体WTO成员，在权威性和适用性上大大超越了标准守则。

TBT协定的核心内容是技术法规、标准和合格评定程序。它产生的目的是

---

① 世界贸易组织秘书处．乌拉圭回合协议导读[M]．索必成，胡盈之，译，北京：法律出版社，2000：106.

发挥技术性规范的积极作用，减少其可能对国际贸易的不利影响。

TBT 协定由引言、正文和附件构成。引言阐明了其立法目的，即任何国家为保障国家安全利益，保护人类及动植物安全及健康所采取恰当的措施都是应当的，不应受到协定的约束，维护良好生态环境，保证产品品质，并且技术规范的标准不应给国际贸易造成不应有的阻碍。正文则针对技术规范的要求以及程序性事项做出了具体规定。该协议第 2 条第 2 款规定，技术规范对贸易的限制程度不应超过为实现保护人类及动植物安全和健康、维护良好生态环境的目标所必需的程度，并且对技术规范的审查应考虑不能实现这些目标所带来的风险。

TBT 要求各缔约国在制定实施技术标准时，必须遵循非歧视原则，且这些技术标准是为了保护人类及动植物生命和健康目标所必需的，符合“贸易影响最小”原则。TBT 还提出了统一性原则，提倡各缔约国制定的技术标准与国际标准一致，鼓励消除贸易标准差异导致的国际贸易障碍。另外，TBT 特别强调，发展中国家由于其国力不足，在制定和实施技术法规方面应予以技术支持，解决遇到的相关困难，从而消除对发展中国家的出口造成的障碍，这是发展中国家签订 TBT 协定的一个基础①。

然而，由于各国的技术标准的指标水平及检测方法有所差别，不同的检测结果和指标可能作为限制国外商品的进口依据。例如，发达国家的检疫措施普遍比较严苛复杂，特别是对残留农药、重金属物质、放射性物质等食品安全的卫生检疫要求越来越严格，其标准普遍采用高于国际的标准。例如，我国出口日本的大米，国际标准一般仅检测 9 个相关指标，而日方的检测指标高达 56 个。高检疫标准使得出口产品的成本大大提高，从而对我国相关商品的出口贸易产生了负面影响。

五、《补贴与反补贴措施协定》

国际社会反对一国政府违反国际贸易规则对其国内企业生产的产品进行补贴，但是在特殊状况下，有些补贴可以被允许。乌拉圭回合期间，与会国签订了《补贴与反补贴措施协定》（SCM），其中规定的“补贴”包括禁止性补贴、可诉讼补贴和不可诉讼补贴，与环境问题最为相关的是不可诉讼补贴。SCM 协定规定，如果环境措施采取恰当且有利于降低环境问题的严重程度，则允许进行环境补贴；但不可诉讼补贴则不然，不能向争端解决机构提起诉讼。不可诉

---

① 李寿平 . WTO 框架下贸易与环境问题的新发展［J］. 现代法学，2005，27（1）：37.

讼补贴包括三种情况：一是允许对与环境科学研究及环境保护研究有关的给予补贴，二是允许对经济欠发达地区给予环境补贴，三是允许直接与环境保护有关的补贴，但对这种补贴提出了很严格的要求。因而，环境补贴实际上对其他缔约方的国内产业产生的不利影响很小。《补贴与反补贴措施协定》第2条及第8条规定，如果缔约国修订了新的环保标准，则针对现有基础设施运行了五年以上且是为了配合新的环保标准实施时所付出的额外费用，国家可以通过财政援助一次性对其给予补贴但应少于费用的20%，这种补贴不可诉。若政府的补贴后果是损害了进口国的贸易利益而有利于其国内产业，即使出于环境保护的目的也可以对这种补贴提起诉讼。

环境补贴包括积极补贴和消极补贴。积极补贴是指政府给予企业以资金或实物等有形的直接经济利益补贴，这种补贴必须符合保护环境的目的而且不能违背WTO非歧视原则。但有些国家认为环境补贴会对市场价格造成扭曲，从而对国内产业造成损害，并以此为由对出口国征收反补贴税，引起贸易争端，如美国曾提起反补贴诉讼，认为加拿大的速冻猪肉是环境补贴的受益者，违反了自由贸易的原则。消极补贴是指本国环境法规标准较为宽松，从而减少了国内产品的环境成本，使其在出口贸易过程中具有价格优势，导致其他国家认为此举实质上是该国政府对其国内企业提供的补贴。消极补贴引发的贸易争端的两方多为发达国家与发展中国家，这是因为发达国家所采用的相关环境标准较高，而发展中国家采用的环境标准一般而言较低，因此，发达国家认为，环境成本并未包括在发展中国家的产品成本之中，发展中国家的出口低价格的本质是由于其“生态倾销”，使发达国家的国内产品价格的竞争力减弱。因此，为了保障本国的贸易利益，发达国家要对发展中国家征收反补贴税和反倾销税。发展中国家却认为这些行为实际构成了绿色贸易壁垒，是发达国家专门针对发展中国家的行为，妨害了发展中国家产品的市场准入。

六、《卫生与动植物检疫措施协定》

附属于WTO多边贸易体制之下的《卫生与动植物检疫措施协定》（SPS）于乌拉圭回合期间达成，形成背景复杂。20世纪80年代起，各国规定的动植物检疫标准差异越来越大，许多国家将检疫标准作为非关税壁垒以期通过限制进口，保护国内相关产业。为了防止某些国家通过滥用动植物检疫标准而限制进口的行为，与会国基本依据《TBT协定》的框架和规范制定出SPS协定。SPS协定的大部分内容都与环境保护有关，由引言、正文和附件三个部分构成，主要内容针对卫生与植物卫生措施，实际上这些措施的实施都是为了保护环境。

从具体内容来讲，SPS 协定可以说是将 GATT 第 20 条（b）款具体化，成为 WTO 法律体系中有关环境保护的特别法。SPS 在前言和第 2 条中明确指出，各国政府有权采取措施保护人类及动植物的健康，但若这些措施对贸易造成限制，则应该以科学和证据原则为依据，在保护人类及动植物生命健康所必需的范围内实施。SPS 的目标是保证各国政府因为粮食安全及动植物健康而采取限制措施对贸易的影响降至最小，SPS 的达成是缔约国为维护自己国家主权与追求自由贸易之间的平衡。

SPS 协定涉及的卫生和动植物检疫措施主要包括：减少病虫害对动植物的侵害，减少粮食或饲料中的添加剂、毒素等对人类及动物健康造成的风险，减少动植物本身携带的病虫害对人类造成的危害。各缔约国享有为了上述目标而采取必需的卫生或动植物检疫措施的权利，但必须符合一些附加条件，比如，实施措施必须有充分的科学证据，即强调科学证据规则，且须符合非歧视原则、透明度原则、最小贸易影响原则，还要符合控制、检查、批准等程序规则。

（一）SPS 措施对环境的影响

单纯为了保护人类及动植物生命和健康而实施的 SPS 措施，可以通过预防疫情传播、防止对人类及动植物的生命和健康产生危害的不安全因素发生而达到稳定社会的效果。虽然 SPS 措施实施本身也有一定成本，但与疫情发展严重导致巨大的社会灾难相比，SPS 符合社会的最大经济效益。

SPS 措施的实施对于维持良好的生态环境来说十分重要。根据自然规律，在局部地理范围内的动植物生态圈会保持生态平衡，但是由于世界贸易的迅速发展，国家或者地区之间频繁的贸易往来在一定情况下会破坏这种生态平衡。例如，外来的病虫害传播到新的地理区域可能对当地造成流行灾害。因此，通过实施 SPS 措施提前预防并限制这类病虫害的传播可以有效防止疫情的扩大，保证生态的平衡。

然而在国际贸易实践中，发达国家往往制定本国严格的检疫标准和繁杂的程序，从而限制发展中国家产品进入本国市场，形成新的贸易壁垒。

（二）SPS 与 GATT1994

SPS 作为附属协定，与 GATT 配套实施，相互补充。GATT 具有指导性作用，规定了基本原则，而 SPS 则更加具体化，类似于特别法。SPS 协定的产生其实与 GATT 第 20 条环境例外条款的含糊措辞有关，SPS 将 GATT 第 20 条环境例外条款细化，使其更具有可操作性。

GATT 第 20 条（b）款的规定与 SPS 的关系最为密切。总结 GATT 和 WTO

几十年发展的经验，我们可以逐渐理解第 20 条（b）款的含义，即不允许将本条款解释为妨害缔约国实施为保护人类及动植物生命健康所必需的措施，但是这类措施的实施方式不允许在情况相同的国家之间构成任意的或者不合理的歧视，或者变相限制国际贸易。若想要因符合环境例外条款而允许违背 GATT 相应义务，必须满足 GATT 第 20 条要求的全部条件，包括序言的要求。

在判断一项 SPS 措施是否合法时，常常需要根据 GATT1994 和 SPS 协定双重规则标准做出判断，判断过程遵循如下原则：若该措施不符合 SPS 协定规定，则即使不适用第 20 条（b）项的环境例外条款，也可以得出该措施属于违法措施的结论；若该措施满足 SPS 协定规定，则按照 SPS 协定第 2.4 条的规定，推定此措施符合 GATT1994，因此可以得出该措施属于合法措施的结论。

（三）SPS 与 TBT

上文已经介绍，TBT 的宗旨是不应阻止任何国家采取适当措施维护本国安全利益，保障产品质量，保护人类及动植物的安全及健康，维护良好生态环境，并强调技术规范的标准不应阻碍国际贸易的发展。SPS 订立的目的是重申不应阻碍缔约国采取必需措施用以保护人类及动植物生命及健康，但这些措施的实施方式“不得构成相同情况成员之间任意的或不合理的歧视，或者构成对国际贸易的变相限制”。SPS 协定依据 TBT 协定制定，因此二者结构基本相似，但是遵循的基本原则不大一致。TBT 协定遵循 GATT 和 WTO 的基本原则，强调非歧视原则，鼓励成员间应多协商，而 SPS 协定的基本原则是科学证据、国际协调、风险评估及适度保护。在规定的具体内容上，SPS 专门针对 GATT 第 20 条（b）款进行具体解释，进而补充拓展了环境例外条款的内容，而环境例外条款的（b）款仅涉及一部分措施，相比之下，TBT 的适用范围更加广泛①。

不同于其他 WTO 协议，SPS 协定放宽了各国在制定本国环境标准的限制，同时倡议各国依据国际标准制定本国标准，也允许各国采取更严格的措施，但是需要明确实施严格标准是以科学为依据的。即使没有充分的科学依据，只要该国认为制定严格标准是由本国国情决定且具有正当性，也可以以预防性为由实施。总之，制定者希望 SPS 协定与 TBT 协定能够在适用范围和具体应用上相互补充，弥补法律制定上的空白，二者相互配合，争取在国际贸易与生态环境问题的处理上最大程度发挥多边贸易体制的实效作用。

综上所述，面临着动植物贸易能够直接或间接地影响环境，且环境问题日

---

① 李寿平. WTO 框架下贸易与环境问题的新发展［J］. 现代法学，2005，27（1）：36.

益加剧的严峻形势，世界贸易组织至今仍没能建立起可以有效消除动植物检疫标准方面贸易壁垒的强有力机制，很多国家都对以 SPS 协定为由滥用环境例外条款而形成新的贸易壁垒表示担忧。

本章小结

从 GATT 到 WTO，伴随着国际贸易的迅速发展以及生态环境的日益恶化，贸易与环境的问题受到更多重视。由于人类受经济利益驱使，国际贸易在各国之间的往来中造成了生态环境的破坏，同时各国也为了保护本国的贸易利益而演变出多种贸易环境措施。多边贸易体制作为调整世界各国之间经济贸易秩序的机制，由最初注重贸易而忽视生态逐渐转变为强调贸易与环境协调发展，倡议国际按可持续发展方式发展贸易。作为处理贸易与环境关系最重要的条款，GATT 第 20 条环境例外条款的重要性在 GATT 以及 WTO 的实践中逐渐显现。WTO 对环境例外条款的适用做出严格限定，以防止缔约国因贸易保护主义而滥用环境例外条款，从而扰乱国际贸易秩序。从 GATT 以及 WTO 涉及环境例外条款的典型案例可以看出，争端解决机构在环境例外条款的适用问题上，由谨慎的态度逐步转变为承认缔约国出于环境保护的目的而在一定程度上采取必要的环境限制措施，从而协调了贸易与环境的关系问题。要想解决贸易对环境的不良影响，需要制定有效的贸易政策与环境政策，相互配合解决问题。在 WTO 多边协定中，与环境问题最为相关的就是《农业协定》、《TBT 协定》和《SPS 协定》。在 WTO 的其他协定中虽然没有多少有关环境保护的具体规定，但也或多或少地表现出了制定者在国际贸易中必须注重维护生态环境、保护人类及动植物生命及健康的理念。

WTO 多边协议在协调贸易与环境问题的同时也面临着窘境。纵观 WTO 协定中有关环境与贸易的规定，仍存在以下缺陷。

首先，很难制定国际统一的环境标准。以国际法国家主权原则为依据，国家有权根据各国国内情况制定自己的环境标准。国际社会要求各国执行统一的、完全一致的国际环境标准既不现实，也不符合国际法精神和原则。《SPS 协定》和《TBT 协定》中就规定了，各缔约国应根据国际标准制定本国的卫生检疫措施和技术措施，同时还强调各国享有根据本国情况和需要制定本国环境标准的权利。因此，环境标准在不同国家之间差异较大，因环境措施产生贸易争端也在所难免。争端发生后，因为立法存在滞后性和模糊性，WTO 专家组及上诉机构的司法解释则显得特别重要，其对环境标准问题的把握甚至对整体贸易与环境争端平衡点的把握，在一定程度上决定了应如何解决环境贸易争端。

其次，有关环境措施的条款规定含糊。到目前为止，多边贸易体制下关于贸易与环境的争端大多是围绕环境措施例外条款的适用展开的，其中最重要的要数 GATT 第 20 条环境例外条款。起诉方的起诉理由通常是被诉方采取的限制措施违反了 GATT 的义务，而被诉方则会以其限制措施依据 GATT 第 20 条环境例外条款具有正当性为由进行辩护。但由于环境例外条款当中的名词如“必需”“可能用竭的自然资源”等具有模糊性，又缺乏相关的司法解释，这给环境贸易争端双方留下了任意解释的空间，同时也给专家组和上诉机构解决争端带来难题。也就是说，在 WTO 规则与多边环境协定的关系上，WTO 争端解决机制在争端解决的实践中没有具体设计。这就表明 WTO 争端解决机构在努力寻找的“平衡线”还没有找到①。

再次，对于发展中国家来说，WTO 协定并没有规定这方面的特殊与差别待遇。虽然有些 WTO 协定，提及了针对发展中国家的特殊问题，但目前的 WTO 环境条款中并没有顾及发展中国家与发达国家在经济水平、环境保护条件上的巨大差异，虽然规定了“技术性援助”条款，也没有明确其实施的具体内容和程序，使其适用甚难，形同虚设②。在多边贸易体制下的环境纠纷案件中，没有因为发达国家违背“技术性援助”条款而提起的案例。鉴于此，发展中国家在以后的谈判中应积极争取获得更具有实际效果的技术性支持，国际社会在贸易与环境的问题上应给予发展中国家更实际的特殊与差别待遇。

总体来讲，虽然贸易对环境的影响日益严重，但世界贸易组织到目前为止仍没有构建生态文明理念和制定相应的规则，也没有建立起强有力的可以有效消除贸易壁垒的机制。因此，WTO 作为当今世界最重要的多边贸易法律协定，尽早进行相关修改，是促进国际贸易发展和保护好国际环境的必由之路。

---

① 李寿平．WTO 框架下贸易与环境问题的新发展［J］．现代法学，2005，27（1）：38；高秋杰，田明华，吴红梅．贸易与环境问题的研究进展与述评［J］．世界贸易组织动态与研究，2011，18（1）：61.

② 王海峰．贸易自由化与环境保护的平衡［J］．世界经济研究，2004，18（4）：63.

第三章

WTO 法与经济正义

人类社会的发展，从某种意义上来说，就是一个追寻正义的无限的发展过程，体现了人类憧憬美好未来、不断进取的本性。在古代和近代，由于经济发展落后，尽管亚里士多德（Aristotle）、亚当·斯密（Adam Smith）等对经济正义问题做过探索，但并没有把经济正义问题作为一个独立领域来研究，换言之，人们主要是从哲学、政治、法律及道德领域研究正义问题。随着各国经济的发展，尤其是经济全球化的快速推进，各国经济迅速融为一体，大大促进了世界经济的发展。同时，经济全球化的发展，导致了诸如贫富不均、机会不等、环境破坏等一系列问题。这样，经济正义问题越来越成为人们关注的重要问题①。WTO 作为当今世界最重要的国际贸易组织，经济正义理所当然成为其不可逾越的门槛，需要我们进行认真探索。

第一节　经济正义的概念与基本原则

一、经济正义的定义

正义是法律的终极追求。但要深究正义一词的概念和范畴，却需借助哲学、伦理学的相关研究。远到苏格拉底近到麦金太尔，西方学界关于正义的探讨古今不绝，相关学术著述已汗牛充栋②。经济正义一词，在正义一词前加了限定，即其所指不是普遍的正义，而是经济中的正义。以伦理中的正义标准去评价经

① 缪尔达．反潮流：经济学批判论文集［G］．陈羽纶，许约翰，译．北京：商务印书馆，1992：114.

② 主要代表有柏拉图的《理想国》、罗尔斯的《正义论》、诺齐克的《无政府、国家与乌托邦》以及麦金太尔的《谁之正义？何种合理性?》。

济活动及其相关制度，而非以单一的经济效率去评价，是价值观的重塑，也是人类认识世界的一大飞跃。

经济基础决定上层建筑。经济正义的提出根因于经济对于社会生活举足轻重的地位，但这种地位并非与生俱来的。经济起初的表现形式主要是商业，人们从事商业活动发生经济联系最初是要依附于社会与文化准则的①。经济活动的动因“从宗教和文化的联系中被解放出来却是现代的特征，这一特征在文艺复兴和重商主义时期开始形成，它不仅是一种资本主义的特征，而且预示着经济时代的到来”②。经济独立后伴随着工业革命、技术革命、科技革命而获得长足发展，百年间产生的物质财富超过了以往整个人类创造的财富。物质的极大丰富也改变了人们的价值观念，使得整个社会面貌焕然一新。经济对社会面貌重塑的同时也奠定了自己举足轻重的地位。当今社会，大到社会改革、政府更迭，小到官职升迁、家计操持，永远绕不开的话题就是经济。经济的独立是讨论其正当合理性的前提，而其举足轻重的地位则引发了对其正当合理性的关注。

起初，人们对经济活动及其相关制度正当合理性的质疑本身却备受质疑。正当合理性是伦理学的标准，该标准与人的价值观密切相关，并非自然科学中的判断标准。而最初经济学家是以自然科学的模式建立经济学体系的，因此经济活动及其相关制度的正当合理性并非经济学所应考虑的。西尼尔将科学与艺术严格区分，经济学作为一门科学只有事实判断而不存在任何价值判断。此后约翰·穆勒（John Stuart Mill）、熊彼特（Joseph Alois Schumpeter）、弗里德曼（Milton Friedman）等著名经济学家也都这样认为。但之后随着社会的发展，这种观念导致了很严重的后果。1929 年暴发的大萧条就是例证。资本家只顾自己财富的积累，而不顾伦理道德的约束，竭力压迫和剥削无产阶级。进而资本家一直扩大生产，而人们却无钱购买，最终“美国资本家用粮食做燃料，把牛奶倾入大河。巴西在一年内把 2200 万袋咖啡倒入大海”③。“工业化创造了前所未有的物质财富，也产生了难以弥补的生态创伤”④，从而引发了人们对经济活动及其相关制度正当合理性的关注。虽然“唯 GDP”论理念给我国带来了短期的经济增长，但大自然的报复也很严重。

---

① 当代德国学者科斯洛夫斯基把经济联系从社会与文化准则中脱离出来的过程称为“经济独立化”的过程。

② P·科斯洛夫斯基．资本主义伦理学［M］．王彤，译．北京：中国社会科学出版社，1996：8.

③ 傅绍华．世界近现代史简编［M］．大连：大连海运学院出版社，1992：291.

④ 习近平．共同构建人类命运共同体［N］．人民日报，2017－01－20（1）．

以上是国家层面上忽视伦理标准对经济活动及其相关制度约束的后果。从个体层面来看，他们也是金融危机的受害者。经济发展忽略伦理道德约束导致的贫富差距增大、国际贸易中的不公平现象等都是个体可以真切感受到的。它们不是某国特色，而是普遍存在的①。这些问题不仅仅是经济发展的障碍，也是社会稳定的威胁。更为严重的是，经济发展带来的物质丰富使得人们"忽略了价值理性和人文精神，工具理性和物质主义世界观带来两个最严重的问题：一是对自然的破坏，二是人自身的文化危机"②。个人是自然灾害的直接受害者。很多人在享受丰富物质生活的同时却觉得精神无所皈依③。

综上，随着社会的进步，经济开始独立发展，人们在重视经济发展后收获了非常丰富的物质财富，这些物质财富又进一步激励人们过度地追捧经济发展，由此于国于民均产生了巨大的危害。经济学的科学属性并不能阻碍在经济学中引用伦理道德标准。反而，忽略伦理道德标准约束的经济发展所导致的恶果体现出经济学体系建立时的不足。由此，经济正义理论应运而生。"一方面把经济活动（即生产活动、交换活动和消费活动等）作为研究对象，探寻经济活动的正当性；另一方面，它还试图把调节经济活动的经济制度和经济规则作为研究对象，对经济制度的合理性进行道德判断。"④ 易而言之，就是将正义作为评价各项经济活动及其相关制度的标准，以此决定经济制度如何设计，经济活动进行与否及如何进行。经济正义要求：（a）所有社会成员均有平等的机会，以达到与其他社会成员相当的生活水平；（b）所有成员都被视为社会地位平等并以平等地位对待；（c）所有成员法律上完全平等；（d）所有成员都有机会在所有集体决策中平等参与，即使这种参与是通过有效表达他们利益和关切的代表实现的；（e）所有成员平等的教育和就业机会受保障⑤。全球经济的运作方式从

---

① 联合国开发计划署在2014年1月29日发表的一份名为《分化的人类：直面发展中国家的不平等》的报告中指出，全世界最富有的1%人口，其资产占人类财富总量的近40%，而最贫困的50%人口所拥有的资产，仅占人类财富总量的1%。1990年至2010年间，发展中国家的不平等增长了11%；与1990年相比，发展中国家约四分之三的人口生活在收入差距更为悬殊的环境之中。此外，不平等还体现在收入以外的性别、城乡、就业等其他许多方面。例如，在大多数发展中国家的孕产妇死亡率出现整体下降的情况下，乡村地区孕产妇的死亡率与城市地区相比高出3倍；在5岁以前夭折的儿童中，来自20%最贫困家庭的数量比普通家庭高3倍。

② 何建华．经济正义：当代伦理学面临的重大课题［J］．伦理学研究，2005，18（4）：32.

③ 何建华．经济正义论［D］．上海：复旦大学，2004.

④ 柳平生．当代西方经济正义理论流派［M］．北京：社会科学文献出版社，2012：30.

⑤ MACLEOD A M. Economic Justice［M］. Berlin：Springer Netherlands，2013：196－197.

根本上就不公平，特别是对发展中国家及其穷人来说①。WTO 作为一个拥有 164 个成员的当今世界影响力最大的国际经济组织，是当今世界经贸制度的维持者②，理应承担起引导世界经贸制度朝正确方向转变，指导跨境经贸活动朝正确方向发展的责任。考虑到现在的经济发展现状，特别是环境污染情况，在经贸制度中引入伦理道德标准以此来指导经济活动迫在眉睫。在 WTO 法律框架内引入经济正义理念无疑是最好的选择。借助 WTO 的影响力，经济正义理念的贯彻无疑会步入快车道。

长久以来，效率成为经济活动及其相关制度评价的唯一指标，即使特定情形下的法律介入，也不过是对其秩序的规制以促进效率。而经济正义理念则更重视伦理在经济活动及其相关制度中的指引作用，将正义作为标尺来衡量、指导经济活动，评价、指引相关制度安排。正是由于这种属性，经济正义才成为一切经济活动的最终归宿③。经济活动包括生产、交换、分配、消费四个环节，在每一个环节中活动主体均面临伦理选择，都关乎正义。因此经济正义可具体化为生产正义、交换正义、分配正义、消费正义。然而，本书意欲在 WTO 法理框架中构建生态文明理念，而交换“指人们互相交换自己的活动和劳动产品的过程”④，分配指经济活动及其相关制度中权利、财富、收入的分配。单纯的交换和分配过程并不会对生态环境有直接影响。交换正义和分配正义无关宏旨，因此本章只讨论与生态文明直接相关的生产正义和消费正义。

二、经济正义的基本原则

我们以经济正义来评价现存的经济制度、活动和指引未来的经济制度、活动时，经济正义四个字仅是一个总纲。因此我们需要发展经济正义的基本原则。经济正义理念要求以正义这一标准来限制和引导经济活动及其相关制度安排。在保留后者最根本原则的同时，还要体现出正义理念的要求，由此延伸出了四大经济正义基本原则。

（一）自由原则

自由原则首先要求赋予市场主体自由，使他们可以自由进出市场，自由决

---

① KAPSTEIN E B. Economic Justice in an Unfair World：Toward a Level Playing Field [M]. Prinxeton：Princeton University Press，2006：1.

② 王力国. 图解经济学 [M]. 北京：石油工业出版社，2015：169.

③ GRIFFITHS M R，LUCAS J R. Value Economics [M]. London：Palgrave Macmillan UK，2016：11.

④ 张卓元. 政治经济学大辞典 [M]. 北京：经济科学出版社，1998：18.

定是否交易，自由选择交易对象，自由约定交易条件，排除任何组织和个人的非法干预，实现自身利益的最大化。当然，市场主体自由的前提是其独立和平等，这已经为绝大多数国家的法律体系所保障。同时，经济的发展还必须还市场以自由。我国的改革开放就是例证。“统计显示，1979—2007 年，中国经济年均增长 9.8%，比同期世界经济平均增速快 6.8 个百分点。”① 三十年超高增速不仅仅是政府做出正确抉择的结果，也是全国人民自由参与经济活动并充分发挥自身优势的产物。因此，自由原则是经济活动及其相关制度的根本原则之一。同时，对自由的追求也是对正义的追求。罗尔斯的正义理论引申出两条正义原则，第一原则即平等自由原则②。也就是说，以正义为尺度来衡量经济活动及其相关制度的经济正义理念要求经济活动要自由，相关经济制度要保障自由。如果经济制度能够保障自由，经济主体能够拥有自由，市场能保持自由，那么它们就是正义的，符合经济正义理念。也就是说，市场经济运行要求人们获得普遍的自由，因此，自由和权利原则是市场经济的第一原则或最高原则③。

（二）平等原则

亚里士多德认为：“所谓‘公正’，它的真实意义，主要在于‘平等’。”④ 前述罗尔斯的正义理论也包括平等。也就是说，虽然对于正义的概念至今没有统一的认识，正义要求在经济活动及其相关制度中遵循平等原则是毋庸置疑的。同时，经济中的平等原则也早已为许多国家的法律所确立。以我国为例，《中华人民共和国宪法》第 33 条第 2 款和《中华人民共和国民法通则》第 3 条均规定了公民的平等地位。处于法律规制范围内的经济活动自然应贯彻平等原则。平等原则不仅要求在民事权利能力上的平等，更深层次的内涵是坚持个体权利与义务的统一。马克思曾经指出：“没有无义务的权利，也没有无权利的义务。”⑤ 也就是说，个体权利的实现依赖于其他社会成员相应义务的履行，而其他社会成员权利的实现也依赖于个体相应义务的履行。对某个社会成员只赋予权利不施加义务是对全体社会成员的不平等，对其只施加义务不赋予权利是对该成员的不公平。这与经济正义的内涵是一致的。即在经济活动的各个阶段，所有个人都有相同的机会。以上仅是形式上的平等。实质上的平等要求合理的差别待

① 包海松. 繁荣的真相 [M]. 北京：中国经济出版社，2014：14.
② 周濂. 正义的可能 [M]. 北京：中国文史出版社，2015：193.
③ 何建华. 经济正义论 [D]. 上海：复旦大学，2004.
④ 亚里士多德. 政治学 [M]. 吴寿彭，译. 北京：商务印书馆，1965：153.
⑤ 马克思恩格斯选集：第 1 卷 [M]. 北京：人民出版社，1972：18.

遇。由于自然、生理、经济上的差别，即使赋予一些弱势群体平等的权利，也无法弥补其与一般人的差距。因此，实质上的平等要求在经济生活中“必须坚持合理正当公平的利益分配尺度，‘惠顾最少数最不利者’的‘最起码’利益”①。

（三）效率原则

效率是经济活动及其相关制度的根本原则之一。它指的是投入与产出的比率，追求以最小代价换取最大收益。追求效率是经济活动的本质，因为人们进行经济活动的动因在于逐利，而利来源于产出与投入之差。效率能够促进生产者的积极性和创造性，以较少投入创造更多的利益总量，标志着生产力的提升。但是效率与正义和而不同。效率着眼于生产，而正义囊括生产前后各个环节。在法理学领域，正义与效率的关系是非常经典的命题。在审判实践中，如果以正义为重则需要事无巨细，这样耗时耗力，与效率相悖。如果以效率为先，那么仓皇的决断可能有违正义。实践给我们的认知是正义与效率无法兼得。然而，“迟到的正义是非正义”，正义的实现离不开效率的提高。

需要强调的是，效率原则注重长远的效率而非短期效率，着眼于人类社会的长远利益而非眼前的利好。因此，在经济发展过程中采用“先污染后治理”的路径是非常不效率的。因为“空气、水、土壤、蓝天等自然资源用之不觉、失之难续”②。生态环境的恢复不仅难度大，而且耗时长，甚至有的破坏是不可逆的，如珍稀生物的灭绝。同样，以适当的资源投入获得满足当代人需要的产出，为后代保留其发展需要的资源，使得可持续发展成为可能，这才是最有效率的。可见，效率原则包含着正确处理当代和后代、眼前和长远关系的要求。因此，在市场经济中，应当以效率为原则来指导经济活动及其相关制度，充分发挥主体的聪明才智，正确处理各种利益关系，使得经济快速健康发展。

（四）秩序原则

孔子曰：“不患贫而患不安”。秩序是发展经济的前提，也是人民安居乐业的保障。在社会秩序混乱的环境中，经济主体进行经济活动的结果是不确定的，调动不起经济主体的积极性。况且，秩序的混乱导致人民生活的不和谐，人民既无精力也无能力去进行生产创造。关于这方面的例子很多。对比一下中国在1949年前后经济发展的状况，明显表明了秩序之于经济的重要性。因此，只有

① 何建华．发展正义论［M］．上海：上海三联书店，2012：182.

② 习近平．共同构建人类命运共同体［N］．人民日报，2017-01-20（1）．

在社会稳定的前提下才能谈经济发展、社会进步、人民幸福。然而，正义与秩序的关系比较微妙。以我国为例，封建制度延续了两千多年，不得不说是维护秩序的好制度，但并非正义的。1824 年英国空想社会主义家罗伯特·欧文怀抱着为人类谋福祉的一腔豪情，放弃英国的事业前往美国进行社会主义实验，建立了一个社会主义式的乌托邦①。相对于以前的各种制度构架，乌托邦的制度不可谓不正义，但到 1829 年这个实验就宣告失败了。法国法学家莫里斯·奥里乌认为："正义观念会诱发社会革命，而革命会打破现成的社会秩序；反过来，稳固的社会秩序也会使人们精神窒息。"② 不过，秩序与正义并非必然对立。当两者一致时，世界经贸秩序就和谐有序。经济活动的正常进行无秩序不可。而要使得秩序长久稳固，就必须努力使得要维持的秩序向正义无限接近。WTO 法理框架本来就是一套规则体系，维持秩序是其根本。要使得正义与秩序一致，在 WTO 法理框架内引入经济正义理念是一条很好的途径。此外，在一个法治社会，秩序的建立既依靠道德舆论，更依赖法律。法律的工具性体现在通过创设一整套规则来维护秩序，进而使得公众受益。如果有违反秩序的行为，法律同样有一套规则来矫正，保证社会的健康发展。法律使得市场主体的行为结果是可以预料的，对于经济活动的进行无疑是一种激励。所以，秩序原则要求我们在经济交往的过程中要诚实守信，遵守法律。在一个有秩序的经济环境中才能追求自身利益的最大化。

总之，经济活动的正常进行离不开秩序。而秩序的稳固依赖于该秩序的正当合理性。不过，秩序要靠法律来维持。秩序的正当合理性也就要求法律的正当合理性。正义的法律需要主体的遵循才能物尽其用。

经济正义的这些原则是相互依赖的，并不独立。市场主体的平等为其自由奠定了基础，自由又服务于平等。自由平等的经济环境促进经济效率的提升。自由、平等、效率的保障需要一个有秩序的环境。细细思量可以发现，这些原则不是经济目标和正义内涵的重叠，而是它们的有机结合。

第二节　经济正义中的生产正义

一般地说，人类健全的经济活动必须包括生产、交换、分配、消费这四个

① 陈雅珺．罗伯特·欧文的美国社会主义实验活动初探［D］．南京：南京大学，2012.
② 莫里斯·奥里乌．法源：权力、秩序和自由［M］．鲁仁，译．北京：商务印书馆，2015：38.

环节。在此过程中，“生产表现为起点，消费表现为终点，分配和交换表现为中间环节”①。毋庸置疑的是，经济正义必须体现在这四个不可或缺的环节中②。

一、生产正义的定义及特征

生产是经济活动的起点，也是社会存续和发展的基础。人们对生产的认识是不断深化的。重农学派认为农业劳动是唯一的生产劳动。亚当·斯密认为只有生产资本的劳动才是生产劳动。马克思则认为生产即生产物质生活本身，这一定义突破了经济学范畴，使得生产的视野更加宽阔。

以往的生产理论关注的重点在于生产者的收益是否能够弥补甚至超过其全部投入。它存在的经济前提是当时基本生产物品并不稀缺，对生产的研究只注重生产规律和效率。人只是劳动者和消费者，只追求物质的丰富及个人利益的最大化。但是，随着时间的推移，大规模的生产活动耗费大量的资源，使得生产物品稀缺，危及人类生存。加之原先粗犷的生产方式也给生态环境造成了不可估量的伤害。人们开始认识到生产活动的成本不仅仅是账面上可以量化的成本，其对不可再生资源的耗费和对生态环境的破坏，都是在生产活动中耗费的成本。这些成本的纳入，使得原本貌似有效率的生产活动变得低效率，直接违反了经济正义中的效率原则。而且，这些成本并不是由生产者直接承担的，而是由在生产过程中未获直接经济效益的公众承担，即经济学上负的“外部效应”③。从国内来说，公众默默承受着因资源大量耗费引发的资源短缺导致的人类生存危机，承受着生态环境破坏导致的生活环境恶化，却在生产活动中并未收益。从国际的视角来看，“富国对全球污染和资源枯竭有巨大贡献，却对产生的外部效应未付出任何代价。全球贫困人口从污染活动中收益最少（如果有的话），却无法使自己免于这些污染对其健康和自然环境的影响（如由于海平面上升而淹没）”④。这是不公平的，不符合经济正义的平等原则，凸显出生产中的

---

① 马克思恩格斯选集：第 2 卷［M］. 北京：人民出版社，1995：7.

② 限于篇幅，这里仅讨论生产和消费两个环节中的正义问题。

③ 外部效应指某个社会成员的行动或者决策会使其他社会成员受益或受损的情形。正的外部效应使其他社会成员收益，负的外部效应使其他社会成员受损。

④ POGGE T W. World Poverty and Human Rights［J］. Ethics & International Affairs，2005，19（1）：6.

正当合理性危机①。

此外，人需求的提升也使得以往的生存理论显得陈旧、狭隘而不合时宜。正如前文所述，西尼尔等著名经济学家认为经济活动只存在事实判断，相应地内含于经济活动之中的生产活动也不存在价值判断，即生产活动无所谓正义问题。因此，在客观规律面前，人作为生产的主体被忽略了。此后的生产活动只追求物质的丰富，将财富的积累视为最终目标。生产活动的重心在物而非人，从而导致拜金主义和金钱至上盛行。但是，随着人主体意识的觉醒，人们逐渐意识到其在生产活动中的作用。生产活动的开始源于人们的需求，生产活动的进程取决于人的目标和计划，生产活动的终极目标不是物的增长，而是人需求的满足。生产的主体是人，生产服务于人。当人的需求发生改变时，生产也要改变。就个体来说，建立在物质极大丰富基础上的人的基本需求的满足，使得人的需求超越了物质层面，开始关注自身的精神世界。人类开始意识到物质的丰富并不能实现精神世界的丰盈，而精神世界的充实却是提升幸福感的必由之路。这使得人们不再过度追求物质的丰富。当然，现有的生产力水平足以满足人类正常的物质需求。由此人类需要的生存理论就不再单一地强调客观规律的发掘、生产技术的改进、生产力的提高。就群体来说，人的需求已经超出了个体的层次，拓展至人类的繁衍和生存，从当代人生理和心理的满足扩展至后代人的满足。生态环境是人类赖以生存的根基，关怀自然、关心人类未来的生产理论才是人类所需要的。

由此，人们开始修正以往的生产理论，生产正义理论由此诞生了。以正义来评价生产活动，要求生产活动具有合理正当性，是人类在基本需求满足后对生产活动提出的更高层次的要求。生产正义的提出为生产活动的正当性增加了新的要求，即其正当合理性不仅需要经济有效性来证明，还需要伦理道德的正当合理性来检验。

生产正义要求考虑负外部效应的矫正，其有两个大的方向。其一，生产活动完成后要求生产者对其在生产过程中对环境造成的破坏承担责任。然而，虽然我们可以确定生产确实存在负的外部效应，但却难以量化。“无数的生物，包括土壤、植被、水，以及这个星球的整个生命支持系统，它的周期和节气，都

① 黄波博士认为：“当今社会现实中的生产活动在生产什么及怎样生产两个方面都呈现出缺乏生产合理性的危机现象。”由于本书的侧重点在生态文明，所以具体阐述时即以生产活动对生态的影响为基础。参见黄波．生产正义及其伦理原则［J］．唐都学刊，2015，31（4）：20.

错综复杂地相互关联，部分受到干扰会影响整体的运作。”① 如生态环境的破坏，生态环境是一个异常庞大的系统，计算出特定生产行为对系统中每个子要素的危害是异常困难的。此时，基于“有损害才赔偿”的法律对无法计算出损害数额的外部效应也束手无策。况且，从本质上来说，这种方法仍旧是在走“先污染后治理”的老路。有的生态破坏是不可逆的，无法用金钱弥补。其二，生产活动实施前制定严格的清洁生产标准。对生产过程的每个环节严格把关，从根本上严格控制生产活动对生态的影响，将其对自然的破坏降到最低。而且，有了标准就有了法律依据，也就不会因为损失额的难以计算而无法对该负的外部效应进行追究。既满足平等原则的要求，又符合效率原则。这是治本的方法，但实施起来难度非常大，需缓慢推进。

生产正义理论不仅要考虑到生产的负外部效应，还要能促进人的全面、可持续发展。何建华认为：“生产正义的实质是生产力标准与人的全面发展尺度的统一。”② 生产力标准要求生产活动具有效率正义，而人的全面发展要求生产活动具有伦理正义。基于人类需求的提升，生产正义应运而生。在物质尚未满足需要时，生产活动努力提高生产效率，促进物质丰富以满足人类需要。在人类的需要向更充实丰富的精神世界、更高品质的生活环境、更和谐有序的生态系统迈进时，生产正义理念诞生了。只注重效率而忽略伦理道德上合理性的生产活动是不能持久的，只注重伦理道德上的正当性而忽略效率的生产活动是行不通的。采用双重标准去评价生产活动才是科学的。生产正义理念始终以人为本，以人的全面发展为核心。它处处体现出对人的关怀，反对只追求经济的单维度发展，提倡物质与精神两手都要抓。对人的关怀就意味着对人类生存环境的养护。在生产正义理念致力于保障人类物质需求的同时，促进人与自身、人与人、人与自然的和谐相处。

二、正确的生产观与自然的和谐

生产正义理念要求以人为本，而以人为本的理念要求“肯定人在人类历史发展中的主体作用，强调人的主体性”③。“人的主体性不是单纯主体自身的规定性，而体现于交往中展示出来的人的主体独立性、能动性、自主性和创造

---

① DONAHUE T R. Environmental and Economic Justice [J]. EPA Journal, 1977, 3 (10): 7.
② 何建华. 经济正义论 [M]. 上海：上海人民出版社，2004：50.
③ 艾琳，王刚. 行政审批制度改革探究 [M]. 北京：人民出版社，2015：200.

性。"① 因此，以人为本的理念在强调人的主体性的同时又要求人主体性的发挥。也就是说，人的主体性需要人自己去贯彻，需要人能动地去体现。类似地，虽然经济正义理念旨在促进人的全面发展，但是这一理念的实现是要靠人自身的实践。

首先，树立正确的生产观。人对待自然的态度要从"人定胜天"② 转变到"天人合一"。生产是联系人与自然的纽带。人的存在和发展需要从自然获取物质资料，但自然不会将这些资料拱手让出，由此产生了人与自然的矛盾。从"愚公移山"到"围海造田"，人类的发展史也可以说是一部与大自然的斗争史。当人的生产能力较低时，只能靠天吃饭，赖地穿衣。而当人类的生产能力足以满足其生存和发展需要时，仍旧斗志昂扬，坚信我们还能更强，人定胜天。而现在，人拥有的生产能力足以毁灭自然。或许，人类改造自然的能力值得自豪，但却不能自大到"人有多大胆，地有多高产""开荒开到山顶上，插秧插到湖中央"的程度。我们自满于迄今所创造的优秀文明成果，但至今我们不能战胜的还有很多。17 世纪到 18 世纪，西方人一度绞尽脑汁寻找和设计"永动机"，耗费了大量的人力物力，最终被证明只是幻想。能量守恒定律是自然规律，不是人所能改变的。由于乱改河道而引起的泥石流、地震的频发，由于温室气体排放导致的生物多样性锐减以及极端天气的增多，迄今我们仍束手无策。自然通过这些灾害告诉人它的容忍底线，也警醒人在自然面前的微弱，在客观规律面前的无能为力。"我们不要过分陶醉于我们人类对自然界的胜利。对于每一次这样的胜利，自然界都对我们进行报复。每一次胜利，起初确实取得了我们预期的结果，但是往后和再往后却发生完全不同的、出乎预料的影响，常常把最初的结果又消除了。"③ 因此，我们应当改变一直以来与自然对立的想法，不能总以"征服者"的姿态去"驯服"自然，与自然和谐相处才是人类的出路。

不过，虽说自然规律是不以人的意志为转移的，但人类在尊重生态规律的前提下，应当自觉维护人与自然的和谐。一方面，"人与自然共生共存，伤害自然最终将伤及人类。空气、水、土壤、蓝天等自然资源用之不觉、失之难

---

① 中国辩证唯物主义研究会．马克思主义哲学论丛［M］．北京：社会科学文献出版社，2014：197.

② 近来已有许多学者开始纠正以往对"人定胜天"的误解，本书为了精简，暂采其字面通常含义。

③ 马克思，恩格斯．马克思恩格斯选集［M］．北京：人民出版社，1995：383.

续"①。"地球从诞生到现在大约已有 46 亿年的历史，人类是地球环境诱生的产物，是距今约 300 万年在地球生物圈出现的一个物种，而人类社会的形成距今最多不过 8000 年的历史。人类和地球生态环境的关系，显然是只可能有没有人类存在的地球生态环境，而不可能有没有地球环境的人类存在。"② 另一方面，人与自然是相互联系、互相交融的。人类自诞生以来，一直按照自身的意愿改造着自然，自然也在潜移默化地影响着人类。自然是人的自然，人是自然的人。人与自然是内在统一的。此外，生产力的发展使得人类完全有能力承担这一任务。人类对自然的改造是绝无仅有的。自然界中没有任何物种对自然的改造能力能与人类相提并论。人类是能动的，自然是被动的，人与自然的和谐关键靠人。

再次，树立正确的生产观，要重视中国古代优秀文化，从贤者们的智慧中汲取理论指导。中国优秀的传统文化为解决人与自然的关系提供了理论源泉。中国自古以来就崇尚天人一体的观念③。天即自然，人与自然是一体而非对立的。先哲们在蓝天白云、鸟语花香的古代就已意识到要与自然和谐相处，我们不能在接天雾霾、竭泽而渔的如今还思索如何征服自然。贤者们的高瞻远瞩，中华文化的博大精深，是我们民族文化自信的皈依。"我们应该遵循天人合一、道法自然的理念，寻求永续发展之路。"④ 美国著名学者纳什（Roderick Frazier Nash）指出："东方的古老思想与生态学的新观念颇相契合，在这两种思想体系中，人与大自然之间的生物学鸿沟和道德鸿沟都荡然无存。正如道家指出的那样：万物与我同一。"⑤ 我们要有文化自信，积极将中国优秀传统文化推广到世界，在解决人类面临的严重生存危机的同时，增强中华文化的影响力。可以预见，在人类经历从"人定胜天"到"天人合一"的生态哲学发展历程中，悠久的中国文化必将焕发新的光芒。

最后，在"天人合一"理念的指导下，调整个体的生产行为和生产方式。近代以来西方国家的强盛使得其他国家处处效仿，思想文化也难免其祸。金钱至上、拜金主义盛行，唯利是图、贪婪利己、目光短浅成为现代人的通病。可

① 习近平．共同构建人类命运共同体［N］．人民日报，2017－01－20（1）．

② 秦谱德，崔晋生，蒲丽萍．生态社会学［M］．北京：社会科学文献出版社，2013：52.

③ 从乾卦之《彖传》的"大哉乾元，万物资始，乃统天"、坤卦之《彖传》"至哉坤元，万物滋生，乃顺承天"到老子的"人与天一"、庄子的"与天为一"，再到程颢的"天人一本"学，无不强调天与人的合一。

④ 习近平．共同构建人类命运共同体［N］．人民日报，2017－01－20（1）．

⑤ 罗得里克·弗雷泽·纳什．大自然的权利［M］．杨通进，译．青岛：青岛出版社，1999：136.

是大自然的报复在日愈加剧。空气污染、河流干涸、资源枯竭，都直接威胁着人类的生存。“地球是人类唯一赖以生存的家园，珍爱和呵护地球是人类的唯一选择。”“生于忧患死于安乐”，生产正义的贯彻还是要落到每个人的肩上，保护自然是每个人的使命。在生产过程中，每个人都应当有节制地利用自然资源，尊重自然规律，呵护人类赖以生存的家园。在对生产行为进行评价时，要坚持效率正义和伦理正义的双重标准，重视伦理在经济活动及其相关制度中的指导作用。

第三节　经济正义中的消费正义

一、消费正义的定义及特征

消费是经济活动的最后环节。它是指人们基于自身的需要而消耗各种生活资料、劳务和精神产品的行为①。“我们每个人都是天然的消费者：消费的历程从我们出生开始，直到我们死亡。但是，我们却不是天然的生产者，我们作为生产者既要等候生理的成熟，也要经过技能的培训；而疾病和衰老又会使我们失去生产者的资格。显然，个人作为消费者的历史比作为生产者的历史更长。”② 因此，消费是我们贯彻经济正义的重要阵地。

在原始社会和农业社会，人类社会生产力水平很低，仅能维持温饱，此时的消费完全是正当合理的。但是三次工业革命极大地提高了生产力，也引发了一系列问题。西方宏观经济学认为，社会总需求决定社会总供给。如果提高社会需求，社会总供给为了满足需求，就必须增加投资、扩大生产、改进技术、提高效率，从而促进就业和经济增长。因此，刺激消费就成了促进就业和经济增长的关键。凯恩斯作为现代西方宏观经济学奠基人，其对大萧条提出的解决办法是：“促进投资，同时又促进消费；不只是在现行消费倾向下，提高消费水平以与增加了的投资相适应，而且是提高消费倾向，以使消费达到更高的水

① 在学理上，消费有广义和狭义之分，前者包括生产消费。本书在前已经专门讨论过生产的相关问题，所以此处的消费指的是狭义的消费。参见郑寿春．宏观经济运行分析［M］．北京：石油工业出版社，2014：250.

② 王宁．消费社会学：一个分析的视角［M］．北京：社会科学文献出版社，2001：2－3.

平。"① 凯恩斯主义认为出现经济危机的主要原因在于有效需求不足，因此解救危机的办法必须刺激消费。这一理念帮助西方社会度过了20世纪最为严重的经济危机，以后又在数次危机中发挥了重要作用。直到现在，这种理念仍在发挥作用。德国企业家沃夫冈·拉茨勒（Lazler Walgaon）在其著作中提道："我相信，奢侈对于各种形式的国民经济还会起到促进作用。奢侈刺激革新，创造工作机会，塑造品位和风格。"② 我国也多次通过刺激内需来促进经济增长。比如，2008年开始的家电下乡、2009年杭州市向市民发放优惠券等，都旨在拉动消费。

然而，经济领域对消费的提倡导致了生态学和伦理学上的恶果。首先，物资丰富滋生了过度消费和不正当消费。"联合国环境署执行主任阿奇姆·施泰纳（Achim Steiner）说：'全球每年生产的粮食，有1/3被浪费。'"而不正当消费的问题更加尖锐。填饱肚子之后，人们的消费观开始转向猎奇。什么没吃过吃什么，禁止用什么就用什么。因民间传言穿山甲"大补"，它们遭受了灭顶之灾。根据世界自然保护联盟（IUCN）2014年的评估，中华穿山甲已被列为极危（CR）物种。同样因人类吃濒危的还有扬子鳄、中华鲟、眼镜蛇、黄胸鹀等。象牙工艺品非常昂贵，因此巨大的经济价值给象群带来了灾难。大自然保护协会官网称："每15分钟，就有一头非洲象被猎杀。"偷猎造成的后果不仅限于此，还影响到大象这一物种的进化。按照达尔文的"适者生存"进化论，长象牙的大象多数都被猎杀了，而没长象牙的大象却存活下来。人类的选择在速度上快于自然选择，在强度上狠于自然选择，从而决定了大象向无牙的进化。更进一步，偷猎的主要对象是成年的雄性大象，导致象群的年龄结构出现严重倾斜。成年的雄性大象是象群中繁殖能力最强的群体，其数量剧减使得象群的繁殖能力严重受挫，大象的家族规模减小，社会结构发生变化③。象牙并不是人类基本的消费需要，没有它并不会损害人类的生存。但是人类的畸形消费却使得大象种群数万年的进化成为徒劳，使得大自然数亿年的选择付诸东流。

其次，无节制的消费带来无节制的掠夺，导致土地的荒漠化、生物多样性的减少等生态破坏。"今天全球各地有40%的可耕地都面临着这种荒漠化危机。"④"据世界资源研究所推定，世界上物种的总量估计约1400万种。由于人

---

① 约翰·梅纳德·凯恩斯．就业、利息和货币通论［M］．魏埙，译．西安：陕西人民出版社，2004：306.

② 拉茨勒．奢侈带来富足［M］．刘风，译．北京：中信出版社，2003：49.

③ 陈明．重振雄风：一头大象孤儿的流浪生涯［J］．大自然探索，2005（11）：58.

④ 阿尔蒂斯·贝特朗．HOME·抢救家园行动［M］．李毓真，译．北京：中国友谊出版公司，2010：34.

类的影响，从1975年到2015年，每10年间就有1%~11%的物种灭绝，而1个物种灭绝又会引起至少20种昆虫因食物链遭破坏而消亡。"① 现代农业减弱了原本农业生物的多样性，使得后者趋向同质化，让将近90%的植物种类，在100年间迅速消失，而这些植物都是人类经过数千年的培育所获得的。我们的农作物种类，已经降至三十余种，而畜养的家畜，也只剩下14种。《科学进展》杂志上发表了一份报告，指出地球可能正迎来第六次物种大灭绝……这一空前的灭绝速度恰恰与环境污染、狩猎猖獗、栖息地消失等人为活动的负面影响息息相关。

再次，消费得越多，向自然界排放得越多，产生的垃圾越多。比如，日渐增长的私家车消费，相对于公共交通而言会耗费更多的能源，排放更多的二氧化碳。而且，其中还有许多的垃圾是很难处理的。例如，人类在消费中最经常使用的塑料袋，焚烧会污染空气，填埋会在土壤里停留100—200年，但其停留在地表又会侵占土地，污染环境。因此将其称为"20世纪最糟糕的发明"一点都不为过。

最后，过分刺激消费导致消费异化。"从西方'异化'范畴的起源来看，它指的是一种现存的'实然'状态和理想的'应然'状态相背离的异己状态。"②消费异化是指，人作为主体，而消费品作为对象世界，这是"应然"状态。可是现在盛行的消费主义将人的幸福仅仅建立在满足物欲的基础上，人生的价值在于追求物质的丰富，使人成为物质的附属和奴隶。一切经济活动及其相关制度都旨在获利，追求物质的丰富，人成为实现经济目标的工具。人类不再倾听自己内心的声音，不再关心自己，开始为物而活，从而形成了以物质为主体，人为对象世界的主客体颠倒的"实然"状态，与"应然"状态相背离。消费异化同时也是人价值观的扭曲。这也解释了为什么腰缠万贯的富翁仍不觉得幸福，物质丰富的社会培养的却是精神空虚的成员。

综上，我们发现，人类的消费不仅仅会对生态造成毁灭性的破坏，而且过度消费也会对人类自身的精神世界造成危害。由此人们开始质疑消费的正当合理性，消费正义由此而来。

消费正义是以正义为标准来指导和评价人们的消费行为的。其实质即从人类整体利益出发，以可持续发展和人与自然和谐为目标，运用人类整体理性来反思以前的消费行为，评价当前的消费活动，指导未来的消费规划，使消费不再只具有经济合理性，还要有生态、伦理上的合理性。消费正义的基本内涵即消费的正当合理性。消费的正当合理性首先体现在经济方面。如何消费要与相

---

① 冉茂宇，刘煜．生态建筑［M］．武汉：华中科技大学出版社，2014：21.

② 魏晓燕．高技术社会消费伦理研究［M］．北京：人民日报出版社，2014：148.

应时期的经济运行情形相协调。通货紧缩时，要增加消费；通货膨胀时，要减少消费，这样的消费才具有经济上的正当合理性。我国目前要求公民要适当扩大消费。其次，生态合理性要求消费要照顾到自然的承受能力。在开采资源时，不能竭泽而渔。在排放污染时，要将伤害降到最低。最后，伦理要求对自己摆正价值观，幸福与物质的关联并没有那么强。从对物质的迷恋中挣脱出来，关心自己的精神世界，提升自己的生活质量。对他人要负责。不出售给他人有毒有害的消费品，在自身消费的同时尽量避免对他人的消极影响。对后代要关怀。在满足自己需求的同时，不伤害后代人满足其需求的能力。对自然要呵护，实质上是对人类自己负责。在消费过程中形成一种与自然相和谐的消费行为。

二、消费正义的基本原则

实际上，凯恩斯主义所提倡的消费主义的经济合理性只是短期的，从长远来看并不经济。市场经济是以需求为导向的经济，需求越多，通过市场传导机制要求的生产越多，激励着以逐利为目标的生产者更加无节制地从自然中掠夺，此后需要的生态恢复费用可能更多。这也说明消费正义和生产正义是密切相关的。消费正义的贯彻可以极大地促进生产正义的实现，经济正义的实现也就指日可待。因此，消费正义是我们必须花大力气贯彻的。从中我们精简出四项基本原则来指导人们的消费行为。这些原则并不仅仅针对私人消费，同样也适用于公共消费。

（一）适度消费

前述一直着力阐述人类消费给自然环境造成的巨大危害，但这并不是苛求人们吃不饱穿不暖，而是要求人们适度消费。“适度消费才是消费行为的伦理准则。”适度消费的“适度”相当抽象，一般指消费水平保持在客观界限内，即与生产力发展水平相适应的消费①。不同的学者对适度消费的具体内容，有不同的理解。我们认为适度消费应当满足以下条件：

消费应与当前的经济形势相适应。正如前述，消费对经济有明显的促进作用，但是这种作用该什么时候发挥，取决于现阶段的经济状况。

消费应当维持在一个有利于社会进步的水平。如果过分地压制消费，则会挫伤生产的积极性，不利于社会进步。即使在通货膨胀时期，对消费的压制也应有底线。

消费应当能够促进人的全面发展，既要满足人类物质方面的基本需求，又

① 何建华．经济正义论［D］：上海：复旦大学，2004.

要为人类充实精神生活留有空间。这也就要求社会对于弱势群体、世界对于贫穷人口，要保障其基本需求，保证消费公正。

消费应当考虑人类的可持续发展，兼顾当代人和后代人的需求。消费要考虑到本国的资源情况以及环境持续供给能力，杜绝过度开采及生态破坏，不伤及后代人满足其需要的能力。

虽然人类的生产力发展水平在不断提升，适度消费的标准也在提高，但是自然资源的有限性使得这一标准有了上限。不过这一限制只存在于物质消费领域，而人类的精神境界是可以不断提升的。这昭示了个体消费的发展趋势：注重精神消费。

（二）国际公正

消费正义不仅要求处理好人与自然的关系，还要求实现人与人在消费上的公平正义，而这是不分国界的。然而，现实中各国公民在消费水平上的不公正现象是十分严重的。美国是一个消费主义极度盛行的国家。作为全球最发达的经济体，其公民的消费标准要比其他国家高得多。美国国家地理 2010 年在其官网上指出：据估计，如果地球上的每个人都像典型的美国人那样生活，需要 5.4 个地球才能满足需求。但若都像典型印度人那样生活，消耗的资源会少于地球资源的一半。一个美国人的消费相当于 32 个肯尼亚人的消费。所以说，在全球范围内，实质上许多人是享受不到这个星球的自然和社会资源的①。类似地，全球生态足迹网络②也做过一个有趣的统计。如图 1，如果全世界人民均像澳大

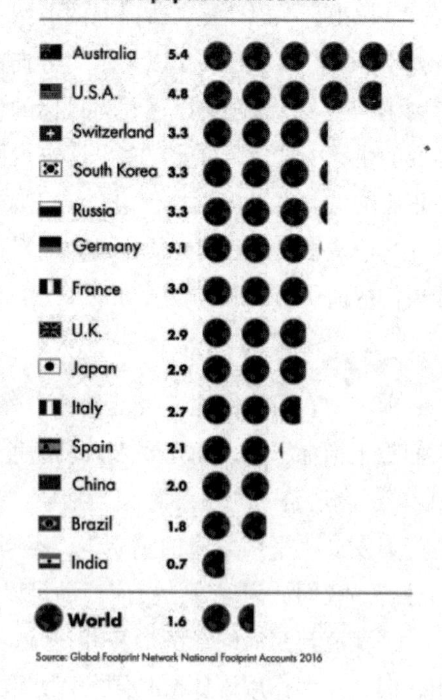

图 1

① MERLE J C. Spheres of Global Justice [M]. Berlin: Springer Netherlands, 2013: 577.

② 全球生态足迹网络（Global Footprint Network）是一个成立于 2003 年的旨在推动全球可持续发展的非政府组织，其提供的有关地球生态的数据为包括世界自然基金会在内的许多组织所引用。

利亚人一样生活，需要5.4个地球，像美国人一样生活需要4.8个地球，而像印度人一样生活才需要0.7个地球。

此外，衡量消费水平还有一个更直接的指标——恩格尔系数①。人们的消费首先是满足温饱，然后才谈得上享乐甚至奢侈消费。《经济学人》于2013年公布了一份有关部分国家恩格尔系数的报告，如图2所示。美国居民人均每周食品饮料消费占总支出的比例不超10%，有充足的经济实力用于享乐甚至奢侈消费。而喀麦隆居民人均每周食品饮料消费占其总支出的45%以上，进行其他形式消费的能力非常有限。

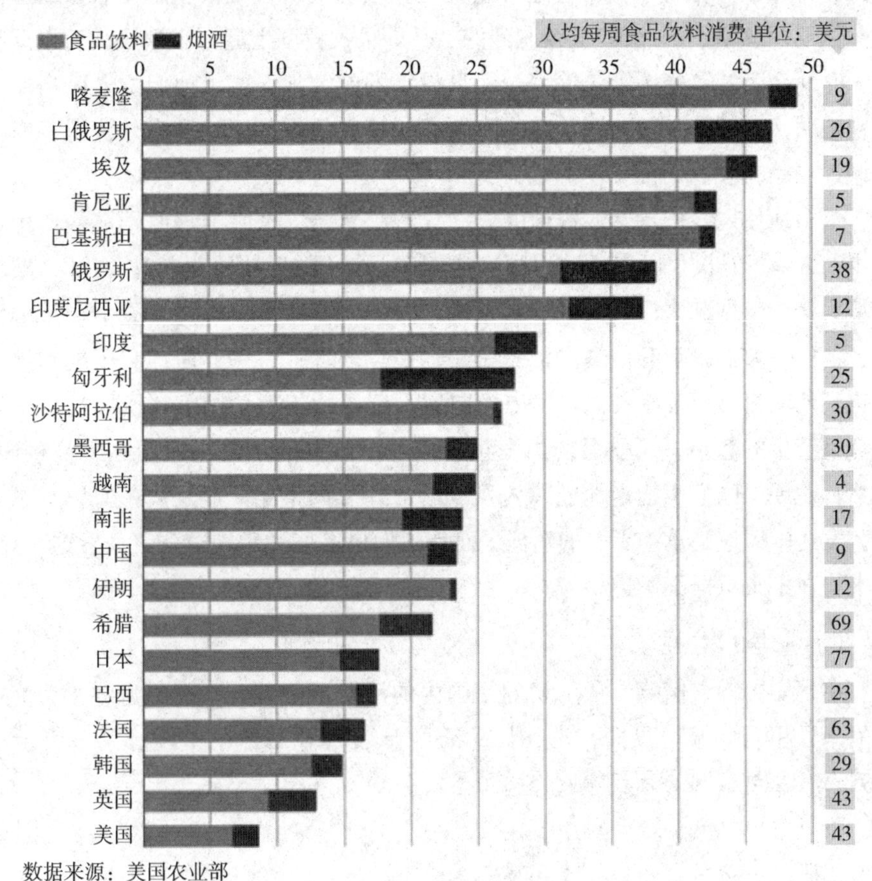

图2 全球22国恩格尔系数一览表

---

① 恩格尔系数（Engel's Coefficient）是指居民家庭食品消费支出占家庭消费总支出的比重。家庭收入越少，消费水平越低，用来购买食物的支出所占的比例就越大。一个国家的居民用于食物的支出占其总支出的比例越高，证明其收入越少，消费水平越低。虽然恩格尔系数理论并不绝对严谨，但仍可从一个侧面衡量一个家庭或一个国家的消费水平。

由以上数据可以看出，世界各国居民在消耗资源和消费水平上的显著差异，而这种差异是缺乏正当合理性的。如果要求全世界人民的消费水平均相同是奢望，但是1个美国人的消费就相当于32个肯尼亚人的消费是否太不公平？按现在的资源消耗程度，需要1.6个地球才能满足需求。但关键是我们只有1个地球。其中，发达国家对资源的消耗远胜于发展中国家。喀麦隆人人均每周食品饮料消费为9美元，就占到其家庭总支出的45%以上。而美国人人均每周食品饮料消费达43美元，才不到其总支出的10%。生活水平剧烈的国际不公正不具有正当合理性。有的学者认为这种差异是各国的资源、气候、制度等原因形成的。但他们忽略了一点："如今剧烈的不平等很大程度上起因于殖民地时期。在这一时期今天的富裕国家统治着今天世界上的贫穷地区，将他们的人民当作牛一样地贩卖，摧毁他们的政治制度和文化，掠夺他们的土地和自然资源，向他们倾销产品，收取关税。"①

更多地使用我们星球的资源的人（大致是富裕国家）应该赔偿那些使用得很少的人②。但长久以来，发达国家滥用国际话语权：他们以消耗资源，破坏环境为代价发展起来后，又以珍惜资源、保护环境为借口阻挠发展中国家的发展。他们一方面指责其他国家浪费资源，破坏环境；另一方面却利用国际规则强迫其他国家出口珍稀资源。发展中国家不仅要承担发达国家在发展过程中破坏环境产生的恶果，还要忍受由发达国家一手主导的不公正的国际经济秩序。诚然，发展中国家不能走他们"先发展后治理"的道路。但是，在保护生态方面，发达国家应当承担更多的责任，而且他们也有能力承担这一责任。这一点，本书将在第十章详细论述。

（三）国内公正

在现实中，人们感受最真切的是国内的消费不公正。以我国为例，消费水平的差异相当明显。纵向来说，最显著的是农村和城镇的差距。图3表示了2005年以来我国城乡居民家庭恩格尔系数③。

可以看出，虽然城乡的差距在日渐缩小，但是农村居民的消费水平还是低于城市居民。横向来说，区域发展极不均衡。教育、医疗等资源多集中在北上广等发达城市，而西部、落后地区的资源却非常少。相对于国际公正来说，消

---

① POGGE T W. World Poverty and Human Rights［J］. Ethics & International Affairs，2005，19（1）：2.

② MERLE J C. Spheres of Global Justice［M］. Berlin：Springer Netherlands，2013：581.

③ 李经谋. 中国粮食市场发展报告［M］. 北京：中国财政经济出版社，2014：270.

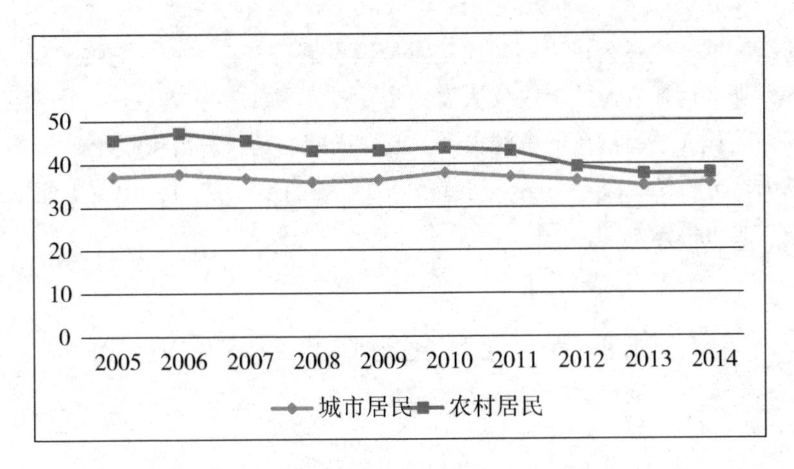

图 3　我国 2005—2013 年城乡居民家庭
恩格尔系数图

费的国内公正是一个比较好解决的问题。因为国内存在一个权威的政府，可以通过税收等对收入进行再分配，缩小消费水平的差距，从而实现消费正义。同时，消费的国内公正也是实现消费正义的首要任务。一个国家必须首先对其国民负责，然后才会考虑人类的整体利益。国际消费正义的实现有助于世界范围内经济正义共识的建立并为世界范围内经济正义的实现积累经验。

（四）代际公正

全球生态足迹网络还专门从事国家资源核算。他们发起并负责计算“世界超载日”①。“世界超载日”由 1987 年 12 月 19 日逐年向前推移到 2015 年 8 月 13 日，2016 年是 8 月 8 日，此后近 5 个月人类都在寅吃卯粮。资源的再生速度赶不上人类的消耗速度，当代人开始消费后代人的资源。如果这种情况不加以改变，即使是可再生资源也将枯竭。“我们不能吃祖宗饭、断子孙路，用破坏性方式搞发展。”② 每一代人都是从前人留下的资源存量、财富以及生产力的基础上起步的。不可再生资源总量是一定的，总有耗尽的一天，因此可再生资源对于后代人就显得尤为重要。而现在，我们不仅在大量消耗不可再生资源，也在严重地侵蚀可再生资源的再生能力。可见，人类的可持续发展是岌岌可危的。消费正义要求消费的正当合理性，而正当合理性要求保护后代人的利益，实现人

① 其含义是到这一天，人类已经用完了地球本年度可再生的自然资源总量，从而进入了年度生态赤字状态。从这一天开始我们的每一天都在消耗着未来的食物、土地和其他资源。详见耿国彪．“世界超载日”我们能做些什么［J］．绿色中国，2015（9）．

② 习近平．共同构建人类命运共同体［N］．人民日报，2017－01－20（1）．

的可持续发展。代际公正原则实质是可持续发展的一个方面。它要求每代人机会平等，那么消耗资源的上一代人要给资源缺乏的下一代人以一定的回补，使其能够与前代人享有同等的资源水平。值得庆幸的是，世界银行于1995年制定了新的财富分析法，使得代际公正的落实成为可能①。综上，代际公正是我们应当做也是可以做到的。

第四节　全球化时代与经济正义

一、全球化时代对实现经济正义的挑战

（一）全球化时代的个体价值本位与经济正义的整体价值取向的相悖

“宇宙只有一个地球，人类共有一个家园。”② 为了实现经济正义，必须坚持人类社会整体利益优先的价值取向，构建人类命运共同体。着眼全人类的利益，以实现人类共同的福祉。基于人类的长远利益，需要对个人的权利施加高于法律的限制。然而，经济全球化本质上是资本的全球流动，主要是发达国家的资本扩张。发达国家输出资本的同时，也输出了他们的价值观。“以美国为首的北约集团到处推行那发源于欧洲的文化价值观念，宣称立基于个人的自由主义权利学说最合乎人的本性……并把这种理念作为国与国交往和国际政治、经济结构安排的原则与投枪。”③ 以至于在原本群体意识根深蒂固的东亚地区，现今个人主义泛滥成灾。自由主义权利学说以个体为本位，从个人出发，一切以个人为中心，达成个人的目的。它强调个人权利的享有，却没有为个人权利划定界限。以至于过分刺激个人贪欲，无节制地向大自然索取，人变得贪婪而自私。虽然法律允许个人对其拥有的财产自由支配，但应以不干扰他人权利的行使为限。个人对自有财产的消费不受法律限制，对他们过度消费的行为法律束手无策，但这种行为并不一定具有伦理上的正当合理性。基于人人平等的理念，“朱门酒肉臭，路有冻死骨”的现象，应当是任何文明社会所不容忍的。考虑地

① 这一计算法认为要把因消耗掉资源而增加的收入用于投资。尤其是开发人力资源方面，即在教育、营养和医疗保健方面投资。某些替代是可能的，可持续发展及代际正义是可以落实到行动中的。详见周敦耀．试论代际正义［J］．广西大学学报（哲学社会科学版），1997，72（3）：32.

② 习近平．共同构建人类命运共同体［N］．人民日报，2017－01－20（1）．

③ 鲁鹏．文明、全球化与人的关系［J］．哲学研究，2000（1）：23.

球资源的有限性，金钱并不能为浪费提供正当性。鉴于人类社会共同的道德观念，消费的异化仍是应当制止的。正如著名作家莫言所言："尽管在这个世界上有了钱就可以为所欲为，但他们的为所欲为是对人类的犯罪，即便他们的钱是用合法的手段挣来的。"①

从国家层面来说，个体价值本位与整体价值取向之间的冲突体现在单个国家的国际利益与整体利益的冲突。经济正义的整体价值取向关注人类社会整体利益，但各个国家却竭力维护本国的个体利益，这在发达国家与发展中国家在关于气候变化的一系列国际会议上的争论中可见一斑。发达国家是当今国际秩序的主要缔造者和维护者。他们做这些并非基于人类社会的整体利益，根本上是为了本国利益的最大化。这也是为什么发达国家在通过掠夺发展中国家的资源，破坏其生态环境发展起来后，却指责发展中国家的发展方式不环保，发展中国家破坏环境。

（二）全球化带来的利益流向阻碍经济正义的实现

在国内层面上，全球化带来的利益更多地流向富人，国内贫富差距拉大②。税收是国内缩小贫富差距的利器，但全球化使得个人与企业有越来越多的自由去那些税负低的国家工作或投资，而这种自由正在侵蚀着政府的垄断权③。全球化可能会破坏国家将富人获得的收入重新分配给穷人的财政能力④，从而使得政府通过税收实现社会公平的目的落空。

经济正义意味着在进行经济决策时要考虑到伦理因素，对经济活动及其相关制度的评价标准兼顾效率与伦理。强调对自然的养护、对生态的关怀。仓廪实而知礼节，衣食足而知荣辱。类似地，考虑正义的前提是人的温饱已解决。

---

① 2010 年 12 月 3 日，著名作家莫言在第二届"东亚文学论坛"上做了题为《悠着点，慢着点——"贫富与欲望"漫谈》的演讲。他提道："我们要用我们的作品告诉那些有一千条裙子、一万双鞋子的女人们：她们是有罪的。我们要用我们的作品告诉那些有十几辆豪华轿车的男人们：他们是有罪的。我们要告诉那些置办了私人飞机、私人游艇的人：他们是有罪的。尽管在这个世界上有了钱就可以为所欲为，但他们的为所欲为是对人类的犯罪，即便他们的钱是用合法的手段挣来的。"

② JON F. Promoting Economic Justice in the Face of Globalization [J]. Journal of Law in Society, 2008, 9 (2): 2-14. 作者列出了一系列的数据证明自 20 世纪 70 年代以来，伴随着全球化深入的同时，世界特别是美国的贫富差距越拉越大。

③ EDWARDS C, MITCHELL D J. Global Tax Revolution: The Rise of Tax Competition And The Battle To Defend It [M]. Washingto, D.C.: Cato Institute, 2008: 1.

④ KAPSTEIN E B. Economic Justice in an Unfair World: Toward a Level Playing Field [M]. Princeton: Princeton University Press, 2006: 9.

然而，至今世界上仍旧有相当数量的人在挨饿受冻。联合国粮食及农业组织在其《2015 年世界粮食不安全状况》报告中称："最新估计表明，2014—2016 年全球约有 7.95 亿人，也就是世界总人口的九分之一多，继续遭受食物不足的困扰。"要求这些食不果腹的人贯彻经济正义，在发展经济和保护环境之间优先选择后者实质上是不正义的。"对处于贫困中的许多人来说，特别是乡村地区的贫困人群，国家最近对环境的关注必然像是一个尖锐的讽刺。对我们来说，问题不是污染，而是生存——而且一直都是。"① 然而，环境的保护又迫在眉睫。这就要求发达国家在经济正义的贯彻中承担更多的责任，即向不发达国家推广清洁的生产方式，克制自己的不当消费，减少对地球资源的消耗，在生态恢复上出更多的力。这些并不是他们慷慨的捐赠。"全球制度安排与大规模严重贫困的持续有因果牵连。富裕国家的政府对这些全球体制安排承担主要责任，并可预见其害处。这些富裕国家的许多公民对其政府以其名义协商的全球制度安排负有责任。"② 只有在先解决了欠发达地区的发展问题后，才能要求他们以保护环境为代价牺牲经济利益。这就意味着发达国家向不发达国家的利益转让。然而，经济全球化恰恰使得这种利益流向逆转。经济全球化从本质上讲，"是发达国家资本在全球的新一轮扩张，由此带来的后果是利益分配不均，发达国家和发展中国家之间的贫富差距进一步加大"③。经济全球化带来的利益大多并没有流向欠发达地区，且进一步拉大了贫富差距。这使得经济正义的贯彻难上加难。

（三）全球经济正义共识的缺失

发达国家向不发达国家的利益转让如果不能随着经济全球化浪潮自动发生的话，人为的利益转让是否可能呢？世界资源的彻底重新分配没有国家间高度的共识是实现不了的，而这种高度的共识又不太可能④。前述已经提到，经济全球化过程伴随着个人主义的传播和推广，无论是个体还是单个国家均将自身利益最大化奉为圭臬，人类命运共同体的意识不强。税收是在一国内高收入人群对低收入人群的利益转让。一国内的居民有共同的文化认同和价值标准，但高收入群体仍旧不愿意通过税收向其同胞转移利益，而纷纷逃往避税天堂。要求他们自愿地向与自身几无联系的其他国家的居民转移利益更是难上加难。"同

---

① DONAHUE T R. Environmental and Economic Justice [J]. EPA Journal, 1977, 3 (10): 7.

② POGGE T W. World Poverty and Human Rights [J]. Ethics & International Affairs, 2005, 19 (1): 5.

③ 天河. 格林斯潘传 被审判的上帝 [M]. 北京：新世界出版社，2015：166.

④ MERLE J C. Spheres of Global Justice [M]. Bertin: Springer Netherlands, 2013: 583.

胞就像家人一样，形成了一个团结而如兄弟般友好的共同体。这个共同体由同胞情这一特殊的纽带联系为一体。这种纽带产生了特殊的道德诉求和负担，使得我们对同胞和家庭成员的责任感大大加强，同时又弱化了对其他国家的人的责任感。"① 加之现阶段各种形式的歧视仍旧是国际社会面临的重大问题，这种利益转让的可能性更微弱。而且，如果说一国内通过税收的利益转让是强制性的，依赖于法律权威的话，国际间利益的转让则是自愿的，依赖于伦理道德。更可怕的是，虽然现今发达的西方国家普遍接受了人人都具有平等的道德地位，有权享受为维持他本人和家属的健康和福利所需的生活水准的理念②，但是，生活在这些富裕国家而受保护的人们会设法使自己在道德上接受如此严重的贫困和压迫③。也就是说，发达国家居民的经济正义意识并不强烈，全球经济正义共识的达成任重而道远。

二、WTO 与经济正义

WTO 框架内与经济正义理念相悖的情形很多。首先，其框架中的自由贸易理念，在便利跨境贸易的同时，过分刺激个人贪欲，向自然环境无节制地索取，必然导致生态危机。其次，WTO 加剧了南北矛盾。发达国家物质极大丰富乃至浪费，而不发达地区连温饱都难顾④。但 WTO 仍旧使得发达国家从中渔利比发展中国家多。"世界贸易组织的多边贸易体制在促进贸易自由化上的贡献毋庸置疑，但内在和外在缺陷使得这一体制在利益分配上有失公平。发达国家由于经济、政治方面的优势地位，攫取了其中大部分的利益，而发展中国家则承担了与其自身发展水平不相符的义务。这样的分配格局加大了发达成员方和发展中

---

① POGGE T W. Moral Universalism and Global Economic Justice [J]. Politics, Philosophy & Economics, 2002, 1 (1): 32.

② 《世界人权宣言》第二十五条规定：（一）人人有权享受为维持他本人和家属的健康和福利所需的生活水准，包括食物、衣着、住房、医疗和必要的社会服务；在遭到失业、疾病、残废、守寡、衰老或在其他不能控制的情况下丧失谋生能力时，有权享受保障。（二）母亲和儿童有权享受特别照顾和协助。一切儿童，无论婚生或非婚生，都应享受同样的社会保护。

③ POGGE T W. Moral Universalism and Global Economic Justice [J]. Politics, Philosophy & Economics, 2002, 1 (1): 30.

④ 欧盟统计局的数据显示，从 2006 年起，欧盟国家每年有高达 9000 万吨的食品被白白扔进垃圾箱，造成极大的浪费。德国每年有超过 1800 万吨的食品被当作垃圾扔掉。美国人的垃圾中约有 1/5 是被丢弃的食品。与此形成鲜明对比的是世界上每天都有 8 亿 4 千万的人在挨饿，5 亿多的人营养不良。他们不能从吃的食物中摄取足够的维生素和矿物质来维持健康。

成员方的贫富差距，甚至使一些成员被边缘化。”① “WTO 争端解决机制是西方发达国家法律文化的产物，存在诸多偏袒发达国家的先天不足，对发展中国家不利。”② 南北差异的拉大会使得经济正义的实践困境雪上加霜。最后，WTO 受发达国家理念及规则的主导，漠视生态环境的保护。如发达国家利用 WTO 设定的义务迫使我们对外出口稀土原料（详见本书第九章第四节），漠视我国的生态环境保护。此外，WTO 体制还是严重贫困持续存在的全球因素之一。在 WTO 谈判中，富裕国家坚持通过关税、配额、反倾销税、出口信贷和对国内生产者的大量补贴来继续和不对称地保护他们的市场。他们坚持要求自己的出口被开放的市场接受，对最贫穷的国家和地区的出口机会造成极大的损害。他们还要求他们在范围和期限上不断扩大的知识产权，必须在穷国积极执行。重要的是租金必须支付给富国的公司，作为进入富国市场的条件（仍然是多重限制）。如果一般生产者可以在贫穷国家自由制造和销售拯救生命的药物，将从疾病和死亡的威胁下救出数以百万计的人。诚然，富国为大量进口的自然资源支付了金钱。但这样的付款不能弥补他们过度消费带来的价格影响，这限制了消除全球贫困人口的可能性以及较贫穷国家和地区的发展可能性③。

然而，与经济全球化不同的是，WTO 不是一种现象或者趋势的概称，而是一个实实在在存在的国际组织。正如前述，经济正义的实现意味着发达地区向不发达地区的利益转让，这种转让在一国内是比较容易的，因为有一个政府在推行。在没有世界政府时，全球经济正义是可以想到的，却是不能实现的④。而世界政府的建立就目前来说是不可能的，所以学者将全球经济正义的实现寄希望于国际组织上。由于世界不平等程度以及全球化的背景，任何引进更公平的经济制度的尝试只能局限于特定国家或特定国家集团。在国际层面上，已经有一些机构，如 WTO，可以用来促进经济平等，以更安全的经济缓解对生产力和效率的单一追求。因此，这些组织可以创设一些规则和政策，在支持平等的同时，建立全球最低工资标准和全球健康与安全条款等⑤。如前所述，经济正

---

① 李秀香. WTO 规则解读与运用［M］. 大连：东北财经大学出版社，2012：326.

② 武轶尘，姜作利. 我们应该理性对待 WTO 规则：以维护中国的长远利益为视角［J］. 东岳论丛，2013，34（12）：180.

③ POGGE T W. World Poverty and Human Rights［J］. Ethics & International Affairs，2005，19（1）：6－7.

④ MERLE J C. Can Global Distributive Justice be Minimalist and Consensual? ——Reflections on Thomas Pogge's Global Tax on Natural Resources in Real World Justice［M］. Berlin：Springer Neitherlands，2005：340.

⑤ MERLE J C. Spheres of Global Justice［M］. Berlin：Springer Netherlands，2013：585.

义不仅要求经济活动的正当合理性，更要求调节经济活动的制度和规则的合理性①。在WTO框架内引入经济正义理念是经济正义的要求。贸易一头连着生产，一头连着消费，"WTO成员的贸易额已占世界贸易额的97.6%以上"。"WTO本身决心成为国际贸易和国际经济制度的中心机构"②，作为国际经贸的中心机构，必须要对经济制度中面临的正义问题做出回应。因此WTO应当成为经济正义推进的前沿阵地。它有自己的组织机构，有一整套有约束力的贸易体系。如果能将经济正义理念引入WTO框架中，对经济正义理念的贯彻将是强有力的。

不过，WTO与经济全球化的关系非常密切。经济全球化意味着生产要素在世界范围内的流通，这一"经济基础"必然会促使规范其流通的多边贸易体制这一"上层建筑"的建立，WTO由此设立。反过来，"WTO的建立推动了全球统一市场及机制的形成，为经济全球化提供了制度保证"③。"国际经济组织的建立和发展成为支撑经济全球化进程的组织载体，这一作用特别体现在WTO的建立上"④。所以许多学者会将WTO作为一国融入经济全球化大潮的途径⑤。因此，WTO规则框架约束下的成员国必然也处于经济全球化的浪潮之下。实际上，经济全球化是历史趋势，任何国家均无法抗拒。经济正义在经济全球化背景下所遭遇的挑战，在WTO框架内自然无法避免。

庆幸的是，WTO已经开始朝着正义的方向改革其制度。现阶段，推进世界范围内经济正义实现很大程度上依赖非政府组织，如前述提到的全球生态足迹网络。这些非政府组织仅通过号召或者统计数据还无法强有力地贯彻其主张，而参与到WTO的纠纷解决机制中则会明显增强这些组织的影响力。从1998年的美国"龙虾案"中附条件地接受了作为"法庭之友"⑥的非政府环境组织的意见书，到2001年的欧共体"石棉案"中经许多非政府组织的强烈要求下采取

---

① 柳平生．当代西方经济正义理论流派［M］．北京：社会科学文献出版社，2012：30.

② 陈咏梅．"法庭之友"参与WTO争端解决程序历史考察述评［J］．武大国际法评论，2014，17（2）：204.

③ 戴万稳．国际市场营销学［M］．北京：北京大学出版社，2015：103.

④ 王雪．中国－东盟自由贸易区基本法律制度［M］．北京：中国政法大学出版社，2014：6.

⑤ 广德福认为加入WTO后，我国经济逐步融入经济全球化大潮。详见广德福．中国新型城镇化之路［M］．北京：人民日报出版社，2014：121.

⑥ 关于"法庭之友"身份问题的论述，详见DINAH S. The Participation of Nongovernmental Organizations in International Judicial Proceedings［J］. The American Journal of International Law，1994，88（4）：616.

特别程序规范“法庭之友”意见书的提交，WTO 上诉机构的这些决定“满足了一个公共关系方面的目的，那就是减少了环保人士对 WTO 的不信任”①。WTO 开始关注生态的养护，听取环保方面非政府组织的建议，无疑增强了国际社会实现经济正义的信心。

综上，WTO 框架内存在严重的经济不正义问题。WTO 的影响力和发展方向决定了它必须直面这些问题，解决这些问题，从而使得 WTO 成为贯彻经济正义的主阵地。但 WTO 与经济全球化的密切关联使得在 WTO 内推行经济正义仍面临诸多挑战。需要指出的是，在 WTO 框架内推行经济正义，要求发达地区对不发达地区的利益转让的依据不仅仅是人类的道德观念，还有充分的理论依据。博格通过深入分析一些地区持续贫困的原因，驳斥了富裕国家国民惯常认为的一国的贫穷与其国内经济秩序有关而与国际经济秩序无关的错误观点。他认为构成全球经济秩序的规则对于全球经济分配有着深远的影响。富裕国家主导的全球经济秩序在很大程度上促使了赤贫的持续存在。富裕的社会与富裕的人援助比自己境况更糟的人不仅仅是道德义务，还应当承担作为导致后者持续贫困的全球秩序的主导者和受惠者所应承担的责任。他还认为 WTO 也是全球经济秩序导致持续贫困的方式之一。参与国际贸易谈判的国家之间极不平等的讨价还价能力反映在 WTO 的支持下所达成的复杂协议中。② 可见，WTO 法律框架中引入经济正义理念是理所应当的，要求发达国家对不发达国家的利益转让是有理论依据的。

本章小结

经济全球化带来的贫富差距的日益扩大，使得人们对现有经济制度的正当合理性产生了质疑。人类目前遭遇到的生存环境的恶化、物种多样性的锐减以及精神世界的迷失，使得人们开始重新审视现有的经济秩序及其中蕴含的狭隘利己主义的世界观，经济正义意识逐渐觉醒。经济正义是人类在新的发展阶段对经济活动及其相关制度提出的更高要求。经济活动及其相关制度不仅要有经

① 陈咏梅．“法庭之友”参与 WTO 争端解决程序历史考察述评［J］．武大国际法评论，2014，17（2）：205.

② POGGE T W. Moral Universalism and Global Economic Justice［J］．Politics，Philosophy & E-conomics，2002，1（1）：29－58.

济上的正当合理性，还要有伦理上的正当合理性。然而，经济正义的实现并非一蹴而就，它要求在经济活动各个环节的正当合理性，即生产正义、交换正义、分配正义和消费正义。而经济活动的正当合理性需要正当合理的经济制度来保障。全球化虽然使得经济正义的实现面临挑战，但其实现并非不可能①。世界范围内经济正义的实现意味着富裕国家对贫困地区的利益转移，这不仅仅是道德的要求，更是这些富裕国家作为导致贫困地区持续贫困的经济秩序的主导者和维护者应当付出的代价。WTO 作为“经济联合国”，应当是在世界经济制度中引入经济正义的最佳渠道，更是 WTO 应该承担的历史和法律义务。

① 一些学者已经提出了实现经济正义的具体措施，如全球资源红利（Global Resources Dividend）和托宾税（Tobin Tax）。参见 POGGE T W. A global resources dividend [J]. Lua Nova，1998，2（1）：135－161；JON M. Globalization and Justice [J]. The Annals of the American Academy of Political and Social Science，2000，570（1）：126－139.

第四章

WTO法理框架中生态文明理念的缺失

WTO作为当今世界最重要的国际经济法律体系，一直是以美国为代表的西方发达国家发起和主导的。这样一来，WTO法理框架中的基本理论自然源于发达国家崇尚的正义理念，这种有利于强者的正义理念建立于人类中心主义的哲学思想及新自由主义经济理论。这些理论尊奉的是弱肉强食的自由竞争规则，怂恿人们无止境地追逐财富，争享奢侈浮华的生活，必然给自然造成严重损害。因此，WTO法理框架中缺失生态文明理念，已经成为WTO经济法律体系无法有效规制各国保护环境行为的理论缺陷。

第一节　WTO法理框架中法律正义原则中的人类中心主义思想

一、人类中心主义思想的概念与发展

传统的法律价值观还是一种人类中心主义的价值观①。人类中心主义主张，人类是世界上最高级的存在物，万物之首。人类的一切需要都是合理的，可以为了满足自己的需要任意地毁坏或灭绝任何其他存在物。从哲学上看，只有人才具有内在价值，其他存在物只有在它们能满足人的兴趣或利益时才具有工具价值。正如古希腊著名哲学家亚里士多德在其著名论著《政治学》中指出的"……一切动物从诞生（胚胎）初期，迄于成型，原来是由自然预备好了的……这样，自然就为动物生长着丰美的植物，为众人繁育许多动物，以分别供应他们的生机。经过驯养的动物，不仅供人口腹，还可供人使用；野生动物虽非全部，也多数可餐，而且（它们的皮毛）可以制作人们的衣履，［骨角］

① 那力．国际环境法的新理念与国际法的新发展［D］．长春：吉林大学，2007.

可以制作人们的工具，它们有助于人类的生活和安适实在不少，如果说‘自然所作所为既不残缺，亦无虚度’，那么天生一切动物应当都可以供给人类的享用。”① 可见，西方人类中心主义观念最早源于亚里士多德的上述关于人类与自然关系的思想，即一切事物都是围绕人类而存在的，人类也能够征服和改造自然。

随着16世纪人文精神和自然科学在西方兴起，17世纪以“控制自然”为出发点的机械论哲学应运而生。为机械论奠定了理论基础的当属哲学家培根，他主张人类征服自然，但告诫人们要采取正确的途径，即要按照世界的本来面目去改造世界，他倡导通过科学实验来认识自然，并提出了“知识就是力量”的重要论断。后来的笛卡尔为机械论提供了一种有效的数学模式，强调科学的目的在于造福人类，使人成为自然界中的主人和统治者。著名数学家牛顿也为机械论做出了不朽的贡献，即提出了用数学来解释世界的思想，为人类征服和改造自然提供了数学依据和希望。

西方的上述二元论哲学思想为确立人的主体性和促进人们的科技发展，发挥了不容置疑的历史作用。但是，这种哲学模式缺乏全面性，忽视了大自然的整体性和价值观，导致了人类理直气壮地对大自然肆无忌惮地征服和改造。“现在，深刻化的地球规模的环境破坏的真正原因，在于将物质与精神完全分离的心物二元论西方自然观，以及席卷整个世界的势头。”②

二、人类中心主义思想的特征

第一，人类中心主义思想在价值论意义上的特征是，主张人是唯一的具有内在价值的存在物，其他存在物只是为满足人类的需要的，只有工具价值。也就是说，在现代科技日新月异的情形之下，如果我们仍坚持这样的价值观，不仅大自然会遭到灭顶之灾，人类社会也必然会不复存在。

第二，人类中心主义思想在生态伦理方面的特征是，强调人类是万物之首，人类的利益是最重要的。换言之，任何能够给人类带来好处的行为，都是不容置疑的，其他物种是否受到了伤害，是不必考虑的。人类保护大自然的目的，也是全然为了人类利益的获取，也就是说，人类对其他的存在物并不承担任何伦理责任和义务。

---

① 亚里士多德．政治学［M］．吴寿彭，译．北京：商务印书馆，1965：23.

② 岸根卓郎．环境论：人类最终的选择［M］．何鉴，译．南京：南京大学出版社，1999：199.

第三，人类中心主义思想在生态学方面的特征是，认为地球上人类与其他存在物之间的关系是对立的，其他存在物的存在的意义只是为了满足人类的需要和利益。显然，这种观念有悖于现代的生态系统论思想：地球上所有的存在物构成了一个休戚与共的共同体，对任何个体的伤害都是对整体的伤害。也就是说，人类只能顺应天意，爱好自然，与其他存在物共存共生。

人类中心主义哲学观的主要观点是否定自然的内在价值和权利，认为自然的价值只是人的情感投射的产物。因此，当代生态主义者将这一理念批评为人类沙文主义和物种歧视主义（speciesism）。可见，人类中心主义哲学观是人类为了自己私利而随意破坏大自然的最主要的哲学依据。显然，如果我们要完善WTO经济法律体系的法理正当性，保护好大自然，首要的路径是在WTO理论框架中排除人类中心主义哲学观，确立非人类中心主义生态哲学观。

第二节　WTO法理框架中法律正义原则依据的新自由主义思想

赵维田教授曾指出："（GATT）其目标只有一个：逐步实现贸易自由化……在GATT的总体构思与设计上，就是旨在世界范围内建立一种市场自由竞争的机制。"① 虽然WTO诞生以来，对GATT的贸易自由化宗旨进行了修正，但是WTO仍然是以自由贸易为宗旨的，即WTO所管理的多边贸易体制最重要的目的是在不产生不良负面影响的情况下，使贸易尽可能自由地流动②。也就是说，虽然GATT/WTO并未明确规定以自由贸易为最终目标，但自由贸易的理念体现在开放贸易与公平贸易等原则中。这必然会对环境保护带来冲击。

一、新自由主义思想的概念与发展

自由是指人的主体尺度与客观尺度达到统一的状态下进行的思想和行为选择的范围和能力，是一个社会中每个人全面发展的主要标志和根本条件。马克思对自由进行了全面系统的研究，认为自由是同物质过程相联系的、创造性的积极状态，是价值与真理高度统一的状态。马克思指出，自由既是现实的、具

① 赵维田．世贸组织（WTO）的法律制度［M］．长春：吉林大学出版社，2000：9.
② 世界贸易组织秘书处．贸易走向未来——世界贸易组织（WTO）概要［M］．北京：法律出版社，1999：2.

体的、历史的，又是属于未来的、有高境界的、无止境发展的。共产主义社会就是“真正的人的自由”的社会，社会主义是人类走向真正自由的桥梁，是“对个人全面发展的限制的不断消灭”的过程①。总之，自由是人类文明、社会制度和个人发展的标尺和目标，也是法律的价值标尺和价值目标。不容置疑的是，自由是 WTO 的基础和根本，WTO 就是依靠自由来促进国际经济发展的，也是 WTO 区别于其他国际规则和组织的最为重要的特征。

自由在经济上表现为经济自由主义，可分为古典自由主义（classical liberalism）和新自由主义（neoli beralism）。古典自由主义是欧洲 18 世纪后期、19 世纪前期政治经济学家倡导的一种经济理念，主张在自由的个人首创精神和强有力的竞争情况下，经济发挥其功能比在政府控制下较好。古典自由主义的主要代表为亚当·斯密、大卫·李嘉图及约翰·穆勒等。斯密批判了当时重商主义的国家干预观点，提出了绝对优势理论，为自由贸易提供了依据，对后来的自由贸易理论产生了巨大的影响。李嘉图分析了斯密的绝对优势的缺陷，提出了比较优势理论，进一步完善了国际贸易理论：每个国家都应集中生产并出口其具有“比较优势”的产品，进口其具有“比较劣势”的产品。也就是说，每一个国家都会有一种比较优势，或者是相对优势，都能通过贸易获得比较利益②。穆勒（John Stuart Mill）在斯密及李嘉图（David Ricardo）研究的基础之上，提出了“国际价值”的概念，丰富了国际贸易理论。

古典自由主义鼓吹的纯粹自由放任主义一定程度上促进了国际贸易的发展，但是这种不加调节和约束的自由往往会带来垄断和贫富分化，导致了社会危机和动荡③。为此，英国哲学家穆勒、格林（Brian Greene）等，开始关注社会资源的分配公平问题，提出了一系列构想。20 世纪英国的经济学家凯恩斯、美国的法理学家罗尔斯和德沃金（Ronald M. Dworkin）等是代表性人物。他们对古典自由主义进行重大修正和发展，强调积极自由和国家应全面承担各种社会责任，积极解决各种社会问题，如国家直接给居民提供各种福利待遇。因此，他们提出的理念也被称为“福利自由主义”、“社会自由主义”或“激进自由主义”④。

---

① 马克思恩格斯选集：第 3 卷［M］．北京：人民出版社，1972：154.

② 刘芹．论自由贸易理论的演变与发展［J］．首都经济贸易大学学报，2004（4）：54.

③ BUSH R. Poverty & Neoliberalism：Persistence and Reproduction in the Global South［M］. London：Pluto Press，2007：20；SMITH A，STENNING A，WILLS K. Social Justice and Neoliberalism［M］. London：Zed Books，2008：32.

④ 张文显．二十世纪西方法哲学思潮研究［M］．北京：法律出版社，2006：205－206.

以美国学者哈耶克（F. A. von Hayek）为代表的一些学者为国家大规模干预经济导致的“极权主义”感到焦虑，企图恢复古典自由主义，纠正上述学者对古典自由主义的矫枉过正之缺陷，提出了一系列的理论，被称为新自由主义思想。随着当前经济全球化的快速发展，新自由主义思潮依然在国际经济领域中居于主导地位。

二、新自由主义思想的特征

新自由主义学者倡导对古典自由主义的回归，他们针对新的社会形势，提出了不少新的理论见解，主要是经济的自由化、私有化、市场化及全球一体化。

（1）主张经济的自由化，反对国家干预。针对福利经济学与凯恩斯主义的市场失败与政府干预，他们主张政府机制比市场存在着更为严重的缺陷，不仅不能弥补市场缺陷，反而带来更多更大的问题，如效率低下、庞大的财政赤字、高额通货膨胀与失业率等①。

（2）提倡私有制，反对计划经济。他们主张计划经济不仅导致经济上的无效率，还会导致政治上的集权，使个人丧失自由，成为国家的奴隶。因此，他们认为市场经济可以保证个人自由和带来高效率。

（3）倡导在全球推行国际垄断资本的制度安排。新自由主义思潮支持经济全球化，推行国际垄断资本的制度安排②。20 世纪 80 年代末、90 年代初“华盛顿共识”的炮制及其出笼，正是国际垄断资本企图一统全球意志的体现。“华盛顿共识”已经远远超出了经济全球化，而是经济体制、政治体制和文化体制的“一体化”，也即美国化。所以，自 20 世纪 90 年代始，新自由主义思潮在全球的蔓延是国际垄断资本在全球扩张的理论表现。其结果，绝不可能使世界经济变成一个自由竞争的体系。恰恰相反，它将仍然处在垄断资本的控制之下③。

显然，新自由主义不仅为古典自由主义翻案，还变本加厉地在全球推行国际垄断资本的制度安排④。这样的经济自由化在全球的蔓延，更加剧了人类与大自然之间的矛盾，成为当今 WTO 漠视生态文明的最重要的经济理论根源。实际上，新自由主义思想的推行纵容了人类的贪欲和对物质的奢求，给大自然造

---

① ALFREDO S F，JOHNSTON D. Neoliberalism［M］. London：Pluto Press，2005：34.

② DELMARTINO G F. Global Economy，Global Justice［M］. London：Routledge，2003：7.

③ BUSH R. Poverty & Neoliberalism［M］. London：Pluto Press，2007：22.

④ DELMARTINO G F. Global Economy，Global Justice［M］. London：Routledge，2003：11；SMITH A，STENNING A WILLS K. Social Justice and Neoliberalism［M］. London：Zed Books，2008：24.

成了难以恢复的损害，受到了不少国家许多人，特别是生态活动人士的抵制。例如，阿根廷的许多生态活动人士为了抵制新自由主义思潮的蔓延，于前些年建立了易货交易市场，鼓励生产者销售自己生产的产品，来避免竞争和投机行为，做到互利互惠，减少或避免对大自然的过度开发。虽然这种生产者自发的易货交易市场遇到了一些难以解决的社会问题，受到了人们的质疑，但是这无疑表明了人们对新自由主义思潮的反感和对大自然的敬畏，对人类的未来发展具有重要的启示意义①。

第三节　WTO 法理框架中的可持续发展原则的缺陷

一、可持续发展原则的概念与特征

（一）可持续发展原则的概念

可持续发展的思想可以追溯到古代人类的智慧，但系统性的可持续发展理论则是当代社会、经济和环境保护发展的产物。人类工业文明的发展给人们带来了极大的物质文明，同时，也对环境造成了严重破坏，迫使人们对经济发展与环境保护的关系进行思考。一般地说，20 世纪以来，人类的工业文明及环境保护经历了污染治理、环境管理及综合决策阶段。也就是说，人类在漫长的探索中，逐渐建立了一种在环境和自然资源承载能力基础之上的长期发展的模式——可持续发展模式。

在把可持续发展思想推行到全球方面，联合国关于环境与可持续发展大会所通过的一系列重要文件和报告，发挥了至关重要的作用。例如，世界环境和发展委员会于 1987 年发表的《我们共同的未来》报告（即“布兰特报告”）指出，环境问题产生的根本原因在于人类的发展方式和发展道路上，人类要想继续生存和发展的话，就必须改变目前的发展方式，走可持续发展的道路。1991 年，联合国环境规划署、世界自然保护同盟和世界野生动物基金会发表了《保护地球——可持续生存战略》，提出了一个在全世界保护生态环境、实现可持续发展的战略，目的是帮助改善人类生存条件。1992 年，联合国环境与发展大会在里约热内卢召开，通过了《关于环境与发展的里约热内卢宣言》《联合国气候

---

① SMITH A. STENNING A，WILLIS K. Social Justice and Neoliberalism［M］. London：Zed Books，2008：35.

变化框架公约》等5项全面体现可持续发展思想的文件和条约，大大推动了各国接受可持续发展思想的步伐。

可持续发展的思想含义较统一，但是具体的定义却互有不同。一般地说，1987年版《我们共同的未来》中关于可持续发展的定义最为权威：可持续发展指既满足当代人的需要，又不对后代人满足其需要的能力构成危害的发展。该报告还要求世界各国的经济和社会发展目标必须根据可持续原则加以确定，解释可以不一样，但必须有一些共同的特点，必须从可持续发展的概念上、实现可持续发展战略上的共同认识出发。由于上述概念较模糊，联合国曾对此进行了多次补充，如1993年，联合国对可持续发展概念做了重要的补充，认为“一部分人的发展不应损害另一部分人的利益”。国际环境法和发展基金于1993年组织法律专家所做的报告中指出，虽然可持续发展的概念仍然模糊，但核心要素是可以确定的：（1）必须同时考虑当代人和后代人的需要的观念；（2）保证可再生和不可再生自然资源不被耗竭的需要；（3）对自然资源的获得和使用应考虑所有人的平等权的要求；（4）必须以综合的方式解决环境问题和可持续发展问题的认识①。

（二）可持续发展原则的主要特征

1. 体现了从人类中心论到生态中心论的转变

如前所述，人类中心论崇尚人类是万物之首的理念，决定了人类与自然之间的对立关系，成为导致现代生态危机的重要哲学根源。经过长时间的实践和思考，人们终于认识到人类的生存和发展必须以适合人类生存的自然界的持续存在为前提，换言之，人类与自然之间只能是一种和谐共存的关系。如果人类从自然中索取的资源数量超过了自然的限度，自然的持续供给能力就会被破坏，人类的利益最终也会受到损害。当然，可持续发展原则并非全然不顾人类的生活质量，注重的是人类的需求与自然之间的良性平衡和核心发展。也就是说，可持续发展原则仍带有明显的人类中心论的色彩，是人类中心论和非人类中心论的价值观的折中的产物。

2. 标志着可持续发展经济模式的问世

传统的经济学把人推定为自然会使自己的利益最大化的“经济人”，崇尚自由竞争的“丛林规则”，大大纵容了人们的“私欲”，激励人们从大自然中无限地索取利益。这样，传统的经济学反对国家使用其权力干预经济利益的分配。

---

① 丁明红.WTO体制下贸易与环境政策之法律协调问题研究［D］.厦门：厦门大学，2006.

可见，可持续发展的模式在当前流行的由新自由主义思想主导的自由市场经济体系中难以自发地完成，需要完善可持续发展经济学的理论和建立相应的制度。换言之，各国必须增强互信，进行强有力的合作，适当增强对自由市场的干预及制定相应的法律予以调节。因此，世界各国进行更深度的合作，已经成为促进可持续经济发展模式发展的重中之重。

3. 一定程度上彰显了当代世界的全球正义

随着经济全球化在当今世界的迅速发展，人们越来越关注全球正义问题。罗尔斯（John Bordley Rawls）《正义论》的问世，大大促进了各国学者对全球正义的讨论。一般地说，全球正义包含两个方面：一是各国之间的平等权利和公正秩序，如经济领域的互利、资源的公正分配等；二是各国人民享有的平等或共同的权利，包括人权与主权、世界贫困、战争与和平、环境保护的全球层面的问题①。可持续发展原则注重人们在尊重大自然的基础之上，改善人们的物质生活，一定程度上彰显了当代世界人民普遍关注的全球正义，也有利于完善全球正义的理论和实践。可见，从国际法的视角看，建立和完善相应的国际法律体系，既能够提供直接指导各国行为的可持续发展实体法规则，也能建立一个实施可持续发展法律的法律框架②。正如其他由人类创立的社会制度一样，可持续发展也将通过法律科学和法院裁决的适用获得其特定的形态③。

二、WTO 法理框架中可持续发展原则的缺陷

根据 1994 年《WTO 协定》序言的规定，可持续发展原则是 WTO 的宗旨和目标之一：“本协定各参加方，认识到在处理它们在贸易和经济领域的关系时，应以提高生活水平、保证充分就业、保证实际收入和有效需求的大幅度增长以及扩大贸易和服务的生产和贸易为目的，同时应依照可持续发展的目标，考虑对世界资源的最佳利用，寻求既保护和维护环境，又以与它们各自在不同经济发展水平的需要和关注相一致的方式，加强为此采取的对策。”显然，WTO 作为当今世界最重要的国际经济法律体系，将可持续发展原则作为自己的重要宗旨和目的之一，展现了 WTO 的先进性。虽然 WTO 的序言并不具有与 WTO 具体条文相同的约束力，但是根据国际法的习惯解释原则，它在条约的解释尤其是

① 杨国荣. 全球正义：意义与限度［J］. 哲学动态，2004（3）：3.

② DUNCAN F. International Law and Policy of Sustainable Development［M］. Manchester：Manchester University Press，2005：35.

③ DECLERIS M. The Law of Sustainable Development：General Principles［M］. Luxembourg：EC Commission，2000：7.

确定条约的宗旨和目标方面起着重要的作用。

WTO 的根本宗旨是通过扩大贸易自由化来追求世界经济的大力发展，必然面对自由化与保护环境的问题。可见，WTO 纳入了可持续发展原则，为 WTO 贸易与环境政策协调提供了理论基础，在实践中也发挥了一定的作用①。然而，WTO 作为从贸易自由化中获益匪浅的西方发达国家的产物，决定了其不可能充分发挥可持续性发展原则的作用。因此，WTO 中可持续发展原则在理念和实践中都存在不少缺陷。

（一）WTO 协定中对可持续发展的概念和作用没有做出明确规定

由于人类所共有的地球资源的稀缺性、环境的整体性及各国发展的不平衡性，各国的经济发展对环境的破坏日益严重，直接危及整个人类的存亡。因此，可持续性原则毫无疑问是当前各国解决社会利益冲突和政策冲突的基本原则，是挽救人类生存的必要举措之一。WTO 作为当今世界的经济联合国，必然是采用可持续发展原则来解决经济发展与环境保护之间冲突的核心机构，遗憾的是，WTO 协定没有对可持续发展原则的概念和作用做出明确规定，这成为 WTO 协定中的重大缺陷之一。

从另一方面看，可持续性发展这一概念自身的高度抽象性及其在国际法中的地位仍存在极大的不确定性，大大削弱了 WTO 下可持续性发展原则的实践可操作性。“可持续性发展既可关注环境保护，也同样关注经济发展；为了实现可持续性发展，这两个方面必须整合，但它们仍然是有区别的。……并不是所有的环境问题都必然涉及可持续性发展，反之亦然。……这在很大程度上取决于可持续性发展的含义，它是一个非常不确定的术语。”“当前的世界贸易组织体制未能更充分考虑环境保护问题以及发展中国家的发展利益，这可能成为实施 1992 年《里约宣言》所通过的政策的结构上的障碍。”② 因此，可持续性发展原则在 WTO 法中的切实落实还存在较大障碍，需要各国做出不懈的努力。

（二）WTO 没有将可持续发展原则与特殊和差别待遇原则结合起来

随着越来越多的发展中国家的独立并加入 GATT，他们逐渐认识到，GATT

---

① WTO 争端解决机构在审理和裁决相关案件中，多次引用“可持续性发展”概念来明确相关争议方的权利和义务。例如，上诉机构在审核“虾和海龟案”中依据“可持续性发展”含义，指出美国政府在制定一种适用于本国所有公民的单一标准是可以接受的，但应该适当考虑在其他成员国领土上的不同条件。参见 WTO 龙虾—海龟案（WT/DS58/AB/R，165—167 段）。

② 帕特莎·波尼，爱伦·波义耳．国际法与环境［M］．那力，王彦志，王小钢，译．北京：高等教育出版社，2007：43.

初期由发达国家主导的贸易自由化有利于发达国家开拓发展中国家的市场，却无助于经济弱小的发展中国家对外出口和发展国民经济，甚至威胁到他们的工作和生活。有鉴于此，不少发展中国家成员呼吁发达国家为发展中国家提供特殊与差别待遇（SDT），保证发展中国家成员充分的国内政策空间以适应自身发展的需要①。在发展中国家成员的强烈要求下，发达国家成员做出了让步，修改了 GATT 协定第 18 条，为发展中国成员履行某些 GATT 之下的义务时提供一定的灵活性，以保护和培育其国内产业。SDT 制度的第二次重要的发展，是 1963 年部长会议决定起草的 GATT1947 协定第四章规定的“非互惠原则”。1979 年 11 月 28 日通过的《关于差别和更优惠待遇，互惠和发展中国家的更多参与的决定》，即“授权条款”（Enabling Clause），具有里程碑意义。可见，经过发展中国家多年的奋争，作为 GATT 无歧视原则例外的 SDT 体制在 GATT 法律体系中已经建立，成为名正言顺的 GATT 体系中的一部分，由“临时性的”身份转变成“长久性的”。也就是说，GATT 体系中的发展中国家享受 SDT 待遇绝不是发达国家给予的施舍，而是得到实质公平、公平互利等法理支持的法定的权利。

WTO 多哈回合谈判起初将发展问题置于议程的核心，特别关注发展中国家成员在全球贸易中的利益，因此又称多哈发展回合。最重要的标志是，多哈发展回合通过的《WTO 部长宣言》对发展中国家的 SDT 待遇问题给予了高度重视，重申这些待遇是各 WTO 协议不可分割的组成部分，同意对这些条款进行审查以便加强这些条款并使其更精确、有效和更具可操作性，并授权监督和贸易发展委员会（CTD）对 SDT 待遇条款是否具有法律拘束力进行识别、考虑发展中国家尤其是最不发达国家成员最好使用这些条款的方法以及考虑如何使这些规则融入 WTO 规则框架。多哈回合《WTO 部长宣言》这些规定无疑加强了这些措施的有效性，给发展中国家带来了曙光。第二任 WTO 总干事穆尔（Mike Moore）曾指出，多哈回合不仅是对 WTO 不公平的回应，而且也是就“发展问题”对整个国际社会的呼吁②。后来，在发达国家的操控下，WTO 特殊差别待遇体制已经发生了重大的实质性变化：在指导思想上，提出了“鼓励所有发展中国家融入 WTO 正常的法律框架”。换言之，SDT 条款已被打入“另册”，不属

① 车丕照，杜明．WTO 协定中对发展中国家特殊和差别待遇条款的法律可执行性分析［J］．北大法律评论，2007，7（1）：298.

② 李建．WTO 体制下的特殊和差别待遇制度［J］．四川师范大学学报，2007，34（1）：31.

于"WTO 正常的法律框架"①。具体地说，WTO 特殊差别待遇体制的命运性质悄然发生了变化：东京回合中由"临时性"的"例外"规定转化为"长久性"的制度，在 WTO 的多哈回合谈判中，又"恢复"到东京回合时期的"临时性"的"例外"规定。在适用范围方面，将发展中国家成员进行分类和细化，尽可能缩小 SDT 条款的适用范围。可见，对发展中国家成员进行分类和细分，严重"侵蚀"和削弱了 SDT 条款应该发挥的作用，使不少 SDT 条款形同虚设②。在 SDT 规定的性质方面，从 GATT 体制"承担义务的非互惠模式"转变为"履行义务的非互惠模式"③。这个转变非同小可：发展中国家必须与发达国家承担相同的义务，只是在时间上享有较长的过渡期而已。

显而易见，WTO 特殊差别待遇制度已经失去了其"长久性"地位，成了"履行义务的非互惠模式"。也就是说，WTO 特殊差别待遇制度除了能保证发展中国家在承担与发达国家相同义务时享有较长过渡期外，已经没有什么实质意义了，成为形同虚设的空架子。

发达国家出于自己的私利，利用他们在 WTO 中的主导地位，将有利于发展中国家经济发展的 SDT 推到了濒危的边缘。无论从经济理论上还是法理上，SDT 的存在具有足够的合理性。在当今世界中，只有承认和实行发展中国家的 SDT，才能纠正过去的不公正，促使发展中国家在弱势下得到真正的发展。可见，SDT 与可持续性发展原则是有机的整体，二者相辅相成，不可分离。WTO 没有将二者结合，有悖于全球正义的要求，不利于发展中国家成员的经济发展，是 WTO 经济法律体系的一大缺陷。

---

① 曾华群. 论"特殊与差别待遇"条款的发展及其法理基础［J］. 厦门大学学报，2003，160（6）：7.

② ROLLAND S E. Redesigning the Negotiation Process at the WTO［J］. Journal of International Economic Law，2010，13（1）：94；BARRY C. REDDY S G. Symposium：Global Justice：Poverty，Human Rights，and Responsibilities：Panel，2：Global Justice and International Economic Arrangements：International Trade and Labor Standards：A Proposal for Linkage［J］. Cornell International Law Journal，2006，39：545.

③ 曾华群. 论"特殊与差别待遇"条款的发展及其法理基础［J］. 厦门大学学报，2003，160（6）：8.

第四节 WTO 法理框架中人权保护的缺失

一、彼特斯曼的宪政思想与人权及环境保护

随着经济全球化的迅速发展，各国环境保护问题日渐突出，各国人民保护人权的呼声此起彼伏。这促使人们意识到 WTO 法理框架中缺失人权保护的缺陷，越来越多的学者开始质疑 WTO 法理框架的固有不足。其中最著名的当属被西方学者誉为 WTO 法理框架两大奠基人之一的彼特斯曼（E U Petersmann）教授。彼特斯曼认为，从宪政化的视角看，WTO 法律制度包括四大因素：第一，它建立了立法和执法的相互依存的“监督和平衡”制度；第二，WTO 协定优先于附件中的多边贸易协定；第三，创设了实质性贸易自由化、非歧视性原则及法治等基本原则，设立了相当于法院的由专家组和上诉机构组成的争端解决机构；第四，WTO 争端解决机制的强制管辖有利于解决各缔约方之间的相关争端，澄清、发展了 WTO 规则，极大地扩展了法律安全和跨境法治①。据此，彼特斯曼教授认为，WTO 法特别是建立 WTO 的马拉喀什协定代表了国际经济法的宪政化趋势。但他同时指出，人权在“WTO 宪法”中没有提到，迄今为止，WTO 争端解决机制做出的法律裁决也未能提到，在他看来，这是不符合“国际正义”原则的②。

彼特斯曼教授还考察了欧美法律体系，指出包括 GATT/WTO 法律制度在内的国际经济法体系应当建立起尊重人权的法律原则。在他看来，人权在经济领域的功能对于国际经济法体系至关重要，其核心在于人权可以弥补市场竞争带来的缺陷，保护大多数人利益。所以，“市场经济”需要人权原则的指导，人权要求一个“社会市场经济”，而协调人权与市场竞争的方法具有多样性，但他所强调的“社会市场经济”的核心目标在于，政府应当保护“市场游戏中的失败者”，并为他们提供享有人权所需要的食品和服务③。

总之，虽然彼特斯曼教授的宪政思想离现实尚远，也受到了不少人的质疑，

---

① PETERSMANN E U. Theories of Justice, Human Rights and the Constitution of International Markets [J]. Loyola of Los Angeles Law Review, 2003 (37): 407.

② 刘敬东. WTO 中的贸易与环境问题 [M]. 北京：社会科学文献出版社，2014：9.

③ 刘敬东. WTO 中的贸易与环境问题 [M]. 北京：社会科学文献出版社，2014：11.

但是，他的可贵之处是对 WTO 的法理框架进行了梳理和剖析，敏锐地发现了其缺失保护人权的客观事实，主张国际经济法体系也应该建立起尊重人的法律原则和制度。同时，他还从国际正义的视角出发，指出了 WTO 法律体系不符合国际正义。因此，我们可以说，彼特斯曼教授的宪政思想为 WTO 法律体系接受生态文明理念奠定了理论根基，有利于 WTO 法律体系切实构建符合国际正义的制度，彰显了 WTO 法律体系的正确走向。

二、WTO 法律制度的改革与修订

以彼特斯曼教授为主要代表的学者提出的宪政思想及人权理论，对 WTO 体制产生了巨大的冲击。同时，国际社会中环境保护运动的高涨，也迫使人们对 WTO 制度的正义性重新进行审视。也就是说，是否对 WTO 的法律制度进行修订，迅速成为人们关注的焦点。有学者主张 WTO 法律制度必须进行修订，指出："WTO 应该明确承认环境价值。有些条款必须修改，有些内容必须进行补充……新的贸易—环境冲突已露端倪，尤其在食品安全、知识产权、服务贸易和补贴领域。对新的环境问题及其影响的密切关注，保护发展中国家进入全球市场，是 WTO 面临的新问题和重要任务。"① 也有不少学者赞成彼特斯曼教授的观点，但认为没有必要对 WTO 法律制度进行修订，主张平衡多边贸易体制中贸易自由化原则与民主、人权等宪法原则之间的关系。例如，GATT/WTO 体系的最早奠基人杰克逊（Jackson）指出，由于各国对国际法和国内法中的人权等问题看法各异，一个标准的国际体制在短期内是很难改变的，没有必要彻底改造 GATT/WTO 体制和理论基础，主张在 WTO 多边贸易体制中通过"利益平衡"原则和方法，协调贸易自由化政策与"宪政化"原则之间的关系②。

我们认为，WTO 作为当今世界最重要的多边贸易法律体系，直接涉及各国，尤其是广大发展中国家的利益。因此，WTO 法律制度中的理论基础和基本规则必须彰显国际正义，成为关注人权及环境的楷模。从长远来看，WTO 的理论基础及具体规则必须进行实质性的修订，这是毫无疑问的。然而，从短期来看，由于各国政治、经济、法律及文化相差较大，很难就如何修订 WTO 制度达成共识，因此，慎重地利用 WTO 体制内的相关规则，对贸易自由化政策和"宪

---

① 帕特莎·波尼，埃伦·波义耳. 国际法与环境［M］. 那力，译. 北京：高等教育出版社，2007：701－702.

② JACSON J H. Preamble，Human Rights and International Trade［M］. Oxford：Oxford University Press，2005：234；刘敬东. WTO 中的贸易与环境问题［M］. 北京：社会科学文献出版社，2014：28.

政化”原则进行合理的平衡，也是不得已而为之的举措。

本章小结

WTO 作为由发达国家发起和主导的当今世界最重要的国际经济法律组织，崇尚的是人类中心主义的哲学理念，倡导的是有利于强者的新自由主义思想，它漠视各国经济发展对环境造成的破坏，对发展中国家的特殊情形关注不够，不利于人类社会可持续发展。随着经济全球化的迅速发展，各国的经济发展与环境保护的冲突日益凸显。可持续发展原则体现了当前人们普遍关注的全球正义，有利于解决经济发展与环境保护的冲突，遗憾的是，由于可持续发展原则彰显了有利于发展中国家的发展权、平等权、生态保护、国际合作等原则，一定程度上修正了发达国家一向崇尚的新自由主义理念，遭到了发达国家的抵制。虽然可持续发展原则已经成为 WTO 最重要的宗旨和目标之一，但是 WTO 的相关规定含义模糊、漏洞百出，使可持续发展原则难以在 WTO 实践中发挥其应有的作用，如协调人类经济发展与保护自然环境的冲突，既保证世界上现有人口的基本需要，又不对后代人满足其需要的能力构成危害。针对 WTO 法理框架中缺失人权和环境保护的客观事实，不少学者提出了质疑，并提出了诸多建议。从长远来看，WTO 法理基础和具体规则必须进行实质性的修改，以便充分发挥 WTO 作为“经济联合国”的统领作用。但从近期来看，考虑各国政治、经济及法律制度等相互差异较大，不易达成共识，只能利用 WTO 内的相关规定来协调 WTO 与环境保护的关系。因此，各国政府在 WTO 下进行真诚的国际合作，切实贯彻可持续性发展原则，充分协调各国的贸易和环境政策，切实发挥 WTO 争端解决机制的作用，才是当前促进全世界的可持续性发展事业，造福于全人类的重中之重。

第二编

02

中西传统文化中的生态文明理念

第五章

中国传统文化中的“天人合一”生态文明理念

从“天”字形体的演变来看，早期甲骨文“”在人“”的头上加四边形指事符号“”①，其意指头顶上的空间。在晚期的甲骨文中，“”中表示的空间的四边形“”则改成了两横指事符号“”，表示大地上方的太空。从这一变化中可发现“天”早期的写法是象形，晚期的写法是指事。所以甲骨文研究者通常认为，“天”的本来意义是人的头部。而在《说文解字》里表示，天，颠也。至高无上，从一、大。“天”字的演变和人紧密地联系在一起，天人之间也一直紧密地联系在一起。《庄子·山木》中说“人与天一也”“天地与我并生，万物与我为一”，仲尼曰：“有人，天也；有天，亦天也。人之不能有，天性也。”万物与人无别，人与天同一。因此在中国传统哲学以及社会里，探讨“天人关系”一直是最为重要的命题。

在今人看来，天是自然存在的，由物质组成，而在古代人的眼中，天不仅具有物质属性，而且具有丰富的精神属性，因而古代的“天”除了被认为是“自然”，其同时也含有主宰、义理、命运、人格等意义，而“人”通常指“人类”。天人关系，也因“天”的含义的丰富而多元。近代以来，随着工业社会的发展，人类的生存环境也发生着急剧的恶化，生态问题逐渐成为人类要直面和解决的大课题，如何处理人与自然之间的关系则是处理这个问题的关键，因而变得尤为紧要。在人类开始重新思考其与自然的关系的今天，中国传统文化中的“天人合一”思想因其具有人与自然和谐相处的内涵，而逐渐被用来解决人与自然的关系。季羡林说：“只有乞灵于东方的中国伦理道德思想，来正确处理人与自然的关系”，“天人合一方能拯救人类”②。

---

① 古人用四边形或五边形代表无边无际的天宇。

② 蒲创国．“天人合一”正义［D］．上海：上海师范大学，2012.

第一节　孔子思想中的生态文明理念

一、孔子思想中的生态文明理念

（一）孔子关于人的地位的思想

人在宇宙中的地位以及在社会中的地位，是孔子思想中的一个基础的内容。孔子非常重视人的地位的发挥，在他的一直提倡和宣扬中，人的地位确实获得了前所未有的重视。当然孔子的“人”不是简简单单的人，这个“人”赋有非常多的社会内容，而且这个“人”还有很高的德行内涵。孔子对人的认识大多是以“礼”“仁”为其内涵的。孔子眼中的人无一不受“礼”的约束，即在孔子那里“人”都是礼约束下的人。

“礼”是维护社会秩序最基本、最具体的东西，它不但包括严格的礼仪、仪式，还包含人的仪态。以其为网线，将具有不同的社会地位，不同的角色分工的个人组建在一起，构成严密的社会网络。在孔子看来，若要维系这个网络，使其井然有序，就不得有任何哪怕是细小的僭越。所以人要忠实地、有效地履行自己角色应有的职责。孔子信奉的是由等级、身份和权威构成的社会，尊崇的是：“君君，臣臣，父父，子子”①，“非礼勿视，非礼勿听，非礼勿言，非礼勿动”②。即在孔子那里，人的行为都要受“礼”的规制，人的自我受到了很大的约束，甚至是控制。

在此基础之上，孔子的“人”又并不是一个相同的概念，即孔子将人分为君子、小人，人人平等。君子是孔子思想里理想的人格标准，其拥有最高道德、最受人爱戴、最受人尊敬，并且具有高雅的修养、高尚的情操。他以礼规制自己，所有行为无一僭越礼的要求。

因而，我们得知，虽然孔子赞同人的自然属性，即人首先是一种自然的存在，但是其对于人的认识，更多的是人格意义上的认识，即超脱人的客观存在的、人格意义上的追求。

---

① 徐春燕．孔子与庄子思想中“人”之比较［J］．湖北广播电视大学学报，2006，23（2）：64.

② 《论语·颜渊》。

（二）孔子关于“天”的思想

孔子对天有一种很深的敬意，但其并不认为天即为神。孔子对“天”本身的理解是始于自然界的，即“天”因其本身生生不息的运行，而使得人世间的生灵以及广大的宇宙的万物变得生机勃勃，并且万物都各司其职且井然有序，他认为这是“天”对万物生灵的“仁爱”①。孔子说：“天何言哉，四时行焉，百物生焉，天何言哉！”② 这里所说的天，就是自然界。四时运行，万物生长，这是天的基本功能。其中“生”字，明确肯定了自然界的生命意义，这绝不能仅仅理解为生物学上所说的“生”。天之“生”与人的生命及其意义是密切相关的，人应当像天那样对待生命，对待一切事物。人的生命与自然界是不能分开的，对天即自然界应有一种发自内心深处的尊敬与热爱。在此基础上，孔子进而将“天”由“自然之天”上升至具有“仁爱”等道德属性的“义理”之天。从孔子开始，天已经从宗教神学的上帝转变成为具有生命意义和伦理价值的自然界。

（三）孔子的天人合一与天人相分思想

1. 孔子的天人合一思想的核心——“仁”的思想

“仁远乎哉？我欲仁，斯仁至矣。”在孔子看来，“仁”是天然的本性，是人与生俱来的天性。从仁的甲骨文“亻二”字形形体看，为从二从人，即两个人，大徐本《说文解字》对“仁”下注，臣铉等曰：“仁者兼爱，故从二。”③ 金文的仁“亻二”为上一、下二，中间的曲线代表人的身体。可理解为头顶天德为一，脚踩地气为二，即天人合一为仁。篆字“亻二”仁的字形非常直观，左边是一个恭敬有礼的人，右边是两个一，上“一”为天，下“一”为地。孔子认为“仁”是人本身先天就具有的特质，是上天赋予人的天性，是人与天相互交融的产物。可以讲，天人合一的结果即为“仁”。

《说文解字·人部》对仁的解释为：“仁，亲也。从人从二。忎，古文仁从千、心”；《韩非子·解老》说：“仁者，谓其中心欣然爱人也”；徐灏《说文解字注·笺》说：“千、心为仁即取博爱之意”；徐锴《说文解字系传·通论》

① 李炬蒙．孔子“天人合一”观中的和谐思想管窥［J］．湖南农业大学学报（社会科学版），2007，8（2）：113.

② 《论语·阳货篇》。

③ 刘宝俊．郭店楚简“仁”字三形的构形理据［J］．中南民族大学学报（人文社会科学版），2005，25（5）：129.

说："千、心为'仁'，唯仁者能服众于心。""千、心"会意为"博爱、众爱之心"①。因而在孔子那里，人类本性中的亲和、善良、同情、恻隐之心、不忍之心即为"仁"；"仁 "即指人先天所具有的善良本心或本性；"仁"即为人的一种德行或品格。

孔子在《论语》中说："夫仁者，己欲立而立人，己欲达而达人"，"己所不欲，勿施于人"。因而孔子的"仁"还是一种普遍性存在的抽象性道德原则。"为仁由己，而由人乎哉?"②"仁远乎矣，我欲仁，斯仁至矣。"③ 仁心仁爱是仁的本质，是人自然而具有的一种天性，是人的一种本质。有学者曾指出："就仁的自身而言，它只是一个人的自觉精神状态。"所以如何实践"仁"应是一个内在问题，一个自律问题，而非他律。并且在孔子思想的进一步的阐述中，不但人要自我实践其本性中的"仁"，而且还要将"仁"的这种美好本性推广，进而成为一种评断人行为的道德原则。

有学者统计，在集中体现孔子思想的《论语》一书中，"仁"字出现了109次，所以说"仁"的思想是孔子思想的核心，确实是"名至实归"。而"仁"的思想核心，即是仁爱。孔子多次提到"仁者爱人"，而"仁"本身的字形有两个"一"，从历史的释义的变迁中，无论这两个"一"，一个代表"天"，一个代表"地"，还是这两个"一"代表两个"人"，都无法改变"仁"的一个基础内涵，即"仁"有两个对象。孔子的"仁"，是一种动态的自我交互，即要施爱，爱人、博爱以服众于心，也要自爱，爱己，立己，这也是上述"仁"两个"对象"的互动。因而，孔子的"仁"即为拥有真正社会属性的"人"不断地相互互动、自我交互而天然即存的原则。而这种相互互动、自我交互的过程实质上就是"仁爱"的体现。从宏观上讲，这种天性的自然抒发以及人为的推延，就是人与天的交流交融。

2. 孔子天人合一思想——知天命

一切概念都与产生它的历史时代有着密切的关系，"天命"的含义在不同的时代有所不同。而"天命"，更是孔子思想中的一个重要内容，始终贯穿于孔子的思想体系之中。

在上古时期，"天命"意为天具有神圣不可侵犯的意志，是万事万物必须服

---

① 刘宝俊．郭店楚简"仁"字三形的构形理据［J］．中南民族大学学报（人文社会科学版），2005，25（5）：129.

② 《论语·颜渊》。

③ 《论语·述而》。

从的绝对命令。中国古代最早的文献典籍《尚书》中，有“钦若昊天，历象日月星辰，敬授民时”的记载，其含义是：天意是通过日月星辰的变化传达的，我们要洞察日月星辰的运行变化情况，以了解上天旨意，恭谨遵从上天的旨意，制定历法，教导人们，遵从时令。“天垂象，见吉凶，……圣人则之”是古人天人感应思想的表证，天“垂”象，上天很仁慈，道德是其天性，其会主动向人间显示天象，告之以吉与凶，而在古人心里，上天即是人间凡人道德与秩序的楷模，即“天视自我民视，天听自我民听”，从而人间苍生仁义道德，上天仁义道德，天人之间乃互相感应。

在商周时期，随着社会生产力的发展，“天命”的观念得到一定的发展。周人尊礼尚施，以民为本，高倡“皇天无亲，唯德是辅”“敬德保民”，对天地鬼神，诚惶诚恐，不敢造次①。

> 天降割于我家。
>
> 矧曰其有能格知天命。
>
> 予不敢闭于天降威。用宁王遗我大龟宝，绍天明，即命曰：有大艰于西土，西土亦不静……
>
> 予惟小子，不敢替上帝命，天休于宁王，兴我小邦周，宁王惟卜用，克绥受兹命。今天其相民，矧亦惟卜用。呜呼！天明畏，弼我丕丕基！②

从周公《大诰》中，我们不难发现周公在决定重大事务的时候，都会向上天寻求意志。至春秋，社会生产力明显提高，人类生活也有进步，但是人们依然无法走出对自然界认识能力低下的困境，对其生活中遇到的很多自然现象依然无法解释。“天”对于人们而言，神秘而莫测。因而此时的神学迷信依然非常盛行。“天命观”随着进一步的发展，“天命”的观念也因新的时代，增加了新的内涵。尽管孔子是当时社会知名的大学者，但受历史条件的限制，在论及“天”“自然”“人”关系之时，也无法突破“天主宰”“敬畏天”的天命观念。但需要注意的是，孔子一直用“理性”“求实”的思维去思考、解释人类社会中的很多现象。其天命观中的“天主宰”“敬畏天”之思想是一种敬畏、尊敬的含义，而非神学含义。

“天命之谓性，率性之谓道。”③ 天命之谓性，在孔子对天命的论述里，可

---

① 陈江风. 天人合一观念与华夏文化传统［M］. 北京：生活·读书·新知三联书店，1996：4.

② 曲爱娟. 孔孟荀的天人观及其生态伦理［D］. 杭州：浙江大学，2003：29.

③《礼记·中庸》。

知孔子认为天命为天所给予人的气质，也即人以此天生而具有的“性”。“天道变化，各正性命。”然而天道是不断变化的，并在变化中使得世界中的万物各得其性命。因而每一事物都能够按照其本身的“性”而发展。率性之谓道，人依照此本性去做事就叫作“道”。子曰：“君子有三畏：畏天命、畏大人、畏圣人之言。小人不知天命而不畏也，狎大人，侮圣人之言。”① 因而，在孔子看来，人要先有“敬天畏命”的意识，进而“知天达命”。孔子的“知天命”思想不只是一个由人到天“上达”，由天到人的“下达”的过程，同样也是一个由人及人互相交互的过程。孔子还明确指出，若成就为君子，则需拥有“敬天畏命”的伦理道德思想，且这种思想是绝对性的、必不可少的，同时指出“知天达命”是君子的道德义务。作为最有学问最具道德修养的君子，不但要上知“天命”，同时更要以身作则，发挥主观能动性去践行“天命”。

但不得忽略的是，孔子的“天命”除了上述的义理之义、人格之义，还具有自然之义。即“天命”也包含客观存在的规律。

3. 孔子的天人相分思想——尽人事，注重人事

孔子注重人道，淡薄天道，甚至“罕言命”“不语怪、力、乱、神”②。曾子曾道：“夫子之文章，可得而问也；夫子之言性与天道，不可得而闻也。”其实在孔子看来，天道即人道，人道重于天道。孔子对“天”“命”有着特殊的尊敬、敬畏，却不完全顺其而行，有时甚至称“知其不可而为之”，有“成事在天，谋事在人”的积极出世的思想观念。

践行孔子“人道”的核心为“礼”。礼是周代发展的一套完备的伦理纲常规范，是指导人行为的准则。然周礼，时至孔子生活的春秋时期，中国社会开始逐渐由奴隶制社会向封建社会转变，新旧制度之间的接替和原有的周朝思想观念之间发生尖锐的冲突，孔子称这种社会状况为“礼崩乐坏”。春秋时期是中国古代思想最繁荣的时期，然而思想最繁荣的时期，也是思想冲突最大、最多的时候。面对于此，孔子认为多元思想格局混乱且无序，应建立一个统一的规范来规定这一切。因孔子崇尚周礼，便开始循礼卫道，并为恢复周礼，其花费了毕生心血。在孔子的思想里，礼是统治国家、规范人们行为的具体规则，是温和的教化力量，是体现整个社会风貌的精神力量。子曰：“喜怒哀乐之未发，谓之中；发而皆中节，谓之和。中也者，天下之大本也，和也者，天下之达道

① 《论语·季氏》。

② 涂平荣．孔子的生态伦理思想探微［J］．江西社会科学，2008（10）：68.

也。致中和，天地位焉，万物育焉。”① 即礼乃天地之序也，和是节制之义，中乃稳定之意。只有致中和，方达万物育焉。因而实质上孔子将天地万物的和谐纳入“礼”的伦理范畴。“仁者爱人”即为礼，“礼”是“仁”最集中的表现。“人而不仁，如礼何?”并且“礼”是以“仁”为尺度的，以“仁”为标准的。孔子注重人道，是有原则地注重，人道不能脱离“仁”，并以“礼”拘制。

孔子是务实主义者，其曰：“为仁由己”，“人能弘道，非道弘人”。认为人虽无力改变“天”，但人具有主观能动性，人可以通过改变自身，甚至改造自身，以深入地认知“天”及“天命”。作为君子则应“不怨天、不尤人，下学而上达”，要学会通过下学人事，而上达天理。君子要“耻于其言而过其行”，“多识于鸟兽草木之名”等。

二、孔子天人观中的生态伦理思想

孔子的生态伦理思想，和他的天人思想有着紧密的联系性，他的每一个生态观念的阐发都是建立在其天人思想、伦理思想的基础之上的。孔子不是自然主义者，他是实实在在的道德主义者。而“仁”就是他生态伦理思想的核心，“知天命，尽人事”就是他生态伦理思想的具体理念。

孔子的“仁”是儒家思想世界的理想，并以此建立一个从个人、家族、政治、社会至自然界都普遍和谐的万物的生长环境和人类生活环境，其最高境界便是“天地万物一体为仁”，也即“天人合一”。

“仁爱”则是孔子生态伦理的思想核心。“仁爱”思想不仅有“仁民”之意，同时也含有非常丰富的“爱物”之意。儒家的仁爱及于人与人间，而且及于自然界的植物，植物同样是有“生”的，即有类似于人那样的生命反映和情感，受到伤害以后就会枯萎。不仅如此，人还要将仁爱施之自然界的动物，因为动物也是有情有知的，是知道疼痛的，甚至是有“德”的。在此思想之基础上，儒家思想发展出“爱物”之学，即提出人要对自然界的山、川、水、土、石、鸟、木等存在物施以保护与爱惜。因为它们不单单是对人“有用”的，更重要的是它们是一切生命得以生存、发展的条件和基础，山川江水、花草树木本身就具有生命力，由它们组成的世界，就是人类的“家园”，更是世间万物自身的家园。

“爱物”本质是出于对生命的一种关怀和爱。人与万物息息相关，“一气相通”，且人与万物在生命上亦彼此相通，在此“生命相通”的基础意义上，人与

① 《礼记·中庸》。

万物是相互平等的，具有同等地位。因为人与万物都是大自然的儿女。孔子说万物是我的朋友伴侣，即把自己和万物一律平等看待，才能享受到生命的快乐。

积极出世是儒家思想一贯的原则。因而，孔子同时提倡人们通过“志于道，据于德，依于仁，游于艺”的方式来改造自身的生存环境。但这不得突破“知天命”的界限，要把握一个度，并且要渐进地发现这个度，这就需要人通过本身的道德修为的提高，逐渐发现。可见，将人的认识改造和天命用“仁”连接起来，其实质即是天人合一。

（一）“乐山乐水”的生态伦理情怀

子曰：“知者乐水，仁者乐山。知者动，仁者静，知者乐，仁者寿。”① 此即孔子“乐山乐水”情怀的来源。在孔子的天人思想中，孔子“畏天命，尽人事”，其思想没有陷入不可知论的谜沼，也没有进入到无所不知的狂妄自大的地步。而是在理智的认识世界的基础上，衍生出“知命畏天”的生态伦理意识，并身体力行，逐渐形成了“乐山乐水”的生态伦理情怀。认为人类有主观能动性，就不能无所作为，应该在“知命畏天”的生态思想指导下改造世界，而同样在“知命畏天”的生态思想指引下，人更不能胡作非为，随意枉乱地对待世界，而是应该形成一种与大自然融为一体，热爱大自然，热爱人类生存的环境，自觉爱护、保护大自然的思想。而作为君子就要“畏天命”，按照客观规律办事，要“乐山乐水”地与大自然和谐相处。孔子在这里将“畏天命”与“君子”的人格结合起来，其体现的就是一种天人合一的生态伦理意识。

“知者乐水，仁者乐山”，这其实也是孔子在赞美“知者”和“仁者”。孔子以对“知者”和“仁者”的“乐山乐水”情怀的赞美，其实也是在向他的弟子以及广大民众传递一种生态意识，即人们追求的有道德的、修养高的知者和仁者“乐山乐水”，那我们作为知者、仁者的学习者、崇拜者也要“乐山乐水”，这样我们不也就能实现我们的人生最高境界了吗？

“乐山乐水”的生态伦理情怀，主要是宣扬一种热爱环境、保护环境的意识。这种情怀的培养与“仁”的思想是不可孤立的，它们是无法分离的。只有心中充满对自然界的万事万物的仁爱之情，才会“乐山乐水”，才能体味到“乐”山、“乐”水的内心喜悦感。而有了这样的情感，就会自然地爱护起山山水水、花草树木，对水里的鱼儿、山林里的鸟儿才难下赶尽杀绝之意，并且还能真切地体会到“鸟之将死，其鸣也哀”的悲凉，从而对万事有爱意，对万事

① 《论语·雍也》。

万物的衰败、死亡产生同情心、痛惜心。

其实，在孔子那里，“乐山乐水”还有更高的内涵价值，即其是一种优美的人生境界。在孔子“吾与点也”的思想论述中有着重要的体现。据《论语·先进·第十一》记载，一次孔子与他的学生子路、曾点、冉有、公西华谈人生志向和理想时，曾点说：莫春者，春服既成，冠者五六人，童子六七人，欲乎沂，风乎雾雩，咏而归。孔子听后赞叹道：“吾与点也！”从这段曾点的简短论述中，可得知曾点所追求的理想社会是人间的和谐与自然的和谐相统一的社会。在这里山水之乐并非一人独享之乐，而是与自然相融，与他人一起享受。这种共享的思想于今天的我们是非常宝贵的。我们生存的环境只有一个，即地球，可是依靠它生存的东西却非常多，而人类仅仅是其中渺小的一个。如果我们人类仰仗着自己特殊地位对地球上的资源无节制地掠取，那么将会使得地球上的其他物种得不到应得的资源而无法生存下去，进而使得生态链断裂，那么被毁灭的将不止这些物种，还会有人类自身。

孔子“乐山乐水”的生态伦理情怀及人生境界有着非常高的道德追求，这样的情怀及精神的培养是有着非常高的修养要求的，它不是简单的“爱护自然”这样有很强的目的论的行动口号，而是一种人内心的深层次的一种道德自觉——精神自觉。一旦形成这样的自觉，人将会使其内化于人心，那么人与自然相处的问题也就会顺其自然地得到解决，地球和人类持久和谐的发展问题也会自然而然化解，从而实现天人合一，天人和谐。

（二）“取物以时”的生态伦理思想

孔子的自然之天的思想，肯定了万事万物都是自然界的产物，都应遵循自然界的规律。而在指导人如何认识自然界的客观规律以及如何依照自然界的客观规律行事，孔子提出了“适时”的观念。即要在适当的时机行事：“四时行焉，百物行焉。”“道千乘之国，敬事而信。节用而爱人，使民以时。”① 即统治者不能随意行为，役使百姓应顺应农时，避开农忙时节，不可耽误农民耕种、播种和收获的黄金季节。在《礼记·祭义》中也有记载，曾子曰：“树木以时伐焉，禽兽以时杀焉。”夫子曰：“断一树，杀一兽，不以其时，非孝也。”即砍伐树木、捕猎野兽也要按一定的时间、合适的时机，不能随意砍伐、捕杀。“孝”乃“仁”之根本。《礼记》记载：“孝有三：小孝用力，中孝用劳，大孝不匮。思慈爱忘劳，可谓用力矣。尊仁安义，可谓用劳矣。博施备物，可谓不匮

① 《论语·学而》。

矣。”① 孔子将“孝”的观念及准则推延至其生态伦理思想中，可见孔子对万物的生长规律的重视，对自然生命的尊重。

（三）“弋不射宿”生态资源节用观念

孔子非常反对竭泽而渔，主张以不破坏自然界的生态平衡为前提，适时节度地获取自然资源，唯有这样才能够使自然及人类持续地繁衍下去。“钓而不纲，弋不射宿。”② 孔子主张用竹竿钓鱼，不射杀巢宿的禽鸟。如果用绳网捕鱼不分大小多少，一网打尽之；射杀巢宿的禽鸟，也不分大小，一巢打尽之。这样就会破坏生物的可持续性发展，最终造成物种灭绝，资源枯竭。孔子主张“泛爱众而亲仁”，对生物我们应保有“仁”的态度，我们虽要生存，但是我们不能仅为了自己的生存而行不仁之径。

孔子还宣扬“食无求饱，居无求安”③ 的思想，叫人不要吃得太饱，这样势必会消耗过多的粮食、果树等，从而增添土壤的压力；也不要居住得太过舒适，这样难免造成土地和建筑材料的浪费。这个思想对于我们大规模的现代化的建设，有着很好的思考意义。孔子不但主张节俭，还非常地反对奢侈，提出了“奢则不逊，俭则固；与其不逊也，宁固”④ 的观点，即奢侈会使人不恭顺，还是择简陋之。“一箪食，一瓢饮，在陋巷，人不堪其忧，回也不改其乐。”⑤ 君子居之，何陋之有啊？君子讲究的是内在的道德修养，在意的是人格的塑养，其不在意食物是否是山珍海味，不在意居住的房屋是否豪华美丽，尽管这是对人格提出的要求但是也反映出孔子有很强的节俭意识，即“饭疏食，饮水，曲肱而枕之，乐亦在其中矣”的节约思想。孔子的节约、俭朴的思想一方面与当时生产力不发达、物质生活水平低的时代背景有着很大的关系，但是更多的反映的是孔子对自然的尊重、对物质尊重的一种态度。在现代社会里，工业非常发达，物质的品种也越来越多，而在人民的物质生活快速提高的同时，伴随着的是人民消费的能力逐渐增强，整个世界的物质资源的消费也越来越多。有消费就有浪费，要想保护生态环境，使得人类子孙后代无穷尽也，不是只“开源”，更多需要的是“节流”。而孔子的提倡节用的生态理念，对于我们今天而言非常有价值，我们应将孔子的这种思想为我们今人所用，大力倡导孔子所主

---

① 《礼记》。
② 《论语·述而》。
③ 《论语·学而》。
④ 《论语·学而》。
⑤ 《论语·雍也》。

张的生态节用消费观。

第二节　孟子思想中的生态文明理念

一、孟子的天人合一与天人相分思想

（一）孟子的天人合一思想

1. 孟子的天人合一思想——主宰之天

“天”作为孟子哲学思想的重要概念，有多重的含义，但“主宰之天”的哲学认识，在孟子的思想中占据着重要的地位。

天子能荐人于天，不能使天与之天下；诸侯能荐人于天子，不能使天子与之诸侯；大夫能荐人于诸侯，不能使诸侯与之大夫；昔者尧荐舜于天而天受之，暴之于民而民受之①。故曰：“天不言。以行与事示之而已矣。”② 孟子认为，天虽不说话，但用行动和事件来表示它的意思。万章问孟子：“天用行动与事件来表示其意思，是怎样做的呢?”于是就有了孟子上述“主宰之天”思想的经典阐述。天不会直接告诉你怎么做，而只是用行动与事件来表示意思罢了③。在孟子看来，哪怕是人间的最高权力者——天子之位，其归属也是由天决定的，“天与贤，则与贤；天与子，则与子”。孟子认为天子对天子之位无决定权，而强调天“以行与事示之”。

> 天降下民，作之君，作之师，惟曰其助上帝，宠之四方，有罪无罪唯我在，天下何敢有越厥志。④
>
> 天之生斯民也，使先知觉后知，使先觉觉后觉。予天民之先觉者也，予将以此道觉此民也。⑤

孟子说，天降生于民众，同时为人民安排君主和老师来帮助、爱护、管理他。其在肯定天降生民众的同时，又认为天还制定人间的规则，即“先知觉后知”“先觉觉后觉”。同时希望圣贤应当秉承天意，自觉担负教育启发民众的

---

① 《孟子·万章上》。

② 《孟子·万章上》。

③ 傅佩荣．傅佩荣解读孟子［M］．台北：台湾线装书局，2006：176.

④ 《孟子·梁惠王下》。

⑤ 《孟子·万章下》。

责任。

2. 孟子的天人合一思想——性善论

(1) 人性与天相通

"天之所与我者"，人的道德与人的天性是相互联系的，人的天性来自"天"的赋予。所以人的道德的本原来自"天"，即人的道德与"天"合而为一。

《尚书·泰誓》："天视自我民视，天听自我民听。"① 即上天看到的来自我们老百姓所看到的，上天听到来自我们老百姓所听到的；认为民意反映了天意，天意取决于民意。如新授的"天子"，如果能够得到人民的爱戴，就是"民授之"，同时也是"天授之"的表现。从孟子的天、君、民三者的关系看，天在授之国君之前，先要听取人民的意见，根据人民的意见来立国君，国君治理人民，人民的意见又返归于天，即人到天，天又到君、民，然后又回到天，体现出"天人合一"思想。

(2) 知性—性善论

孟子认为每个人都有怜悯别人的同情心，善是每个人都具有的先天性质。孟子曰："人性之善也，犹水之就下也。人无有不善，水无有不下。"② 即在孟子看来人性本是善的，就像水本来就是由上往下流一样，是自然而然的事情。

孟子人性本善的观点，受到了《周易》继善成性的思想的极大影响。《周易·系辞》说："一阴一阳之谓道，继之者善也，成之者性也。"③ 天地的本质是善，其具体表现是能附载万物，生成万物一片仁慈之心。推至人事，既然天地的本性为善，那么人的本性亦为善，人的本性与天地有着一致的善，是为天人合一，天人相和曰性善论。

"乃若其情，则可以为善矣，乃所谓善也。若夫为不善。非才之罪也。"④ 孟子认为"人皆有不忍之心"，人人都有基于恻隐之心、羞恶之心、辞让之心、是非之心的"仁、义、礼、智"善性⑤，即孟子"性善"论的核心。孟子又曰："恻隐之心，仁之端也；羞恶之心，义之端也；辞让之心，礼之端也；是非之心，智之端也。"⑥ 显然，从孟子看来，人性本质上是善的，每个人都有"善

---

① 《尚书·泰誓》。
② 《孟子·告子上》。
③ 《周易·系辞》。
④ 《孟子·告子上》。
⑤ 李瑞. 孟子"性善论"剖析 [J]. 哲学史学研究，2014 (16)：55.
⑥ 《孟子·公孙丑上》。

端”，即“善根”。

但孟子又曰：“仁义礼智，非由外铄我也，我固有之也，弗思耳矣”，“苟得其养，无物不长；苟失其养，无物不消”，“求则得之，舍则失之”。由此孟子“性善论”的“善”是人自身潜在的，是善的端倪，而人最终是否能够发展为“善”，则在于人后期的自我培养以及社会环境对其的熏陶。相比于“禽兽”之性，人的本性中含有趋向善的潜力和趋势，性善是人性中自然生长的倾向。

（二）孟子的天人相分思想——尽心、知天

如上所述，孟子认为天“以行与事示之”于天子、诸侯、大夫等。天下的事要看“天”的意思，“天视自我民视，天听自我民听”，天要“示”之，在于“行”与“事”，而“行”即为大势所趋，不可逆转，较近于天和命，而“事”则是客观事件，着重于人的努力。

“莫之为而为者。天也；莫之致而至者，命也。”① 孟子将自然与人、存在与价值联系在一起。“莫之为”“莫之致”即自然，它有先在性、本原性。“为”与“至”却是具有价值意义的生命创造活动。正是这种生命创造活动使存在具有价值意义，其价值的承担者当然是人②。“君子所性，虽大行不加焉，虽穷居不损焉，分定故也。君子所性，仁义礼智根于心。”③ 君子的本分是固定的，君子本性具有仁义，而且它同时植根于君子的内心。“求则得之，舍则失之，是求有益于得也，求在我者也。求之有道。得之有命，是求无益于得也，求在外者也。”因此，在此本分上，应该去寻求，寻求出于自身之外的缘故，求之则得，孟子倾向于尽心于万事。

孟子以天人相分的形式，清晰地将人的职分和天的作用分别开来。人不再将一切寄托于上天，也不会再非常盲目地企盼上天致福，依赖上天的庇佑，而是大力地发挥自身的主观能动性，开始用自己的行为去追求自己的幸福之道。由此可知，在孟子这里，人的能力、人的价值得到了绝对的肯定。并且当时在天人相对的形式下，人的独立意义、独立价值凸显出来。就如当代的儒学研究学者陈来所说：“人不再需要盲目地向上天顶礼膜拜或祭祀以求好运。既然天使伦理理性的可知的存在，人所要做的，就是集中在自己的道德行为上，人必须

① 《孟子·万章上》。
② 蒙培元．人与自然——中国哲学生态观［M］．北京：人民出版社，2004：155.
③ 《孟子·尽心上》。

自己为自己负责，自己负责自己行为的后果，也即自己负责自己的命运。"① 但不可忽视"莫之为而为者，天也；莫之致而至者，命也"②。人还要根据既定的条件（即命），做最大的努力，且不要对结果太过于执着，因为天意仍有难测之处。

二、孟子天人观中的生态伦理思想

孟子主张人们首先要认识大自然，他说："物之不齐，物之情也"③，表明生存于自然界的万物有着多样性和差异性，万事万物并非以整齐划一的形式存在。

（一）仁民而爱物

若要完整认识孟子"仁民而爱物"的生态伦理思想，则不可遗漏孟子"人禽之辩"的著名言论。孟子说："人之所以异于禽兽者几希，庶民去之，君子存之。舜明于庶物，察于人伦，由仁义行。非行仁义也。"④ 孟子认为人与动物的区别其实就是那么一点点。而这一点区别恰好在于人有"不忍之心""恻隐之心"等情感，以及由此而生的仁义之心。尽管这个区别看似很小，却非常关键。因为它将人与动物分别开来，且为处理人与自然的关系建立了依据。

在性善论的基础上，孟子认为人要有爱护天地万物之情。"君子之于物也，爱之而弗仁。于民也，仁之而弗亲。亲亲而仁民，仁民而爱物。"⑤ 其含义是，君子要爱护禽兽草木万物，要仁德地对待民众；君子爱自己的亲人，就会用仁爱对待民众，仁爱地对待民众，进而就会仁爱对待万物，即亲爱亲人，仁德于民众，爱于万物。在孟子这里因为爱的对象相异，所以爱是有层级的，是层层递进的。

（二）取之有时，用之有度

"不违农时，谷不可胜食也。数罟不入洿池，鱼鳖不可胜食也。斧斤以时入山林，材木不可胜用也……五亩之宅，树之以桑，五十者可以衣帛矣。鸡豚狗彘之畜，无失其时，七十者可以食肉矣；百亩之田，勿夺其时，数口之家可以

① 陈来．古代宗教与伦理——儒家思想的根源［M］．北京：生活·读书·新知三联书店，1996：197.

② 《孟子·万章上》。

③ 《孟子·滕文公》。

④ 《孟子·离娄下》。

⑤ 《孟子·尽心上》。

无饥矣。”①

不耽误百姓耕种及收获的季节，粮食自然吃不完，细密的渔网不放入大塘捕捞，鱼鳖就吃不完；按一定的季节时间采伐山林，木材自然就会用不完……在五亩大的宅园里，（房前屋后）种桑养蚕，五十岁的人就能穿上丝棉袄了。鸡、猪和狗等家畜，不要错过它们的繁殖时节，七十岁的人就可以有肉吃了。一百亩的田地，不要占夺（农民）耕种的时机，几口人的家庭就不会挨饿了。由此我们可知，孟子认为所有动植物都有其固有的生长繁殖的规律，其发育生长都是依据季节变化而逐渐成就的。因此人们一定要顺应动植物生长繁殖的规律去获取它们。

与此同时，人们必须依据万物生长变化的生态自然规律，按照一定的时序，并遵循事物的自然之性，进行渔猎、农业活动、砍伐等行为。这样自然才会源源不断地向人们供给其需要的资源，从而使人类与自然达到可持续、和谐的发展状态。孟子在主张“时”的同时，同时强调“养”的重要性。孟子说：“苟得其养，无物不长。”② 所谓“养”，即物产养护的意思，山无草木之美，非山之本性，而是其“失养”的结果。因而在做好“以时入山林”的同时，对自然的“养护”也是十分重要的。孟子所说“养”有双重含义。其一，即前文所述首先保护好原有的自然资源与良好的生态环境，“可以取，可以无取，取伤廉；可以与，可以无与，与伤惠”③。尽量减少人向自然界的索取，保持自然界的平衡状态，维持良好的生态循环系统，以达养护好自然资源的目的，使自然界的万物可以繁育旺盛，最终实现和谐有序。其二，在原有基础上对其所处环境做合理的人为改善及养护：“五亩之宅，树墙下以桑”“教之树畜，导其妻子使养其老”，要求人们多植树木，多畜养。在这一点上，孟子又提出：“今有场师，舍其梧槚，状其木贰棘，则为贱场师焉。养其一指而失其肩背，而不知也，则为狼疾人也。”④ 倡导在养护环境时必须有重点、有主次，要注意其实用性，而且应从长远利益着手，种植那些既能起到保护环境又能带来一定实用价值的树林，不要急功近利使遍地荆棘丛生，这样既不能很好地改善生态环境，也无益于人们的日常生活和生产⑤。

---

① 《孟子·梁惠王上》。
② 《孟子·告子上》。
③ 《孟子·离娄下》。
④ 《孟子·告子上》。
⑤ 蒲沿洲．论孟子的生态环境保护思想［J］．河南科技大学学报（社会科学版），2004，22（2）：49.

孟子重视对自然的保护问题，并在其人性本善的伦理基础上提出要适度地开采资源、开发自然。他认为人类应该适度地从自然中获取物质生活资料，不可取之无度，也不可用之无节。而如何控制“度”呢？孟子说：“存心养性，反省内省。”要求人提高自身的修养，参省自身的行为，控制自己的欲望。在保护生态环境上，“使民养生丧死无憾”，则有助于增强社会成员的生态伦理意识及生态责任意识。

“莫之为而为者，天也；莫之致而至者，命也。”孟子的生态保护思想衍生于孟子思想中的最基本的“天人观”理念。在孟子的所有思想中都可以看到孟子的天人观。对天与人之间的关系认识是孟子思想中的一条思想基线。人不可违背上天，但是却可以通过自己的努力，自己的善行改变上天“意志”，即“顺天者存，逆天者亡”①。由此对于人与大自然之间的关系，孟子的观点着重在人类应尽量让自然界以其原有的面貌存在，不去破坏生态原本平衡发展的结构。换言之，自然界的万物有减少就要有增加，尽量处于平衡状态。这都在于人类的行为上，人类要用自己的行为维持良好的生态循环系统，从而保持人与自然繁衍不止，和谐相处。

第三节　荀子思想中的生态文明理念

与孔子和孟子不同，荀子生于社会急剧变化的战国时代，此时的社会乃至学术思想都处于一种大变革之中。铁器的发明、《恒星表》的问世、《考工计》的传播等，都显示出这是一个科学技术发达的时代，它们使得战国时期的生产力水平急剧上升，文化思想交流也急剧频繁。因而此时期自然技术的大力发展对荀子天人观的形成提供了极大的理论基础。作为官列稷下学宫②之长的他，每天处于一个各派思想激烈交锋、碰撞的环境中，更是在思想交融中逐渐地形成了自己的一套天人理论。

正是在这样一个动荡又频繁交融的时代下，自西周以来的“神性之天”“主宰之天”的地位逐渐发生变化，人们开始对“天”趋向于客观和理性认识。因而，在荀子看来，此时“天之主宰”含义，即赋有人格意志的上天已无法立足。提出“天”不仅为自然界，更是自然界之规律，他认为，伴随着科学技术、生

---

① 《孟子·离娄下》。

② “稷下学宫”是儒、道、法、阴阳等诸家学术思想的交流汇集之地。

产工具的大力发展，人们可以利用科学技术认识自然，把握自然规律，同时形成“天”道，并以一种整体性的大格局意义的互动为基础，以达“天人合一”。正如有学者所说的那样：“荀子的哲学贡献在于他剥掉了自西周以来强加于‘天’的神秘外衣，否定了从外面赋予‘天’的神灵本质，把‘天’从一个虚幻不实的神秘世界，拉回到客观存在的物质自然界中来。”① 基于科学技术的天人观正是荀子思想的独到之处，同时其思想又赋有综合性，是糅合先秦春秋各方观点后又独立发扬先秦思想的集大成者。

一、荀子的天人合一与天人相分思想

（一）荀子的天人合一思想

在孔孟那里，伦理价值是“天”的核心，即“命运之天”“义理之天”，而“自然之天”是一个基础支撑罢了。但在荀子这里，“天”的“自然性”地位上升，“天”赋有自然的必然性。其对“天”的指称多侧重于“自然之天”。认为人无法逃于自然，“天”生人，天人终究是合一的。

“天地者，生之始也”，“万物之命在天”，万物的生成与存在是自然而然的过程而产生的自然而然的结果，荀子的天论赋有宇宙生成论的含义，即“人自天生”“天之生民”②，人是自然界之一物，且拥有天道自然禀赋。“天职既立，天功既成，形具而神生。”③ 人的形体、精神，都是大自然造化的产物，人“饥而欲饱，寒而欲暖，劳而欲休”④ 等自然之需求皆为自然赋予人之性所在。人自身所具备的一切皆源自天地自然，即天赋予人的是天之职分，将人的秉性归于天，实质蕴含着天与人之间的联系。人的自然本性又与天的功能是分不来的，人由此而神生，是谓天生人成，天地合而万物生⑤，天人合一。

“列星随旋，日月递照，四时代御，阴阳大化，风雨博施，万物各得其和以生，各得其养以成。不见其事而见其功，夫是之谓神。皆知其所以成，莫知其无形，夫之谓天。”⑥ 列星的转移，日月的交替，四时季节的变更，阴阳之变化，这一切就是“天”，这一切的运行是“道”，合称为“天道”。荀子所言之天，即指天地万物等自然存在，四时阴阳等自然现象，“天道”就是它们之间自

---

① 高春花．荀子的生态伦理观及其当代价值［M］．道德与文明，2002（5）：70.
② 《荀子·大略》。
③ 《荀子·天论》。
④ 《荀子·性恶》。
⑤ 《荀子·礼论》。
⑥ 《荀子·礼论》。

然运行、变化，相生相化之规律。并且“天道”不为尧存，不为桀亡，自然运化，具有客观存在性。受道家思想的影响，与其他“天”的观念不同，荀子的“天”少神性含义，类似于老子所言之天，其作用也类似于老子思想中万物本源的道，“天”是自然之天，其无意志，不掌管人的旦夕祸福，否定了人的一切与之神性的联系。此“自然之天”从内涵上讲，具有天地自然相生相成、万物运动互相转换的整个过程及由此而生的结果的本然性和有序性，并且其中没有任何人意或天志的因素在内。

但同时荀子的“天道”观又没有超出孔孟的樊篱，他又将人之德性赋予天道，即天赋德行，同时天道的变化发展与人及人认识、人的活动有着密切关联，绝不是孤立于人及人为的存在和过程的。可以说，在荀子视野中，天人本为一体，其从未脱离人而论天，亦从未脱离天而论人。

荀子说：天地与人相参。在古汉语中“参”同“三”。《说文解字》曰：“三天地人之道也，从三数。”可知，“参”其实就是天、地、人三种不同的事物之代表义。可知荀子认为天、地、人实质上在宇宙间地位是平等的。而且“天地与人相参”，同时也隐含着天地与人事之间相互错杂相互调和的关系①。天、地、人从其本身上各具有自己的特征、职能以及运行规律，并且在这一点互不影响，但是天、地、人在发展上又离不开彼此，天与人发生联系，互相配合，它们实际是一个大的统一体，并在这个统一体上彼此内部相参。“万物各得其和以生，各得其养以成”②，共同协调发展，即天人合一。

然而，人自天生，亦靠天养。天地是人所需的生活资料的源泉③。因此荀子又提出“天”的知与不求知，提倡人们在“天”的可知之域“制天命而用之”；对于不能知之“天”，则要求遵循“天”之道，即规律，同时要求用“礼”，即“天”之道在人类社会的显现，让人们通过制礼、学礼、守礼来把握天道，从而实现与天合一。

（二）荀子的天人相分思想

1. 天人相分——天人各有职分

“明于天人之分”，强调天与人的分际之必须，是荀子“天人相分”思想的代表言论。“分”《说文解字》曰：“分，别也，从刀，刀以分别物也。”郑玄注

---

① 李慧芬．“天人之分”“天人相参”与“天人和谐”：荀子天人关系学说的朴素管理学意蕴［J］．理论学刊，2011，9：78.

② 《荀子·天论》。

③ 张曙光．外王之学：《荀子》与中国文化［M］．开封：河南大学出版社，1995：9.

《礼记·礼运》曰："分，犹职也。"近代哲学大师冯友兰认为荀子的"明于天人之分"的"分"既可读"职分的分"，又可谓之"分别的分"。正如郭沫若指出的那样，荀子的"分"具有非常复杂的含义。它有"辩"的含义，"它不仅限于分工，已经是由分工而分职而定分"①。"明于天人之分"，即明白天、人两者的名分、职分，而不可僭越。同时，天能生物，不能辨物也；地能载人，不能治人也；宇中万物，生人之属，待圣人然后分也②。荀子认为，任何自然界在结构和功能上各有其特殊性，若要更清楚地认识自然，唯有学会将它们分开，从而在此认识基础上处理好人与自然之间的关系。

"天有其时，地有其财，人有其治，夫之谓参。舍其所以参而愿其所参，则惑也。"③ 上天有自己的时令季节，大地有自己的生养资源，人类也有自己的治理方法。天、地、人互相并列。人如果不做好自己的事情而只想了解天、地奥秘，那会使自己陷入迷惘之中。"如是者，虽深，其人不加虑焉；虽大，不加能焉；虽精，不加察焉。夫是之谓不与天争职。"④ "唯圣人为不求知天，这就叫作天人之分。"人不能与天争职，人要自己治人之事。"天行有常，不为尧存，不为桀亡。"⑤ 天有职分，天没有灵魂与意志，天不会代行人治，它并不决定人间的祸福与运命。

故荀子的"明于天人之分"实质在于人要明白天人之职分不同。总而言之，天治天事，人治人事，各治其事。天地与人相参，"天有其时，地有其财，人有其治"⑥，天、地、人相对应，互相平行并列，"参"也即含有天有天常，人有人治的思想。

"天有常道，地有常数，不为而成，不求而得。不求而得，夫是之谓天职。"⑦ 这就是说，天只是治天之事。天的本分是生养万物，"天之所覆，地之所载，莫不尽其美，致其用，上以饰贤良，下以养百姓而安乐之"⑧。天地之间所存在的一切事物均可为人所用。"故明于天人之分，则可谓至人矣。"人应当为其所应为，而不是强天而为。人与自然各有其职能，人必须采取与自然互相配合的治理方法。

---

① 郭沫若. 荀子的批判［J］. 北京：东方出版社，1996：232.
② 《荀子·礼论》。
③ 《荀子·礼论》。
④ 《荀子·天论》。
⑤ 《荀子·天论》。
⑥ 《荀子·天论》。
⑦ 《荀子·天论》。
⑧ 《荀子·王制》。

荀子的“天人相分”是从社会角度出发，建立在确立人的独立性、主体性地位之上而分，人可通过礼义教化而区别于天及其他生物，正是荀子天人之“分”之精髓。天与人属于不同的领域，天道不能代替人道，人道亦不可改变天道。但同时人始之于天，受万物之滋养，其并非刻意随意作为，而是要在客观规律的限制内行事。即修人道以应天道，不强天道服从于人道，同时也不依靠天道而放弃人道。这则为荀子“天人相分”之核心原则。

2. 天人相分——制天命而用之

“制天命而用之”是荀子“天人相分”思想的真正所指。“制天命”中的“制”乃“裁取”“裁度”之义，并无“掌握”“制服”之义。“制天命”，意即认识、掌握天命，因此“制天命而用之”就是在尊重和掌握自然规律的基础上，有选择地利用即“裁度”那些可以被人类所用的自然规律为人类服务。就是在遵循自然规律的基础上，人可以利用外部的环境为自己服务①。同时人不应“畏天命”，也不可“弗为而成”。应肯定人的能力，利用自己改造自然，利用自然，反对以消极态度去适应自然，“守株待兔”般地等待大自然的恩赐，提倡人主动地发挥人的主观能动性，充分利用人的智慧去掌握大自然的发展规律，使大自然为人类发展所需要的物质保障供给。但在提出“制天命而用之”之后，荀子又接着提出“应时而使之”“骋能而化之”“理物而勿失之”，又要求人要不失时机地去利用自然，要合乎规律地“有为”，合理地利用万物，不可做毁损万物之事，唯有此大自然方可根据人的需要去发展。“天能生物，不能辨物也。”人需要通过自然界来养活自己，人类不可无度地向自然索取，“以丧天功，夫是之为大凶”，导致自然丧失其功能是大凶，人必须按客观规律办事，人类“以全其天功”，才能“制天命而用之”②。

3. 天人相分——性恶说

“今人之性，生而有好利焉，顺是，故争夺生而辞让亡焉；生而有疾恶焉，顺是，故残贼生而忠信亡焉；生而有耳目之欲，有好声色焉，顺是，故淫乱生而礼义文理亡焉。”③ 荀子认为人有“好利”“嫉恶”“好声色”之性，而且生而即具有。

“人之性恶，其善者伪也。”④“涂之人也，皆有可以知仁义法正之质，皆有

---

① 符为平．浅析荀子的“天人相分”思想［J］．沧桑，2008，3：56.

② 刘险峰，赵静．论荀子的“天人相分”和“制天命而用之”的思想［J］．理论探讨，2008，142（3）：68.

③ 《荀子·性恶》。

④ 《荀子·性恶》。

可以能仁义法正之具。”① 人性虽恶，但不是不会发生变化的，人可以通过后天的教化，通过礼制规范来约束自己，使自己弃本身之恶欲，向善的方向转化。“然则从人之性，顺人之情，必出于争夺，合于犯分乱理而归于暴。”② 若放纵人的本性，依顺人的情欲，就定会出现争抢掠夺、违犯等级名分、扰乱礼义法度等行为，最终趋向于暴乱。

“人无礼，则不生。”③ 没有礼仪之道，人无异于禽兽以及宇宙中的其他之物。“人生而有欲，欲而不得，则不能无求，求而无度量分界，则不能不争，争则乱，乱则穷。先王恶其乱也，故制礼仪以分之，以养人之欲，给人之求。使欲必不穷乎物，物必不屈于欲，两者相持而长，是礼之所起也。”④ 荀子认为，人生而性恶，有各种欲望，制定礼仪规则可使得人不会因物资匮乏而满足不了欲望，物资也不会因人的毫无节制而最终走向枯竭。尽管天地相参，人、天具有一致的自然性，但“人”实质上既是自然之存在，也是社会之存在⑤，人具有社会性，天有天道，人有人道，而“礼”“制礼”即是改造人性，使人超脱自然性。“其善者伪也”，“伪”作“𢡟”指心经过思虑后做出的选择、行为。荀子认为人有道德智虑心，不仅能赋有先天的认知，也具有后天努力的认知，而且能够创造，具有好善恶恶、知善知恶、“伪”善去恶的能力。即是说人具有道德的直觉心；同时，“人之所以为人者，何已也？曰：以其有辨也。……夫禽兽有父子而无父子之亲，有牝牡而无男女之别，故人道莫不有辨”⑥。人辨别是非善恶之心，能辨“礼义、辞让、忠信”之是，辨“污漫、争夺、贪利”之非。“水火有气而无生，草木有生而无知，禽兽有知而无义，人有气、有生、有知，亦且有义，故最为天下贵也。”而且，人“有义”并因此而具有独特、尊贵之处，他可以创造、认识“义”，还能进一步地去实践“义”。因而人的真正本质在于对道德价值的创造、实践及追求。这即人之不同于“天”的独特之处，故“天人相分”。

荀子的天人思想，其独到之处在于他的“天人相分”之理论。然而从实质上讲，他的“天人关系”论仍秉持了儒家一贯的合一体系。天人之分的“分”，实致于“合”，分为明职分，守职分，礼以职分，以达统一和谐处之。

---

① 《荀子·性恶》。
② 《荀子·性恶》。
③ 《荀子·修身》。
④ 《荀子·礼论》。
⑤ 《荀子·王制》。
⑥ 《荀子·非相》。

二、荀子天人观中的生态伦理思想

（一）“人最为天下贵”——积极肯定人类在生态视域下的主体性地位

“水火有气而无生，草木有生而无知，禽兽有知而无义。人有气，有生，有知，亦且有义，故最为天下贵也。力不若牛，走不若马，而牛马为用。”自然万物中，人有气、有生命、有性识，而且讲究道义，所以最为天下所贵重。荀子肯定人在客观物质世界具有主体地位，倡导人在实践领域中积极作为。“精于物者以物物，精于道者兼物物，故君子壹于道而赞稽物”①，要发挥人的认识主体性，人方能从事认识活动，同时在此基础上认识和把握自然规律，以达人与自然的协调发展。人遂各奉其职。天没有意志，不支配和掌控人，但人能群、明分、有辨，若“制天命而用之”，则可以通过自身努力创造，实现人天协调的统一性发展。

人类在生态环境中的主体性主要表现在两个方面。

其一，人具有创“礼制”，守“礼义”，发挥“知天”的能力。荀子从未离开人的能动作用来认识人的自然性，也从未离开人的自然性而孤立地看待人的社会性。其思想中的人与自然相互协调的基础在于人能够认识其与自然之间的关系，明白人之于天地万物的区别，恰当地定义人自身的地位。虽人本性有“恶欲”，但人有“礼”“义”，其能使得人更好地认识“天道”，并且也是为人构筑“人道”的最智慧的途径。天有常道矣，地有常数矣，人具有正确认识“常”的认知和能力，因而，人有能力去认识自然。

其二，人具有主观能动性，可在实践领域中发挥积极作用。“大天而思之，孰与物畜而制之！从天而颂之，孰与制天命而用之！望时而待之，孰与应时而使之！因物而多之，孰与骋能而化之！”② 荀子说，与其思慕上天的伟大，为什么不储备并控制万物呢？与其顺从上天而颂扬它的神妙，为什么不把天道的规律掌握在自己的手中而利用它呢？与其期盼时令而等待它的到来，为什么不因时制宜而让季节为人类服务呢？……③由此可看到，荀子是一位积极的践行者，是一位勇于实践的智者。荀子反对坐以待毙，与其什么都不做，坐等灾害、困难的降临，为何不积极面对，积极地解决？面对人类生存的环境，人应学会用自己的力量来获取生存，用对自然规律的利用达到自身的发展。

---

① 《荀子·解蔽》。

② 《荀子·天论》。

③ 安继民.《荀子》注译［M］. 郑州：中州古籍出版社，2008：293.

这或许是一些人认为荀子有“人类中心主义”思想的倾向证据，然而实质上这是荀子“不畏浮云遮望眼”，一心求认识自然的积极思想，同时是对当时的人们在面对灾害不去解决而选择用迷信的方式向神秘力量乞求之行为的责问。“故错人而思天，则失万物之情。”① 如果人放弃自身的努力而寄望于天，实在是辜负天地万物相对于人来说如此这般美好的存在。这告诉我们，人应该学会利用自然，积极在自然中实践，而且“故义以分则和，和则一，一则多力，多力则强，强则胜物”②。这就是说人能合群，合群则可产生非常强大的认知力量。因而，人有能力去利用自然。

（2）“顺其类者谓之福”——倡导尊重自然规律、利用自然规律

“财非其类以养其类，夫是谓之天养。顺其类者谓之福，逆其类者谓之祸，夫是之谓天政”③，“天养”即指人类利用自然万物来养活自己。人与万物同出一源，但非一类，人特殊在需要万物的供养，如无万物提供的资源人将无法生存于世。“天政”则是指人类活动必须遵守自然规律，顺应它就会得到幸福，违背就会招致灾祸。自然规律对人类活动的制约，就如同自然界实行赏罚的政令④，即“为善者天报之以福，为不善者天报之以祸”⑤。

荀子认为，明白大自然与人类社会关系之深层含义则是思想境界最高的人，“强本而节用，则天不能贫；养备而动时，则天不能病；修道而不贰，则天不能祸。故水旱不能使之饥，寒暑不能使之疾，怪不能使之凶。本荒而用侈，则天不能使之富，养略而动罕，则天不能使之全；背道而妄行，则天不能使之吉。”倡导人应该遵循天道，若违背天道而恣意妄为，上天会施加惩罚。“故水旱未至而饥，寒暑未薄而疾，袄怪未至而凶，受时与治世同，而殃祸与治世异。”⑥ 使得水涝旱灾还没到人就开始挨饿，自然界的反常变异不出现社会就可能充满凶险等。

“天行有常，不为尧存，不为桀亡。应之以治则吉，应之以乱则凶”，“不可以怨天，其道然也”。这是荀子生态自然观中的科学之处。自然界有自身的客观规律、运行法则，它不会因任何人的主观意志而发生改变。由此看来，对自然规律的尊重充分表明了荀子尊重自然的态度，因而人“备其天养，顺其天政，

---

① 《荀子·天论》。
② 《荀子·王制》。
③ 《荀子·天论》。
④ 李昳聪．荀子的生态伦理思想的当代价值［J］．自然辩证法研究，2006，22（8）：92.
⑤ 《荀子·宥坐》。
⑥ 《荀子·修身》。

养其天情，以全其天功”①，就是人应顺应自然界之法则、秩序而行事。

与此同时，如能够在遵循自然规律的基础上，合理地利用自然规律，则会“福”以自然惠及自身。“修堤梁，通沟浍，行水潦，安水臧，以时决塞，岁虽凶败水旱，使民有所耘艾……相高下，视肥墝，序五种，省农功，谨蓄藏，以时顺修，使农夫朴力而寡能……修火宪，养山林薮泽草木鱼鳖百索，以时禁发，使国家足用而财物不屈。”② 这就是说在修理堤坝桥梁，疏通沟渠，排除积水等方面根据时势来放水堵水；在种植庄稼的时候根据地势的高低，识别土质的肥沃与贫瘠，从而合理地安排耕作；在养护山林、湖泊中的鱼鳖时，应根据时节来安排禁止与开放，而且这样做才能使国家的物资不匮乏。由此我们看到荀子提倡的一种以合理利用自然力、自然规律的方式来发展人类、造福人类。

（三）“爱无差等”——爱物的生态哲学

“万物得其和以生”“万物得其宜”③。以荀子的天人关系为立论基础，荀子深明自然界的万事万物在天地之间各占有不同的位置，各具有不同的生长特点，对人类的生存而言都具有同等的价值。

荀子的“爱物”就是要根据具体事物的特点和其成长规律去爱。“圣王之制也，草木荣华滋硕之时，则斧斤不入山林，不夭其生，不绝其长也；鼋鼍鱼鳖鳅鳝孕别之时，网罟毒药不入泽，不夭其生，不绝其长也。春耕、夏耘、秋收、冬藏，四者不失时，故五谷不绝，而百姓有余食也；池渊沼州泽，谨其时禁，故鱼鳖优多，而百姓有余用也；斩伐养长，不失其时，故山林不童，而百姓有余材也”④。荀子认为对生长中的树木、孕育中的鱼类最好不要进行砍伐和捕捞，反对为眼前利益而实行一网打尽的策略。应按照万物的“时”即生长规律，而有节度地索取，方能保证自然能稳定地向人类供养所需。

第四节　老子思想中的生态文明理念

一、老子“道”的思想

道生一，一生二，二生三，三生万物。老子思想的精髓在于“道”。老子的

---

① 《荀子·宥坐》。
② 《荀子·王制》。
③ 《荀子·效儒》。
④ 《荀子·王制》。

"道"，无处不在。在一草一木一器一皿之中，甚至"在屎溺"①。"有物混成，先天地生。寂兮寥兮，独立而不改，周行而不殆，可以为天地母。吾不知其名，强字之曰道，强为之名曰大。""道"是世界的本原，又是客观存在的规律。"人法地，地法天，天法道，道法自然"②，"道"即自然。"自然"是指事物的本然状态，即自然而然。"道法自然"，所谓"自然"从道本身来说，就是自己如此之义，就"道"与万物的关系来说，就是顺应万物之固有本性，使之自然而然地演化之义③。道就是万事万物本身所固有的、内在的原因及依据。"道"便是世界统一的基础和内在根源，"道生之、德蓄之、物形之，势成之。是以万物莫不尊道而贵德"④。道生养万物却不占有万物；造就万物并不凌驾于万物，居功于万物；使万物成长并不主宰万物，一切听任自然，"自然"即道的本性，其则是人及万物效法的行为准则。在老子眼里，世界万事万物的本原以及世界运动变化规律的"道"具有至高无上的地位。

同时，"道"立足于宇宙世界的整体性与统一性，涵盖自然界和人类社会的所有。促使宇宙生命体生机勃勃的便是道，它源源不断地进行着创造活动，却不受任何支使；它无形无思无相，但人们总是能感到它的存在。

二、老子的天人合一与天人相分思想

（一）老子关于"天"的思想

"道生一，一生二，二生三，三生万物"⑤；"人法地，地法天，天法道，道法自然"，人效法地，地效法天，天效法道，道效法自然。宇宙是一个彼此有机联络的大生命体，天地与我并生，天地人为一；万物与我为一，万物人一体。因而老子说："天大，地大，人亦大、域中有四大。"⑥ 在老子眼里，天、地、人和道一起构成宇宙间的四大事物，它们共同组成一个互相联系的有机整体。"道"与万物有区别，但它们又是"道"的不同形态和不同方式的表现。"天"是宇宙中的一大事物，是"道"的表现形态及方式。而"道"是天地万物产生和存在的"本根"，"天"则以"道"为基础，且"天"与"道"具有同质性，

---

① "道在屎溺"。东郭子曾问庄子：所谓"道"，在哪里呢？庄子回答说："无所不在"，甚至"在屎溺"。"道在屎溺"成为一个典故。

② 《道德经》第25章。

③ 朱晓鹏．老子哲学研究［M］．北京：商务出版社，2009：492.

④ 《道德经》51章。

⑤ 《道德经》第42章。

⑥ 《道德经》第25章。

存在内在的统一性。

（二）老子关于“人”的思想

理解老子天人思想，就要探讨老子对“人”的认识，对“人”的主张。

1. 域中四大，而人居其一

老子在《道德经》第25章中提出：“故道大，天大，地大，人亦大、域中有四大。而人居其一焉。”① 依老子看来，宇宙间有“四大”，人是这“四大”之一，即道大，天大，地大，人也大。老子明确地提出人在宇宙中具有重要地位，肯定了人在宇宙间的地位。在这宇宙四大之间，“人”居何地位？老子又接着说：“人法地，地法天，天法道，道法自然。”即人要取法于地，地要取法于天，天要取法于道，道则要遵循自然。从这篇论述上看，在老子那里，已然将“人”“地”“天”“道”的地位有了高下之分，此四者中，“道”的地位最尊崇。人、天、地都要遵从于道。在老子看来，“道”是世界的本原，又是客观存在的规律②。由此我们可以得知，作为世界万事万物的本原以及世界运动变化规律的“道”具有至高无上的地位。

因此，“道”的地位最高，人依“道”而生，得“道”而德，唯“道”是从。人是自然界的一部分，是一种自然存在，是一个自然过程，因为一切来源于“道”，并得到“道”的滋养，是天地万物的馈赠使其绵绵不断地生存下去和生机勃勃地发展下去。人不可能游离于自然万物之外独立之存在，也不可与自然相对立，人必须顺应“道”，甚至于绝对地服从“道”。因而，作为整个自然的一部分的人，其活动则应该顺应自然规律并受自然过程的支配和控制。

2. 圣人无常心，以百姓心为心

在老子那里，人不是一个概念统一的人，老子将人进行了不同的分类并做了细致的诠释。“江海之所以能为百谷王者，以其善下之，故能为百谷王。是以圣人欲上民，必以言下之；欲先民，必以身后之。是以圣人处上而民不重。处前而民不害。是以天下乐推而不厌。”③ 其所言的人主要分为“圣人”和“民”。圣人在上，民众在下。国家由圣人领导治理，圣人治国应把自己的利益放在民众的后面，将民众的福祉放在首位，以实现民众的朴素、富足的生活为治理国家的目标，从而成为民众的表率，但其本质上为“民众”的服务者，要尊重民众，不逼迫、压迫民众。

---

① 《道德经》25章。
② 《道德经》51章。
③ 《道德经》第66章。

在对圣人的诠释上，老子对圣人提出了许多的要求。“圣人无常心，以百姓心为心。”① 治国的圣人的权力来自民众，因而圣人应袪私利心，一切以民众而为民众，并以民众的意志为自己的意志。“故圣人云：我无为，而民自化；我好静，而民自正；我无事，而民自富；我无欲，而民自朴。”② 老子主张“无为”之治，希望圣人通过“无为”的管理途径，为民众谋幸福。同时圣人要“贵以身为天下，若可寄天下；爱以身为天下，若可托天下”③。老子认为能够以珍重自身生命去珍重天下人生命的人，才可以把天下托付给他；能够以爱惜自身生命去爱惜天下人生命的人，才可以把天下寄托给他。“是以圣人自知不自见，自爱不自贵。”④ 圣人要自知自爱，不自视高贵。

作为“自然的人”是人的基本属性，但是人区别于宇宙其他三大的最主要特征在于人的社会性。社会的组织使得人与人之间有所区别。总而言之，在老子这里，圣人要有至高的道德素养、高雅的行为准则、一切为民的无私胸怀，而这一切都是为民所生，这说明尽管其为统治者，地位高贵，但是其实质是民众的服务者，并且其要从各个方面为人民服务，而“民不畏威，则大威至。无狎其所居，无厌其所生。夫唯不厌，是以不厌”⑤，即指治国的“圣人”要尊重“民众”，不欺压民众，民众不受压迫，国方能安定，民则安居。这无疑是老子对人的主体性、能动性和人的价值的肯定。

（三）老子的天人合一思想

在老子“道”的思想中，宇宙世界的整体性和统一性源自其生生不息的生命力，发于其自身源源不竭的内在动力和其本身固有的创造力。人与天同源，同样是构成宇宙万事万物的有机整体中的一部分，同样能创造出无穷无尽的万事万物，并彼此相因相克相化，二者之间与“道”同属一致，具有统一性。

人与天都是自然整体的一部分，处于宇宙世界的人与天是这个整体中的一个互相联系的有机体，同样具有“道”的内涵，是“道”的内容。在老子思想中，“天”含有自然之天之义，它是“道”的一部分，是自然界的一部分，是自然过程的一分子，同时是构成自然规律的一个主体，也同样需要遵循自然规律。而人必须顺应“道”，人类到自然界都应以道为法则。

---

① 《道德经》第 49 章。
② 《道德经》第 57 章。
③ 《道德经》第 13 章。
④ 田云刚，张元洁．老子人本思想研究［M］．北京：中国社会科学出版社，2005：5.
⑤ 《道德经》第 72 章。

而且，它们也在为宇宙创造无穷无尽的万事万物，是促使宇宙生命体生机勃勃的绝对力量。它们同时以自然为准彼此相因相克相化，自然万物之间，人与自然万物之间都因道而形成一个共生共荣、生生相惜的有机整体，人与自然须臾不可分离。正可谓“天人并生，天人为一；天人共存，天人一体”。

（四）老子的天人相分思想

老子思想中虽强调“物我一体”“天人合一”“人与自然的统一性及整体性”，但其并未停留在人仅仅是自然属性的范畴之内，而是相当重视人的主体性和价值。

“天地不仁，以万物为刍狗；圣人不仁，以百姓为刍狗。天地之间，其犹橐龠乎？虚而不屈，动而愈出。多言数穷，不如守中。”① 老子的“天地不仁”思想，反对人们认为自然界对人类有着特殊的恩惠与关心的观点，他认为天地是没有感情的，无所谓的恩惠与关心。正如荀子所言：“天行有常，不为尧存，不为桀亡。”天地对于万物其实是无心无情无义的。“天地之间，就像风箱一样，空虚但是没有穷竭，越运动越是气流涌出，说教越多困惑反而增加，不如遵守天地间的自然之道。”② 虽天地是空虚的，但万物是生生不息的，天地之间存在着“道”，即自然的发展规律，若人们认识到这一点，并遵循自然规律发展，就不会如“刍狗”，也不必总是生活在对天地的恐慌与期盼之中而不去发挥人的自主性。这实质上告诉我们，人要发挥自身主体性及能动性去认识世界，而不是守株待兔。

“圣人常善救物，故无弃物。”③ “天人合一”既能看到自然统一体的整体性，同时不否定人与自然万物价值的差异性，尊重差异性，并倡导保护自然万物和人类各自的生存权利和生存方式。这恰恰是“天人相分”思想的表现。

域中四大，人居其一，但并非将人与自然不加区分，而在无限广大的自然之中，人渺小如砂砾，有着自身的局限性和认识的局限性，人也不是自然万物的主宰者和支配者，而且应在自然中自觉自己，定位自己，适应自然，其实质是与自然万物浑然成一体，是彼此和谐共处中的平等一员。但其源源不断地发生创造活动，能够尽其情、遂其性地发展。同时老子又强调在这过程中人应该尊重自然，遵从“道”，切不可高傲自大，不可一世，自然地融合于世界，这种对自然的尊重，又是天人不同的另一种表达。

---

① 《道德经》5 章。

② 姚淦铭．哲思众妙门：“老子”今读［M］．天津：百花文艺出版社，2001：15.

③ 《老子》第 27 章。

三、老子天人观中的生态伦理思想

（一）“生蓄长养”，尊重万物观

“道生之，德畜之，物形之，势成之。是以万物莫不尊道而贵德。道之尊，德之贵，夫莫之命而常自然。故道生之，德畜之；长之育之；成之熟之；亭之毒之；养之覆之。生而不有，为而不恃，长而不宰。”① 自然万物的生长离不开“道”“德”，“道”生成万物，“德”畜养万物。它们共同促发万物的成长、发展，并使万物成熟而有结果。在这过程中它们爱养、保护、遵从、包容万物。“道”“德”生养了万物但不据为己有，推动发展万物，从不自恃有功，长养了万物并不自以为主宰，体现了尊重万物的思想。

同时老子的思想中“道”“德”即自然，自然是最尊贵的，拥有宇宙最高价值，是万事万物存在与发展的最佳状态，它潜蓄而不著于外。它的本质使其对万物不加任何限制和干涉，任由万物顺其自然地自我化育、自我发展、自我成就。“道”遂其性，养其性，包容、蓄养其一切使得“道”备受万物之尊崇，“德”备得万物之珍贵。而万事万物对道的尊重，对德的珍贵，与此同时反过来同样促进了道对万物的尊重与包容，推动其顺其本性自然地发展。

在“道”里，无论有生命的还是无生命的物，都是可尊重的对象。尊重自然界中的万物，尊重万物的生命，即应尊重由万生万物构成的自然秩序，尊重万物中作为道的体现的自然和谐性。

（二）“不敢为天下先”，倡导生态平等观

老子首先提出人与万物同源同质，所以物无贵贱，人物平等。但另一方面又提出“四大”，认为人居其一，并且没有显然地区分人与自然孰轻孰重，却一贯地希望人应自觉地给自己定位，否定自然中人为中心的价值，同样是“物无贵贱，人物平等”思想的延续。

大“道”对万物一视同仁，人与自然对其“不可得而亲，不可得而疏；不可得而利，不可得而害；不可得而贵，不可得而贱”②。人也是万物中的普通一员，并不比万物优越，也没有任何特殊权利，并不是天地万物的中心。人与万物之间是平等的，不应以主宰者自命以优于其他，众生平等，无贵无贱。人应依道行事，基于此认识，人类对自然界万物要平等视之、平等待之，可以利用

---

① 《道德经》51 章。

② 《道德经》56 章。

和保护，不能认为可以征服和改造①。

（三）“利而不争”，提倡生态系统平衡发展观

基于众生平等，无贵无贱的思想，老子关注生态的平衡发展。老子最推崇水“善利万物而不争”之德，对生态系统而言，其中每一物种都有平等生存发展的权利，人与万物平衡发展，和谐共生。

人与万物的相处方式是决定生态平衡的关键力量。我们不可否认，人类具有得天独厚的主动性及能动性等优越性。对其他万物而言，生存环境的整体性、循环性和平衡性又是其绵延发展的唯一。同样，对人类亦然。维护系统的整体性、循环性和平衡性应是人应有的责任与义务。“圣人抱一，为天下式。”② 圣人应有整体的思想，并在这一观念下思考最普遍的理论准则以适于天下。“大制不割”③，万事万物都是互相融合、互不相分的。在利用自然的时候，将开发与保护自然有机地结合起来，方能实现人与自然的真正统一。

同时，自然的持续发展在于平衡发展，人与自然万物应互相辅佐，彼此滋养。“天之道，不争而善胜，不言而善应，不召而自来”④，人也应当像水一样“善利万物”，人得万物之生养，没有特殊权利可占有更多，不应万物争竞，应尽量做有利万物的事情。“知其雄，守其雌，为天下溪。为天下溪，常德不离，复归于婴儿。知其白，守其黑，为天下式。为天下式，常德不忒，复归于无极，知其荣，守其辱，为天下谷。为天下谷，常德乃足。复归于朴。”⑤ 人同时要看到自己行为的两面，人类只知“争”而利己，其实“利物”也是利己，利物与利己本是统一的。人类应摒弃其自私以及对万物的漠视态度，多做“利物”之事。与此同时，人与自然“利而不争”“善利万物”，保持并促进自然生态系统的平衡发展及整体和谐，将有利于保持生态系统中的物种多样性、丰富性。这无疑有助于生态系统的有序发展、平衡发展，反过来也促使人类的繁衍发展，万物与我“利而不争”，我也应与万物“利而不争”，互辅之，相佐之，共进之，方长存之。

（四）“自然无为”，倡导顺应自然

如前文所述，老子的“道”，本性就是“自然”“道法自然”，自然之道即

---

① 潘存娟．老子生态伦理思想述要［J］．喀什师范学院学报，2006，27（2）：18.

② 《道德经》22 章。

③ 《道德经》28 章。

④ 《道德经》73 章。

⑤ 《道德经》28 章。

"无为"。道家所言之"自然"，主要指事物实际的本然状态，自然而然，自己运化，如水顺势而流一般。其是一种不经意、不强求，无须刻意去成就一切的态度。"无为"同"无违"，就是不违自然，任自然而无所作为、不强作为。但要区别于"无所作为"，道家的"无为"着重意旨在不刻意，不任意妄为，不胡乱行径。就是在认识客观自然规律的前提下，遵循自然，而不妄为，不强行作为，一切依天地自然的理法而行。

出于万物之天然本性无关乎人事，即为自然；出于人之意而为则为人为。老子是明确反对人为的，反对破坏自然的矫饰和刻意人为。同时强调自然与人为之间的对立性。如果人以自己的主观意志，根据自己的喜好、厌恶去改变自然（即万物的应有状态），违背自然的本性，则不可避免地会损伤乃至破坏万物，最终毁灭自身。

老子思想的继承发展者——庄子提出了"以鸟养养鸟"的主张，即用符合鸟的自然本性的方式方法去养鸟。用符合万物天然本性的方式去对待万物，有助于万物的自然生存和自由发展。

庄子说："是故圣人无为，大圣不做，观于天地之谓也。"① 随着人类的日益发展，对自然的需求逐渐膨胀，越发加强对自然的利用，加重对自然的改造。道家认为大道是"自然无为的"，那么既然天道自然无为，要效法自然，遵从天地的人就应当听任自然、不施妄为与天为一②。沧海一粟，人难道会强大于"大道"与"自然"吗？因而人类应遵循自然界的规律，依据自然的天性行动。不放纵自己的私欲及贪婪的本性去违逆万物的本性，破坏自然的秩序。利用自然、改造自然都不可超越自然，人类应控制自己的盲目自大，反思自己以过度追求经济增长速度为唯一目的的错误行为。

这样，万物在天然的状态下圆满自足，可各保其常态及其本性，便能达到世界平衡和谐。与此同时，人类本身也应该以其自然的状态发展，切实做到人类的可持续发展。

（五）"崇尚俭啬"，倡导适度的生态消费观

老子支持俭啬生活，提倡适度的生态消费。认为过度的物质追求是不能使自然依其本性发展的，是不符合自然之道的。

"五色令人目盲，五音令人耳聋，五味令人口爽，驰骋畋猎令人心发狂。难

① 《庄子·知北游》。
② 朱晓鹏．老子哲学研究［M］．北京：商务出版社，2009：444.

得之货，令人行妨。是以圣人为腹不为目，故去彼取此。”① 在老子看来，人不需耽乐于感官的享乐，能够基本维持生计即可，因为若人“行妨”且“发狂”，就会背离自然本性，同时也会失去了人自身的和谐愉悦。“朝甚除，田甚芜，仓甚虚，服文采，带利剑，厌饮食，财货有余，是谓盗竽。非道也哉！”② 农田荒芜，仓库十分空虚，君主仍穿着锦绣华丽的衣服，佩戴着锋利的宝剑，享用精美的饮食，这就是强盗头子，是无道的。君主的贪婪，不顾、不屑资源的富足还是缺乏，仍不降低自己的需要，任意地掠取，这无异于强盗行为。而在自然资源严重匮乏、自然环境破坏严重的今天，人类不顾自然的承载能力，不顾未来人类的长远利益，而依然不控制自己的欲望，不降低自己的需求，大肆地向自然索取，疯狂地破坏自然，这其实也无异于强盗。

在老子看来，人与自然之间的不自然、不和谐之源，源于人类的“不知足”。“祸莫大于不知足；咎莫大于欲得。故知足之足，常足。”③ 世上最大的祸患莫过于不知足，最大的过错莫过于贪得无厌，知道满足的人，永远满足。人应该懂得克制自己，适度地利用自然，适度地消耗资源。大智知止，小智唯谋，同时“知足不辱，知止不殆，可以长久”④。人要知止，即认识事物的限度乃至极限，善于把握事物的度，使其得以最大限度发展，但要适可而止。老子还说：“圣人去甚，去奢，去泰。”⑤ 即圣人要摒弃那些极端的、奢侈的、过分的想法及追求。

在现代社会，以增加消费来刺激经济增长是目前各国都普遍使用的经济政策。所谓物极必反，人类应将自己的需求和消费限制在合理的限度之内，并且要以整体的、长远的、发展的眼光去看待消费。明白过度的消费乃至浪费实际上是具有掠夺性、贪欲性，毁灭自然界、葬送自身的行为。老子的“知止知足”对于当今的消费主义经济而言有着极大的反思意义。月盈则亏，水盈则溢，凡事皆有度，失度必失误。人类若既能知足，又能知止，将有助于自然发展，同时也有利于人类自身的发展。

---

① 《道德经》12 章。
② 《道德经》46 章。
③ 《道德经》53 章。
④ 《道德经》44 章。
⑤ 《道德经》29 章。

本章小结

从中国传统文化中的“天人合一”思想中汲取其处理人与自然关系的思想内涵，开启了一个认识乃至丰富传统的生态理念的新视角，同时也是对传统的生态理念的一种新的审视。本章集中探讨了中国古代思想家孔子、孟子、荀子、老子四人的“天人合一”思想及其思想中的生态文明理念。四位思想家关于“天”“人”之间的关系探讨均非常深刻，总体均认为人与自然应和谐相处，但在“天”“人”的具体认识上，他们的思想各有不同，在天人关系的阐述上，他们各有思想特点，因而形成了他们不同的生态文明思想。

在中国古代孔子、孟子、荀子思想那里，“天”除了有其先天的特质，即自然属性，同时“天”富有丰富的精神属性。孔子思想的核心是“仁”，仁是人本身先天就具有的特质，是上天赋予人的天性，因而孔子赋予“天”德性仁义，“仁”是天人合一的结果。在这一思想中轴下，孔子的生态思想的核心是以“仁爱”为核心指导的爱物思想。“天道变化，各正性命”，要“取物以时”“弋不射宿”，即要求人们“知命畏天”，要依客观规律办事，仁爱待物，“乐山乐水”，与大自然和谐相处。并且要“尽人事”“知其不可而为之”，发挥人的主观能动性，即通过改变自身，甚至改造自身，以深入地认知“天”及“天命”。在生态观上提出“多识于鸟兽草木知名”的积极主动的观念。孟子的“天人思想”由人性与天性的沟通而搭筑。人的天性由天赋予，人的道德与“天”合而为一，视为天人合一。在这一点孟子与孔子是一致的。“人性之善也，犹水之就下也，人无不善，水无有不下。”人的善是自然而然的。人性本善即孟子的生态思想的内在。在此基础上，孟子认为人要有爱护天地万物之情。要求人提高自身的修养，参省自身的行为，控制自己的欲望。对待人生存的环境要尽心、知天；取之有时，用之有度；并注重养护。尽管荀子和孔子、孟子都是儒家思想的代表人，但是在天人关系的思想方面，荀子超越于孔子、孟子的“义理之天”，将“自然之天”上升至第一位，并且重视“天人相分”，要求“明于天人之分”，明晰“天”“人”各自的职分，其意重在明白自然的特殊性，更好地处理与自然的关系，即“制天命而用之”，在遵循自然的规律的基础上，利用自然外部环境为自身服务。因而在荀子这里，重视人的主体地位，因为社会的发展更需要人的进步。这一思想贯穿于荀子的整个生态思想之中，即提倡“顺其类者谓之福”及“爱无差等”。

相较于孔子、孟子、荀子，老子强调“天”“人”自然的整体性和一致性，道法自然，“天”“人”合一是自然而然的事，而无“义理之天”的说法。在这一自然思想下，老子的生态思想更为包容、更尊重、更自然、更和谐，要求也更高。无论是从“生蓄长养”的尊重万物观，还是“不敢为天下先”的生态平等观，以及“利而不争”的生态系统平衡发展观，都贯穿着老子生态思想的基础思想，即“自然无为”。

中国古代的天人思想，是处理人与自然、人与人之间的关系的哲学思想。纵观四位思想家对“天人”关系的阐述，他们不但强调和谐的自然观、和谐的人与自然观，而且重视人在这其中的作用。同时，他们提倡节俭的生活，有节制地从自然中获取资源，不能任意破坏自然环境。因而，我们在 WTO 多边贸易法律制度中构建生态文明理念过程中，既要借鉴国外文化中的精华，更要积极汲取中国古代哲人的生态观理念，这对于尽早摈弃人类中心主义思想，反对奢侈浮华的恶习，提倡节俭朴素的生活，减少对环境的掠夺和索取，无疑是十分重要的。

第六章

西方文化中的非人类中心论

人类自进入工业革命以来，科学技术有了迅猛的发展，人类改造大自然的“信心”不断大增。然而，生态环境和人类的索求问题之间的矛盾也开始凸显，人与自然的关系也成为比较热门的话题。对于这个问题，一方面人们开始了对人类中心主义的批判，另一方面人们也在寻求人与自然更加和谐的相处之道。由于西方国家经济发展远比东方国家早，经济高速发展所带来的环境恶化及保护的问题，也远比东方国家严重。这样一来，西方国家自 19 世纪以来，提出了许多关于人与自然关系的理论，如动物中心论、生物中心论、生态中心论等，在国际社会上产生了重大的影响。

人类中心论又称人类中心主义，其价值论意义的核心观念是：人的利益是道德原则的唯一相关因素，人是唯一的道德代理人和道德客体，人是唯一具有内在价值的存在物，其他存在物只有工具价值。随着人类社会的发展，人们开始对人类中心主义提出质疑和展开批判。以罗尔斯顿和艾伦菲尔德为代表的非人类中心论者认为，人与环境尖锐对立的主要根源是人类中心论观点的危害。它使得人类只关注自身的权利和利益而忽视了自然的独立价值。这也就必然会导致人类对自然求索过度，瓦解了人与自然的和谐共存。因此，人类中心论者只有超越人类中心这一观念才可以树立健康的环境道德意识。美国的生物学家艾伦费尔德认为，虽然以人类为中心的人道主义者也强调保护自然，却强调保护对人类有用的部分的自然而不太重视对人类还没有用处的自然。这有实用主义的倾向，也就注定了人类中心论者走不出环境破坏的圈子。

非人类中心论者提出了与人类中心论大异其趣的观点，比如“自然中心论”“生物中心论”“动物权利论”“生态中心论”等。在批判人类中心论和解决一些问题上，这些理论有其合理和科学之处。

第一节 动物权利论

一、动物权利论的概念

早年的达尔文（Charles Robert Darwin）就指出："人和其他动物的心理，在性质上没有什么根本的差别，更不必说只是我们有心理能力，而其他动物完全没有了。"① 他从生物学的角度论证了人类是从其他动物发展而来的。英国著名的法学家边沁将"最大多数人的最大幸福"的伦理原则延伸到动物界，认为动物跟人一样都具有感觉能力，因而有其存在的理由。他在《道德与立法原理导论》一书中指出，马或狗比刚出生的婴儿更具有理性，更可以沟通②。随着人类对环境的关注，开始主张动物也有内在价值（inherent value）。动物权利论（Animal Right Theory）主要代表是辛格（Peter Singer）和雷根（Tom Regan），他们从人道思想的观念出发，认为动物与人类一样享有道德的平等，人类必须平等地考虑动物的利益。辛格曾指出，"我们必须指出的真理是，就像是人不是为白人，妇女不是为男人而存在一样，动物也不是为我们而存在的，它们拥有属于它们自己的生命和价值"，"动物权利运动是人权运动的一部分"③。雷根也指出："我们必须承认，作为个体，我们拥有同等的天赋价值，那么，理性—不是情感，不是情感而是理性，就迫使我们承认，这些动物也拥有同等的天赋价值。而且，由于这一点，它们也拥有获得尊重的平等权利。""那些满足生命的主体标准的存在物具有一种特别的价值——天赋价值——不能被仅仅当作工具来看待和对待。"④ 因而，动物的天赋价值的存在决定了其有道德身份，人类应给予动物同等的尊重。

二、动物权利论的价值观

动物权利论以道义论为基础，从人赋价值出发，批判了那种只承认人才

---

① 达尔文．人类的由来［M］．潘光旦，译．北京：商务印书馆，2005：98.

② 边沁．道德与立法原理导论［M］．时殷弘，译．北京：商务印书馆，2006：349.

③ 罗得里克·弗雷泽·纳什．大自然的权利［M］．杨通进，译．青岛：青岛出版社，1999：173.

④ REGAN T. *The Case for Animal Right*［M］. California：University of California Press，1983：243.

拥有价值与权利的人类中心主义观念，主张动物与人类一样拥有同等的天赋价值。可见，动物中心论就是这样一个伦理观：它属于生态伦理学的范畴，而且它强调的是人类对待动物的态度。动物生态伦理学针对人们对动物的伤害，从理论和实践上阐述这一危害，并借助道德的力量来缓解人类和动物的冲突，从而改善我们的生存环境，达到协调人与自然关系的目的。马克思曾经说过，伦理是社会意识形态之一，不是凭个人经验任意制定的，也不是永恒不变的，而是依据一个社会的经济关系和其他社会意识形态的联系而发生和发展的。

在人类社会历史中，人类和动物发生着这样或那样的关系，人类文明的长河里，动物在物质世界中起着非常重要的作用。在一定意义上说人也是动物的一种，人类学会了使用工具，成了更加高级智能的生物，并且成了主宰其他生物的一个群体，但是我们也不难发现，人类也给自己的生存圈带来了极大的威胁。人类的主宰对其他一些生物来说实在是一个灭顶之灾。人类唯我独尊的态度导致生物多样性减少，生态环境的不断恶化也反过来威胁到人类自身的生存。随着社会文明的不断进步，人们强烈呼吁要加强动物的保护，关心动物，并且提出了动物福利的概念。我国也制定了相关保护法规来保护动物，目前，虽然我国的人民对于动物保护这个概念还不是很认同，但是以法律的形式约束还是有一定的作用的。

第二节　生物中心论

一、生物中心论的概念

生物中心论将权利主体和道德主体的范围从动物扩大到动物之外的其他生命存在，认为不仅动物具有生命，生物也具有生命，生命是神圣的，应该得到人类的尊重。法国思想家、著名的人道主义者施韦泽（Albert Schweizer）认为传统的伦理学只是人与人之间的伦理学，是人际关系的伦理学，是不完整的，只有适用于一切有生命的伦理才是完整的。他曾说："只有当一个人把植物和动物的生命看得与他的同胞的生命同样重要的时候，他才是一个真正有道德的人。"① 他认为传统伦理是不完整的，因为当人类有一天看到其他的动物惨遭蹂躏的祈求时又会怎样解释这样的伦理观呢。伦理就其全部的本质而言是无限的，如果仅仅把他局限在人类中，毫无疑问这是解决不了这一原则的，也是违反这一原则的。只有把这一原则推广到一切动物，伦理才能够真正落实。我们必须认识到生命是神圣的，所有的生命都是荣辱与共的，所有生命都有生存的愿望，我们要尊重这一愿望。我们要把保护和尊重生命的价值看作是道德的依据，是完整伦理学的出发点。

二、生物中心论的价值观

生物中心主义突破了动物权利论的局限，将价值范围扩大到具有生命的生物身上，树木、花草等这些生命都拥有价值，都应得到人类的尊重和保护。可见，生物中心论冲破了以往的生命等级观，关注了所有生命的价值，宣扬了所有生物的平等性②。

自然界中的每一个生物都是经历过上万年甚至是有着比人类还要长的进化历史。生态系统的每一个生态位都有着稳定的物种占据，经历过自然环境的考验，因而是最适合自然界的。从伦理上看，一个动物的生存必须从自然界中索取物质，而自身又为自然提供某种便利，因而也具有利他性。这样的利己与利他不断地发展才使得自然界不断向前，该整体的每个成员都必不可少，都同样重要。人和动物是相互依存的，人和动物的死亡都是不幸的。人类和动物还同样受自然规律的约束，人类必须对动物负责，动物在世界上是一个美妙的存在，它的价值是无限的。在我国的历史发展过程中，古人对人与动物的关系问题也做了相应的阐述，古人的伦理学在原则上确立了人对动物的义务和责任。老子学派的列子甚至提出动物的心理和人的心理有很大的相似性。

伦理应该面向所有的生物和非生物，他们应该是平等的，我们如果站在自己的立场来看的话，这必然会出现不同物种的轻重贵贱之分，有些人甚至连尊重人都没有做到，这怎么会去尊重其他的物种呢？那么对山川、虫鱼、鸟兽的尊重就更无从谈起了，我们仅仅感觉到他们对我们的作用而已。

---

① 阿尔伯特·施韦泽．敬畏生命［M］．陈泽环，译．上海：上海社会科学出版社，1992：128.

② 刘爱军．生态文明视野下的环境立法研究［D］．青岛：中国海洋大学，2006.

第三节　自然价值论

一、自然价值论的概念

人类自诞生起，就产生了人类与自然关系的问题。在早期的人类社会，由于人类的能力有限，对自然产生了敬畏和绝对服从的意识。随着人类的发展和科学的进步，人类开始控制自然，从自然中无限制地索取。这既是人类社会的进步，同时也为人类社会的发展埋下了隐患：人类与自然的平衡关系被打破，对环境的破坏日趋严重，进而危及人类的生存。这样一来，人类开始重新审视人与自然的关系，提出了自然和人一样具有主体性地位的观点，产生了自然价值论。因此，自然价值论认为，自然是包括人在哪的自然生态共同体，不管动物，还是植物及生物等存在物都具有类似于人类追求自身价值的目的性，都是生态系统的每一个环节。所以，人与自然是平等的，人类要尊重自然。

二、自然价值论的价值观

人们对自然价值论的价值观的基本概念基本达成了共识，但也存在不同的理解和主张。被美国人誉为“生态伦理之父”的利奥波德（Aldo Leopold）在《沙乡年鉴》中提出了“大地伦理学”理论，认为大地伦理就是要把人类在共同体中以征服者的面目出现的角色，变成这个共同体的平等的一员和公民。人类作为这个共同体中的一员，赋予的尊重不仅是对动物个体的、生物个体的，还应是生态整体，即自然共同体的①。可见，从价值观方面来看，利奥波德“在一定程度上就是为了从根本上改变传统的价值观，而用一种新的价值观指导环境保护的实践”②。他认为地球自身是有生命的。在大地共同体中，人类与各种物种相互依存，人类的利益有赖于地球上生命的繁荣，因而人类应该承担起这个共同体的其他成员以及大地共同体本身的义务。虽然利奥波德很少提及大地的内在价值，但是他首次将道德权利扩展到大自然，本身就蕴含了整个大地具有平等的不依赖人类意识的内在价值。

---

① 奥尔多·利奥波德．沙乡年鉴［M］．侯文蕙，译．长春：吉林人民出版社，1997：194.

② 王正平．环境哲学［M］．上海：上海人民出版社，2004：127.

关注自然价值论的学者较多，著述颇丰，但对自然价值论趋于完善的当属被誉为自然价值论的集大成者霍尔姆斯·罗尔斯顿（Holmes Rolston）。作为一个环境伦理学家和哲学家，罗尔斯顿认为环境伦理学的中心问题就是关于自然的价值评价问题。他认为从人的利益出发来评价自然是完全不合理的，如果把自然归结为对人的工具价值和使用价值，那么这与人的理性也是相矛盾的。他认为自然的价值可以超脱于人类而产生，也就是说在没有人类干涉的情况下可以自由地存在和发展。在他看来自然价值是客观的，是自然物由内至外地生成和生态系统的功能性生成的。我们可以发现罗尔斯顿的自然价值论也打上了生态学的深刻印记，体现了以生态学为出发点和理论基础的观点，他希望以此来矫正长期处在以人类为中心的自然价值论。他认为生态学是一门伦理的科学。一个理论家的理论归宿的价值不是在于创造了前无仅有的理论，而应该是把这些理论应用到实践中。罗尔斯顿的自然价值论就是希望推导出人类对大自然的义务，然后把它应用到环境保护这一目的上来①。

罗尔斯顿把大自然的价值大致可以分为两大类：对人的非工具性价值和对人的工具性价值。大自然在与人无涉的情况下所呈现的意义与功能称之为对人的非工具性价值，这就是在人的主观性未做判断的时候，不需要人的参与形成的。这一观点认为当人不是大自然的唯一评判者的时候，任何生物都可以从自己的角度出发评判大自然。也正是在这个意义上，罗尔斯顿把大自然称之为一切生命的福地，因为所有的生命都可以在这里找到发展的动力和支持。所谓对人的工具性价值是指当大自然与人类发生各种各样关系的时候，人类从自身出发来对这一关系加以评价。如果我们仔细研究就会发现，罗尔斯顿的思路和人本主义的自然价值观又有着很大的不同，罗尔斯顿把人对自然的价值观又分为三种：以人化自然的方式而产生的自然工具价值、以体验和感受的方式而产生的自然的工具价值和以自然化的人的方式而产生的自然的工具价值。他所说的通过人化自然的方式而产生的自然的价值就是人通过改变自然的形态，在满足人的需要的基础上形成的价值。“正是对自然界的资源型利用即我们对自然的应用而形成了价值。”② 话虽如此，罗尔斯顿并不认为人化自然的过程是始终以人为中心的过程，他认为人改造自然只不过是证明了人的兴趣点燃了“存在这个自然物身上的价值之火”。人之所以可以从大自然中各取所需，是因为大自然具备了这样的属性和特质。人是在自然中创造了价值。因此，他提醒人们注意，

---

① ROLSTON H. *Does Nature need to be Redeemed*?［J］. Zygon，1994，29（2）：229.

② ROLSTON H. *Does Nature need to be Redeemed*?［J］. Zygon，1994，29（2）：230－236.

当我们把大自然看作资源的时候，也应该注意到根源这一意义①。当我们谈到自然化人的意义的时候，这一价值体现在大自然对人的产生和改造的作用，人类是可以改造大自然的，相反，大自然也在改造着人类。因为，人始终生于大自然，长于大自然，自然是人类的摇篮。人们通过体验和认识的方式对大自然的把握不意味着大自然是人类意识的投影。相应地，我们应该认为是人的意识延伸到大自然的客观生命当中了，我们也可以这样认为，那就是客观的自然生命的神奇刺激使人们的认识大为丰富。离开了大自然这样一个存在，人类就很难理解自然的历史价值，文化价值象征审美和宗教等方面的价值。也就是说，大自然是一个整体，“没有任何一个主体，也没有任何一个客体是独自存在的”②。

三、对罗尔斯顿自然价值观的简要评述

自然价值的本质属性是客观的价值，自然价值的所有权属于大自然。罗尔斯顿认为20世纪哲学和自然科学发展一度使主观主义和人本主义成为主流。许多哲学家都很是认同这样一个观念：价值并不是自然界的一部分，而是由于人类对自然界的反应才产生的。与此同时，自然科学也证明了颜色和味道等属性与人的感觉有关。自然科学的发展使得很多事物成为主观的反映，即取决于人们如何去观察它。罗尔斯顿在这里把这样的现象描述为：“这是一种莽撞的，无节制的相对主义。”③

生态学和生物学的发展使得这种相对主义有脱离迷雾的机会。比如，当人们看待生命的遗传信息时，你很难判断它属于事物的第一性质（体积、长度和质量等）、第二性质（颜色、味道和温度），还有它的价值。更进一步说，不仅人对自然的评价是在自然中展开的，不是超出自然或在自然之外进行的，而且，就连评价的主体都是自然进化的产物，所以我们可以认为对自然的评价仍是以人类为中心的。当然，也不能把这种评价看成是孤立的，是与自然相对立的成面上进行的。所以，我们可以这样认为，价值并不是超出自然的虚空之中，而是从自然中孕育出来的。当论证到这里的时候，罗尔斯顿在一定的意义上也消

① 霍尔姆斯·罗尔斯顿．环境伦理学［M］．杨通进，译．北京：中国社会科学出版社，2000：154.

② 霍尔姆斯·罗尔斯顿．哲学走进荒野［M］．叶平，译．长春：吉林人民出版社，2000：190.

③ 霍尔姆斯·罗尔斯顿．环境伦理学［M］．杨通进，译．北京：中国社会科学出版社，2000：156.

解了自己所提的价值所有权问题，因为，既然人都是自然进化的结果，人的评价活动也都是在自然中展开的，所以当在论及自然价值是主观的还是客观的时候就显得多余了。如果我们再一次追问下去的时候，当自然的一切都规划于人的生命流程之后，即当人与自然的关系作为价值层面的前提被取消了以后，再探讨自然的价值还有什么意义呢。

实际上，尽管罗尔斯顿对自然的价值进行了多角度的探讨，但其主要的论证是不难理解的。罗尔斯顿所要强调的是自然价值的原生性特征，而不是人的改造属性，从而剔除了自然价值的人本主义倾向。可以这么说，尽管他也认为人类可以通过改造自然的方式产生价值，但他认为这种价值只是自然资源的开发和利用而已。也就是说，人并不能在自然层面之外创造价值，尽管他承认人的体验对自然价值产生的重要性，但这也正是他为论述人对自然价值的认识，分享而绝不是占有。尽管他也承认自然价值要以对人的“好”“坏”“有用”“没用”的方式表现出来，但是这些判断也是所有的生命所共有的，不是只有人才能达到的体验，我们应该把他视为所有生命所共有的。

综上所述，罗尔斯顿的自然价值观是强调人对自然价值所持立场的一种颠覆，即不管在哪种情况下，自然价值所表现的一种确切的内涵就是大自然对人类的无限奉献，即便是人们对大自然进行了无限的加工，但总而言之这些活动对象均来自大自然。自然记录了人类的历史，自然涵养了人类的性情，自然又给人类创造文化提供了基础，自然也给人类心灵以灵感……所以我们可以说不是人类给大自然赋予了价值，而是大自然给人类提供了价值场。当我们研究人本主义的时候可以发现，以往的人们总是在夸耀人类的征服力和创造力，而罗尔斯顿的自然主义价值观要树立人对大自然的敬畏和爱护。

当人们对大自然心存敬畏的时候，自然道德的确立就有了基础。我们应该这样看待我们的逻辑，那便是确立自然价值的客观性的时候并不意味着要将人类从大自然中驱逐出去，而是要让人类怀着道德的情操去对待大自然，那便是引导人们从控制大自然转变为敬畏和遵循大自然。罗尔斯顿虽然没有给我们解释遵循大自然的确切含义，但是至少可以肯定，人类必须用道德的态度去对待大自然。

人要遵循大自然的规律，这可以对我们很多方面加以要求。当然，并不是所有的视角下遵循大自然都具有环境伦理的“应然”的道德意蕴。罗尔斯顿认为只有在价值的层面上和接受自然指导的意义上遵循自然才是环境伦理的道德观的表现。“因为在价值论的意义上的遵循自然并不是把大自然视为一个纯粹的事实领域，它还是一个自然的价值领域，它有其自身的完整性；它是能够也是应该让人类与之心领神会的，此外，遵循自然的概念比遵循艺术或音乐更加的深沉，因为在这种遵循中我们还发现了很多非人类的价值。”①

我们可以看到罗尔斯顿由价值论进入环境伦理学的探讨是很清楚的，他不但反对在人的主体论上探讨自然的价值和人对自然的义务，而且他也不主张把人的活动完全从自然中隐藏起来，因为这样做会忽视人的地位，若这样的话再谈人对自然的意义就会显得多余。与此同时，他也反对将人的一些伦理观念移植到环境伦理学中，按照他的说法就是在伦理效仿的意义上谈论环境伦理学就会失去探讨事物本质的意义。他反对如辛格等一些伦理学家把平等、福利、权利等观念引入环境伦理学中，而是特别强调“环境伦理学没有拒绝生态规律的义务，它相反是在肯定这一义务”②。也就是说要在遵循生态规律的意义上构建环境伦理学，以此来达到人对自然的道德义务。

简单地说，罗尔斯顿的以自然价值论为出发点的环境伦理学主要表述的是这两个方面的内容：第一，他强调自然价值的内在性和客观性；第二，强调人的参与性，也就是说人要体验自然价值，分享自然价值，领悟自然价值。这两个观点支撑了环境伦理学的基础，因为，一方面环境伦理学离不开人的参与，如果相反的话，环境伦理学就失去了它的合法性基础；另一方面人类的参与也不是主观任性的，而必须接受自然的指导。这样环境伦理学既没有使人这一能动的角色丧失，又没有忽略强调人对大自然主动选择的义务，同时也强调了人的主观能动性实际上是对大自然的主动遵循，而非主体的占有和改造。当我们谈到理论的特色的时候，罗尔斯顿观点的特色就显示出来了，因为他避免了消极地看待人的存在，把人的活动看作和保护自然相对立的矛盾的观点，这也与人类中心主义划清了界限。

当然，从另一视角来审视，大自然充满了变化，无数生命的斗争与联合错种复杂地交织在一起。那么我们如何在把握自然的内在性的基础上来把握道德的尺度呢？换句话说，人如何正确地把握大自然的内在性呢？罗尔斯顿提出了以下三点。第一，罗尔斯顿认为要尽最大的努力避免人类文化与文明的发展对大自然造成的伤害。罗尔斯顿认为人不仅生活在自然中，还生活在自己所构筑和发展的文化里，自然是人类文化构建的基础。但是，一旦文化被构建出来之后，他便会充满张力甚至对自然造成威胁。因为生活在文化中的人往往会忽略遵循自然的内在规律。因为他们总是习惯于把自然的东西拘禁于人类的文化范

① ROLSTON H. *Does Nature need to be Redeemed?* [J]. Zygon, 1994, 29 (2): 245.

② 霍尔姆斯·罗尔斯顿. 环境伦理学 [M]. 杨通进，译. 北京：中国社会科学出版社，2000: 159.

围之内，从而给自然造成了伤害，让文化成了反自然规律的东西。第二，矛盾是无所不在的，我们要尊重自然界中的原有的矛盾，用罗尔斯顿的话来说就是承认自然界自身所有的痛苦和伤害在道德上是善的。在人类的活动中处分和剥夺一个人的生命是万万不行的，但是人类不应该把这种道德移植到自然界之中，所以，环境伦理学应该把生物间的厮杀视为自然中的善来接受。因为在生态系统中，各种善往往彼此冲突，相互交织在一起，而痛苦也伴随着生物的捍卫和攫取。这就是所有生命的特征：相伴而生。没有任何生物是完全自主地活着的。即使是一个你自己家里养的生物也不会孤立地存在着，他总要和周围发生着这样或那样的关系。所有的生物都要和他周围的生物一同存在，一同竞争，一个善也许会伤害到另一个善。你会发现，有感觉的生命也许会遭受痛苦，但也有可能给其他生物带来痛苦。猎豹不应该因为给别的生物造成了痛苦或者剥夺了其他生命的生存而使自己丧失了生存的机会。一种将敬畏自然放在首位，遵循大自然的内在规律的环境伦理学完全没有为大自然的痛苦而斤斤计较。第三，生态系统的整体意义具有最高的意义。大自然因为不同的生命而显得绚丽多姿，每一种生命都有自己的属性，也正是因为如此才会使人类和大自然发生这样或那样的关系。所以，从逻辑上说，人类保护大自然是一种义务，但是当我们把大自然的痛苦量化的时候又是不可取的，而且也是无法做到的。不可能是因为自然界都遵循着它自身的内在规律，不必要是因为这样做毫无意义。

通过对生命活动的自我反省，人们必须首先认识到，人既生活在文化的世界中，也在地球的生态系统之中。人们转换于这两个层面的时候，作为文化的创造者和栖居者，人类体现的常常是超越于自然属性的一面。而作为生态系统的栖居者，人们往往看到的是自然界和人类文明之间的冲突，即把文化看作人类文明进化的必然结果，却看不到文化形成的自然基础，更看不到文化与自然交融的前景，这样人类文化发展的前景的完整性和丰富性就无法得到展示。罗尔斯顿指出，当我们认为文化与自然不相容的时候只说出了半个真理，而关于文化和自然的另一半真理是，文化与自然之间还有着某种一致性，这种一致性也是通过人的活动表现出来的。因为没有一个充满资源的世界，没有生态系统就不可能有人的生命。从哲学和伦理学的角度看，如果人对事物的评价不能超越其自身的局限，那么，人的生命就远远没有达到他应该能达到的境界。人们不可能脱离它的周围环境而自由，而只能在他们的环境中获得自由。除非人们能够遵循大自然，否则，他们将失去大自然很多精妙绝伦的价值。他们也必将无法知晓自己是谁，自己身处何方。

其次，我们还应该看到人类在生态系统之中还担任着道德监督的作用，因为，生态学告诉我们人类的出现是自然进化最杰出的结果。在生命的金字塔之中，我们可以自豪地说人类处于塔尖的位置。进化论所揭示出的这一事实往往被看作是人类可以为所欲为地对待其他生物的依据。罗尔斯顿义正言辞地说到人类必须改变这种看问题的立场和方法。他认为："一个处于进化顶端的生物不应该有孤傲的人类中心论的观点。"① "从逻辑上讲，关于人类属于进化顶端的这一生态真理观应该使人类看到他之外和他之下的其他生物的价值，使他形成开放的整体的全球观。使他产生一种对待其他生物应该有的慈悲的贵族感。"②

正所谓"天地本无心，人为之立也"，人类既然处于进化的顶端，那么他就应该有超越各种利害的胸怀，做一个敬畏自然的万物的代言人和道德的监督者。换言之，人类应该谦恭地对待比他低级的生命形式，如果人类不把自己当作一个欣赏与赞美其他生命的群体，那么他又怎么能说自己是高于其他生物的呢。也就是说，人类对大自然负有义务，应该遵循和保护大自然。他曾指出保存自然价值、保护环境、关心其他存在物，是人自我确证、自我完善的一种方式，是人的一种有价值、有尊严的存在方式。人类的真正优越性在于他们"能够培养出真正的利他主义精神"③。虽然罗尔斯顿对人的要求过于苛刻，但是对于唤醒人们的生态意识及生态良性仍然具有十分重要的意义。

此外，罗尔斯顿十分推崇生态系统作为一个整体所具有的系统价值。他认为，在生态系统中，"对一个个体是负加值的事物对系统却可以有正价值，可以产生有其他个体承载的正价值"④。这种理念可以指导世界各国人民在处理国际环境保护方面，综合考虑生态系统的整体利益，站在整个生态环境的立场，去衡量各类行为所带来的总价值，如此才能付诸行动。

本章小结

生态学在19世纪越来越引起人类的关注和重视。随着生态学的发展，这种

① 霍尔姆斯·罗尔斯顿．环境伦理学：大自然的价值以及人对大自然的义务［M］．杨通进，译．北京：中国社会科学出版社，2000：127.

② 霍尔姆斯·罗尔斯顿．环境伦理学：大自然的价值以及人对大自然的义务［M］．杨通进，译．北京：中国社会科学出版社，2000：175.

③ 霍尔姆斯·罗尔斯顿．环境伦理学［M］．杨通进，译．北京：中国社会科学出版社，2000：465.

④ 霍尔姆斯·罗尔斯顿．环境伦理学［M］．杨通进，译．北京：中国社会科学出版社，2000：231.

摆脱纯粹自然科学的趋势也逐渐增强，朝着更加综合的方向发展，也就是说生态学逐渐摆脱了“以生物为主体，以个体、种群、群落为中心，局限于自然科学的范畴”，逐渐走向了“致力于自然科学和社会科学相互交融”的发展方向。因此，今日的生态学是自然科学和社会科学的桥梁。

我们可以发现，生态学的这种发展使得生态学成为当今的一门显学，它的重要性也日益凸显出来。它所提出的各方面的准则也逐渐成为人们思考的着重点。生态学之所以会获得这样的地位，是因为它所提倡的生态中心论已经取得了他应有的优势地位。这种胜利的方式不是某种理论的范式转化，我们应当把他看作是在更深层次的意义上帮助人类重新进行了一次定位。因为生态学告诉我们：人类始终是大自然的孩子。

当然，如果把人类认识的转变归结为一种学科的发展会给人们带来牵强的感觉，但是从深层次的意义上说，这是生态危机给人们反思而带来的结果。同时，不可否认的是，生态学给人们对生态危机的反思提供了理论依据。他解释了人只是生态链上的一环，人是生态系统这个整体的一部分，人与生态系统中其他生物之间休戚与共的关系，是一个抹杀不了的客观事实。这样的认识使身处生态危机深处的人类产生了巨大的震撼和强烈的共鸣。现代的人类都相信了这样一个铁一样的事实：人类是生物圈第一个有能力摧毁生物圈的生物，当然，摧毁了生物圈也就摧毁了自己，人类是身心合一的有机体，与其他生物一样受到自然法则的支配。人与其他生物伙伴一样，是生物圈的组成部分，如果生物圈被搞得不再适于栖身，人类和其他生物一样也会灭绝。

综上，虽然西方国家的上述理论具有较大的超前性，当前尚难以付诸实践，但是真实地揭示了人与其他生物之间的关系及人应该承担的尊重大自然中万物的道德及法律义务。在经济全球化飞速发展的今天，人们正在一如既往地从大自然中索取，自然对各国的环境造成越来越严重的损害。西方国家的上述理念有助于唤醒各国只管开放自然，漠视保护环境的愚昧行为，督促人们尊重自然，与自然和谐发展。因此，WTO 作为当今世界最重要的多边贸易组织，始终沉湎于通过自由贸易来促进经济的发展，不愿面对人类应该承担的保护自然的历史责任。所以，WTO 法理框架尽早借鉴上述生态理念，既促进国际贸易的发展，又切实保护好整个生态系统，这已经是当务之急。

第三编 03

WTO法理框架中生态文明理念建构的正当性及中国对策

第七章

当今世界多边环境条约中关于贸易发展中的生态文明趋势

第二次世界大战以后，各国进入了快速经济发展时期。GATT 及 WTO 的诞生大大促进了经济全球化的发展。同时，贸易活动导致了各种生物物种的国际间流动，对生物多样性造成了威胁，也自然危及了人类的健康。尤其是国际贸易的急剧增长，刺激了生产和消费的增长，进而导致了资源过度消耗、污染扩散和生态破坏等环境问题。为了保护环境，国际环境保护领域的条约数目快速增长，生态文明趋势日益彰显，为 WTO 关注国际贸易导致的生态文明问题，提供了不少有益的启示。

第一节 《联合国气候变化框架公约》

一、《联合国气候变化框架公约》中关于贸易的相关规定

《联合国气候变化框架公约》（以下简称《公约》）序言中提道："回顾各国根据《联合国宪章》和国际法原则，拥有主权权利按自己的环境和发展政策开发自己的资源，也有责任确保在其管辖或按制范围内的活动不对其他国家的环境或国家管辖范围以外地区的环境造成损害，认识到了解和应付气候变化所需的步骤只有基于有关的科学、技术和经济方面的考虑，并根据这些领域的新发现不断加以重新评价，才能在环境、社会和经济方面最为有效，认识到其经济特别依赖于矿物燃料的生产、使用和出口的国家特别是发展中国家，由于为了限制温室气体排放而采取的行动所面临的特殊困难，申明应当以统筹兼顾的方式把应付气候变化的行动与社会和经济发展协调起来，以免后者受到不利影响，同时充分考虑发展中国家实现可持续经济增长和消除贫困的正当的优先需要，认识到所有国家特别是发展中国家需要得到实现可持续的社会和经济发展所需

的资源；发展中国家为了迈向这一目标，其能源消耗将需要增加，虽然考虑有可能包括通过在具有经济和社会效益的条件下应用新技术来提高能源效率和一般地控制温室气体排放。”以上规定涉及环境保护对经济可能产生的影响，贸易也是经济的一部分，所以也可能对贸易产生影响。

第3条第3款规定：“各缔约方应当采取预防措施，预测、防止或尽量减少引起气候变化的原因并缓解其不利影响。当存在造成严重或不可逆转的损害的威胁时，不应当以科学上没有完全的确定性为理由推迟采取这类措施，同时考虑应付气候变化的政策和措施应当讲求成本效益，确保以尽可能最低的费用获得全球效益。为此，这种政策和措施应当考虑到不同的社会经济情况，并且应当具有全面性，包括所有有关的温室气体源、汇和库及适应措施，并涵盖所有经济部门。应付气候变化的努力可由有关的缔约方合作进行。”这里的“涵盖所有经济部门”肯定包含贸易部门。第5款规定：“各缔约方应当合作促进有利的和开放的国际经济体系，这种体系将促成所有缔约方特别是发展中国家缔约方的可持续经济增长和发展，从而使它们有能力更好地应付气候变化的问题。为对付气候变化而采取的措施，包括单方面措施，不应当成为国际贸易上的任意或无理的歧视手段或者隐蔽的限制。”即便是为了应对各种气候变化问题而采取的各种措施，都不应当成为无理地限制与歧视正当的国际贸易的理由。

同时，《联合国气候变化框架公约》第4条第1款中以共同但有区别责任的原则为基础规定了所有缔约方的义务，其中第3项规定：“在所有有关部门，包括能源、运输、工业、农业、林业和废物管理部门，促进和合作发展、应用和传播（包括转让）各种用来控制、减少或防止《蒙特利尔议定书》未予管制的温室气体的人为排放的技术、做法和过程。”第4条第6项：“在它们有关的社会、经济和环境政策及行动中，在可行的范围内将气候变化考虑进去，并采用由本国拟订和确定的适当办法，例如进行影响评估，以期尽量减少它们为了减缓或适应气候变化而进行的项目或采取的措施对经济、公共健康和环境质量产生的不利影响。”同样，涉及的有关部门应当包括贸易。第4条第3款：“附件二所列的发达国家缔约方和其他发达缔约方应提供新的和额外的资金，以支付经议定的发展中国家缔约方为履行第12条第1款规定的义务而招致的全部费用。它们还应提供发展中国家缔约方所需要的资金。包括用于技术转让的资金，以支付经议定的为执行本条第1款所述并经发展中国家缔约方同第11条所述那个或那些国际实体依该条议定的措施的全部增加费用。这些承诺的履行应考虑到资金流量应充足和可以预测的必要性，以及发达国家缔约方之间适当分摊负担的重要性。”第5款：“附件二所列的发达国家缔约方和其他发达国家缔约方应采取一切实际可行的步骤，酌情促进、便利和资助向其他缔约方特别是发展中国家缔约方转让或使它们有机会得到无害环境的技术和专有技术，以使它们能够履行本公约的各项规定。在此过程中，发达国家缔约方应支持开发和增强发展中国家缔约方的自生能力和技术。有能力这样做的其他缔约方和组织也可协助便利这类技术的转让。”这些规定自然涉及国际技术贸易。

二、《联合国气候变化框架公约》的生态文明趋势与 WTO 之比较

（一）引言

众所周知，WTO 是与贸易相关的组织，WTO 的法律框架包括《建立世界贸易组织的马拉喀什协议》和四个附件。作为世界贸易组织前身的关税与贸易总协定是第二次世界大战之后为了解决国际贸易中的问题而设立的，所以《建立世界贸易组织的马拉喀什协议》，在引言部分，只是稍显潦草地提到了应当保护环境，剩余的绝大部分篇幅都在阐述关于贸易的问题。从中可以看出该协议的侧重点绝对是国际贸易。而《联合国气候变化框架公约》作为一个以减缓气候变化，实现可持续发展为己任的公约，是十分具有前瞻性的。该公约以开阔的视野将环境与气候保护同经济发展结合起来，在其引言部分就申明“应当以统筹兼顾的方式把应付气候变化的行动与社会和经济发展协调起来，以免后者受到不利影响”，并且人性化地多次强调公约对发展中国家的重视，比如发达国家所采取的环境标准可能会影响发展中国家的经济社会发展，认识到经济特别依赖于矿物燃料的生产、使用、出口等的发展中国家在限制温室气体排放活动中的困难，同时充分考虑到发展中国家在应对气候变化的同时自己为了实现经济发展和消除贫困的正当需要。

（二）基本原则

WTO 有五项重要的基本原则，分别是互惠原则、透明度原则、市场准入原则、促进公平竞争原则以及非歧视性原则。这五个原则分别涵盖了不同的内容，但最终目的纷纷指向贸易壁垒的消除，并且这五个原则的特点是对于贸易中的公平、平等问题的规定十分强势，比如非歧视性原则中的最惠国待遇原则要求：“一成员方将在货物贸易、服务贸易和知识产权领域给予任何其他国家的优惠待遇，立即和无条件的给予其他各成员方。”但是这种强势又并非绝对的，因为在某些方面，比如经济发展原则以及普遍优惠制就是对于发展中国家的特殊优待。同时，结合透明度原则对于贸易政策的要求，在进出口商品检验、检疫方面，知识产权保护方面等的规定可能会与环境保护中涉及的贸易问题及技术问题有

关，间接触碰到了生态文明的界线。

《联合国气候变化框架公约》的最重要原则应该是共同但有区别责任原则，即发达国家与发展中国家共同承担应对气候变化的责任，但是发达国家责任更重，很明显地体现了其人性化的特点。然后是全面性原则。该原则要求各成员国采取的应对气候变化措施应当全面，考虑不同社会的经济情况，尽量涵盖所有经济部门，这一全面性原则与另一强调经济可持续发展对于应对气候变化可持续以及强调合作与开放原则，但并不采取无理措施阻碍国际贸易发展的开放性原则，共同体现了《联合国气候变化框架公约》对于经济（贸易）与环境保护之间关系的积极认识，是环保与发展的结合，一定程度上彰显了生态文明的理念。

第二节　《京都议定书》

一、《京都议定书》中关于贸易的相关规定

《京都议定书》在第2条第3项直接提到了国际贸易，该项规定："附件一所列缔约方应以下述方式努力履行本条中所指政策和措施，即最大限度地减少各种不利影响，包括对气候变化的不利影响、对国际贸易的影响，以及对其他缔约方尤其是发展中国家缔约方和《公约》第4条第8款和第9款中所特别指明的那些缔约方的社会、环境和经济影响，同时考虑《公约》第3条。"即表明节能减排必将会对经济产生影响，但是各缔约方在根据本议定书的政策采取应对气候变化的措施时，应当最大限度地保证国际贸易受到的损伤最小。

《京都议定书》的核心在于其创立的三个关于限制温室气体排放的减排机制，分别是第6条规定的联合履行机制（JI）、第12条规定的清洁发展机制（CDM）以及第17条规定的排放贸易机制（ET）。上述三项灵活机制可划分为两大类别：一类是基于配额的碳排放贸易，包括排放贸易机制，另一类是基于项目的碳排放贸易，包括联合履行机制与清洁发展机制。其中关于碳排放配额交易的排放贸易机制乃是《京都议定书》的核心，体现于该议定书第17条："《公约》缔约方会议应就排放贸易，特别是其核查、报告和责任确定相关的原则、方式、规则和指南。为履行其依第三条规定的承诺的目的，附件B所列缔约方可以参与排放贸易。任何此种贸易应是对为实现该条规定的量化的限制和减少排放的承诺之目的而采取的本国行动的补充。"碳贸易的实质就是向人类生

存的环境补充氧气，以对抗全球工业和其他产业从大气中获得氧气、产生二氧化碳的消耗过程。市场交易中如果一国排放量低于条约规定标准，则可将剩余额度卖给完不成规定义务的国家，以冲抵后者的减排义务①。

《京都议定书》也强调了可持续发展的重要性。其中第 2 条列举了多条举措，例如："在考虑气候变化的情况下促进可持续农业方式；研究、促进、开发和增加使用新能源和可再生的能源、二氧化碳固碳技术和有益于环境的先进的创新技术；逐步减少或逐步消除所有的温室气体排放部门违背《公约》目标的市场缺陷、财政激励、税收和关税免除及补贴，并采用市场手段；鼓励有关部门的适当改革，旨在促进用以限制或减少《蒙特利尔议定书》未予管制的温室气体的排放的政策和措施；采取措施在运输部门限制减少《蒙特利尔议定书》未予管制的温室气体排放；通过废物管理及能源的生产、运输和分配中的回收和利用限制和/或减少甲烷排放。"发展可持续农业、加强对可再生能源和新能源的开发与利用、采取措施在交通运输部门减少未予管制的温室气体排放、限制和减少甲烷排放等，这些举措虽然表面是关于环境保护，但是会对经济贸易产生一定的影响，可能会带动清洁能源的价格上升，促进新能源贸易，导致产业转移，促进资金的跨境流动及技术的交流。第 10 条强调在坚持可持续发展下的科学技术合作，以应对可能带来的对经济和社会的不利后果。

二、《京都议定书》的生态文明趋势与 WTO 之比较

《京都议定书》的三项灵活机制构筑了一种新型的国际贸易形式——碳排放贸易。它与 WTO 体制的关系可归纳为以下几个方面。第一，碳排放单位的贸易目前不属于 GATT 调整范围，但清洁发展机制以及联合履行机制项目所生产产品的进出口贸易应当适用 GATT 的相关规则。第二，清洁发展机制以及联合履行机制项目构成项目投资方向，即东道国提供的温室气体减排服务，但是否受 GATS 规制尚不明朗。此外，这两种项目所产生的 CERs 和 ERUs 不构成减排服务。第三，金融机构为碳排放贸易所提供的金融服务应当适用 GATS 的相关规则②。

《京都议定书》的创新性在于其机制的创造，以及利用贸易的思维来实现对碳排放的管制。尽管关贸总协定没有对"货物"一词做出明确界定，但是碳排

① 杨红强，张晓辛.《京都议定书》机制下碳贸易与环保制约的协调［J］. 国际贸易问题，2005 (10)：108.

② 宋俊荣.《京都议定书》框架下的碳排放贸易与 WTO［J］. 前沿，2010，13：57.

放单位却被排除在GATT的调整范围之外，原因在于《京都议定书》所创制的碳排放单位，在议定书的运行机制下，其所代表的环境保护层面的思想会与GATT中的某些规定产生一系列冲突。首先，关贸总协定规定了普遍最惠国待遇原则，即“任何缔约方给予来自或运往任何其他国家任何产品的利益、优惠、特权、豁免应立即无条件地给予来自或运往所有其他所有缔约方领土的同类产品。”但是该最惠国待遇最后给予的对象仅仅限于成员国生产或加工的产品，并不涉及非成员国。那么根据议定书第17条的规定，附件B所列缔约方可以参与排放贸易，这种规定对于非附件B国家来说显然是对普遍最惠国待遇原则的违背，并且也与GATT所倡导的非歧视性原则相违背。其次，与GATT中普遍取消数量限制规定的冲突。GATT第11条规定了普遍取消数量限制，即“任何缔约方不得对任何其他缔约方领土产品的进口或向任何其他缔约方领土销售供出口的产品设立或维持除关税、国内税或其他费用外的禁止或限制，无论此类禁止或限制通过配额、进出口许可证或其他措施实施。”然而，对于《京都议定书》中为了进行碳排放单位贸易的国家来说，他们可以根据议定书第10条“制订、执行、公布和定期更新载有减缓气候变化措施和有利于充分适应气候变化措施的国家的方案以及在适当情况下区域的方案。”这也就意味着这些国家完全可以以减缓气候变化为理由出台诸如限制配额、进出口许可证等阻碍其他缔约国产品出口到本国的措施，而这些措施从《京都议定书》的规定来看是完全合理的。

既然将碳排放单位纳入GATT范畴会导致某些规定的对立，那么有关碳排放单位的行为应当按照《京都议定书》的规定运行，并且《京都议定书》所创设的三个机制会对贸易与环境均产生可观的影响。附件一国家的减排行动将提高使用化石燃料能源的成本，减少对这些排放温室气体能源的需求，从而导致能源价格下降和全球能源贸易量的下降。这样，能源输出国将受到损失。同时减排行动也会促使可再生能源和干净能源的开发和利用①。反观GATT的规定，我们可以从其第20条的规定中窥探其对于保护环境的蛛丝马迹。GATT第20条一般例外：规定本协定的任何规定不得解释为阻止任何缔约方采取或实施以下措施，其中包括“为保护人类、动物或植物的生命或健康所必需的措施；与保护可用尽的自然资源有关的措施”。

---

① 吴英娜.《京都议定书》对国际贸易的影响［J］. 国际经贸论坛，2007（9）：22.

第三节 《生物多样性公约》

一、《生物多样性公约》中关于贸易的相关规定

《生物多样性公约》第6条规定了应对保护和持久使用生物多样性订立计划、方案，并将这些计划、方案融入多个部门中，有关贸易部门也应当包含其中。

《生物多样性公约》还设立了监测与保护制度。第7条要求对于有关生物多样性持久使用和保护应当进行查明与检测，并对那些对生物多样性产生或可能产生重大不利影响的过程和活动种类监测其影响。贸易活动作为可能对生物多样性保护产生影响的活动应当也被纳入查明与检测的范围中。第8条第12项是对第7条的补充，即“在依照第七条确定某些过程或活动类别已对生物多样性造成重大不利影响时，对有关过程和活动类别进行管制或管理。”第10条规定国家制定政策要考虑生物资源的保护和持久利用，并且要求避免和减少对生物多样性的影响。第11条鼓励措施规定：“每一缔约国应尽可能并酌情采取对保护和持久使用生物多样性组成部分起鼓励作用的经济和社会措施。”在贸易活动中采取的诸种措施也应当符合该条规定。

在遗传资源的取得方面，《生物多样性公约》第15条规定了各国对自然资源拥有的主权权利，要求自然资源的取得应当经过国家政府同意并且受国家法律约束，并且每一缔约国使用其他缔约国提供的自然资源的开发、科研时，应尽量使当事缔约国参与其中。

《生物多样性公约》强调了技术的取得和转让的重要性。第16条提到了自然资源利用时可能涉及的技术转让的问题，要求各缔约国向其他缔约国提供或便利其他缔约国取得与生物多样性有关的技术，并且该技术不应当对环境造成重大损害。该条还考虑到了转移的技术属于专利和其他知识产权范围的情况，强调此种技术应当受到充分的知识产权保护，并规定：“缔约国认识到专利和其他知识产权可能影响到本公约的实施，因而应在这方面遵照国家立法和国际法进行合作，以确保此种权利有助于而不违反本公约的目标。”

《生物多样性公约》也对公众教育与信息交流做出了规定。第13条规定应当通过大众传播工具将保护生物多样性的重要性及有关措施传达给大众，并酌情制定有关的教育和公众认识方案。第17条规定缔约国应当对关于生物多样性

保护的信息传播提供便利，并且信息应当包括交流技术、科学和社会经济研究成果。通过这两条所表现出来的公众教育与信息交流过程，可以使生物多样性保护的观念更加深入人心，从而影响公众的生活，也会对他们的贸易活动产生影响。

二、《生物多样性公约》的生态文明趋势与 WTO 之比较

（一）人与自然

《生物多样性公约》序言开宗明义地指出："关切一些人类活动正在导致生物多样性的严重减少，认识到许多体现传统生活方式的土著和地方社区同生物资源有着密切和传统的依存关系，应公平分享从利用与保护生物资源及持久使用其组成部分有关的传统知识、创新和做法而产生的惠益，并认识到妇女在保护和持久使用生物多样性中发挥的极其重要的作用，并确认妇女必须充分参与保护生物多样性的各级政策的制订和执行。注意到保护和持久使用生物多样性终必增强国家间的友好关系，并有助于实现人类和平。"该公约从序言中就展现了缔约者对于人类活动对生物多样性影响的理解，同时也从维护女权角度肯定了妇女也是环境保护的生力军，为维护生物多样性发挥了重要作用，这不仅是对女性地位的认可，也是对人类进行环保事业的认证。该公约第 3 条规定："依照联合国宪章和国际法原则，各国具有按照其环境政策开发其资源的主权权利，同时亦负有责任，确保在它管辖或控制范围内的活动，不致对其他国家的环境或国家管辖范围以外地区的环境造成损害。"人与自然的关系是相辅相成、互为依存的。人类从自然中获得资源，那么人类对自然的回馈就是最大限度地减少对自然的破坏，切勿竭泽而渔，并且根据公约第 6 条保护和持久使用方面的一般规定，人类在从自然索取的同时应当制定相对应的政策和方案，将这些方案融会贯通至各部门，力求全面。然而，对于那些需要采取特别保护措施的生态资源或者可能会对生态造成破坏的活动，应当查明并监测，若有需要，应当就地保护，建立生态保护区。《生物多样性公约》一直在强调人与自然间和谐相处的观念。虽然人类是这个星球的支配者，但人类的生存却不能离开自然界提供的种种资源；同样，在这个人类族群日渐庞大、需求日渐增长的时代，自然界也无力仅仅依靠自身的复原能力来实现健康的循环，所以为了两者的长久发展，除了合作互补，别无他选。

《生物多样性公约》比 WTO 十分突出的一点是，前者认识到了人与自然的相辅相成的关系，懂得将自然对人类的馈赠与人对自然的保护对应起来，而后

者却将人类从自然界中获得资源从而开展贸易活动视为理所应当，仅仅是就贸易而论贸易，哪怕是贸易中的绿色壁垒也只是打着保护自然的幌子行贸易之实，这种对于人与自然关系认识的缺失，可以看作是WTO在生态文明方面的浅薄表现。

（二）自然与发展

“意识到生物多样性的内在价值，生物多样性及其组成部分的生态、遗传、社会、经济、科学、教育、文化、娱乐和美学价值，承认有必要大量投资以保护生物多样性，而且这些投资可望产生广泛的环境、经济和社会惠益，意识到保护和持久使用生物多样性对满足世界日益增加的人口的粮食、健康和其他需求至为重要，而为此目的取得和分享遗传资源和遗传技术是必不可少的，期望加强和补充现有保护生物多样性和持久使用其组成部分的各项国际安排；并决心为今世后代的利益，保护和持久使用生物多样性。”该公约的序言说得很清楚，保护生物多样性会给我们的经济、社会、科学等方面带来众多的益处，好的环境是人类社会继续向前发展的基础。该公约还提到了对于生物资源进行的科学研究等活动，以及与此有关的成果共享，这说明人类从环境中获得的不单单是资源，更有能推动社会进步的高科技产品，比如2015年诺贝尔生理学或医学奖获得者屠呦呦女士就是从自然界的青蒿中提取了青蒿素，为全人类的抗疟疾事业做出了突出贡献。

在WTO体系中，自然与发展的关系的总结就是人类利用自然资源发展贸易从而获得利益。涉及发展贸易，必然是利益优先。虽然至今为止，WTO没有签署有关环境与贸易、贸易与发展方面的专门协议，但许多包含处理环境与发展问题的内容依然体现在WTO协议中。WTO已意识到自由贸易的扩大对环境、对发展的影响及贸易在可持续发展中的作用，因此在多边协议中规定了许多例外①。从另一方面看，WTO体系中的贸易壁垒也对环境有某些影响。贸易壁垒中既有传统的关税壁垒，又有层出不穷的新型壁垒的不断出现，比如绿色壁垒。绿色关税、绿色市场、进口检验等绿色贸易壁垒，以保护人类健康和环境为噱头，虽然通过制定的严格法律、标准等限制了部分生态不友好型产品的贸易，但是其根本却是发达国家利用本国高度发达的科技对发展中国家产品的碾压，是大国博弈的产物，其最终目标还是维护本国产品，追求本国的经济利益，与环境保护的目的相去甚远。况且，WTO追求的是一个平等、公平的贸易秩序，

---

① 王玉婧. WTO中的可持续发展理念与中国外贸可持续发展［J］. 江西财经大学学报，2005，37（1）：50.

在该组织的设想中，贸易间的壁垒与阻碍应当是越来越少的，甚至最后归零。虽然这听起来像是一场乌托邦，但是如若顺遂世贸组织的理想，这些存在着的贸易壁垒最终会自断手脚，那么在它们存续期间可能带来的对环境的负面友好影响是否也会随之消散呢？

（三）可持续发展

可持续发展的重点在于“可持续”三个字上，《生物多样性公约》第2条中对于“持久性使用”的定义：“指使用生物多样性组成部分的方式和速度不会导致生物多样性的长期衰落，从而保持其满足今世后代的需要和期望的潜力。”该公约序言中提到了生物多样性的持久性使用对于人类的巨大好处：“意识到保护和持久使用生物多样性对满足世界日益增加的人口的粮食、健康和其他需求至为重要，而为此目的取得和分享遗传资源和遗传技术是必不可少的，注意到保护和持久使用生物多样性终必增强国家间的友好关系，并有助于实现人类和平。”并且，该公约针对生物多样性的持久使用对缔约国提出了要求，包括序言中“重申各国有责任保护它自己的生物多样性并以可持久的方式使用它自己的生物资源”。第5条规定：“每一缔约国应尽可能并酌情直接与其他缔约国或酌情通过有关国际组织为保护和持久使用生物多样性在国家管辖范围以外地区并就共同关心的其他事项进行合作。”第6条要求国家为了保护和持久使用生物多样性应当制定国家政策、计划。第7条规定对于生物资源组成部分和对保护和持续使用生物多样性有影响的活动要进行查明和监测。第8条对就地保护，建立生物保护区做出了规定。第9条规定了异地保护中，要恢复受威胁物种并将这些物种重新引入自然环境中。第10条更是直接指明国家应当考虑到生物多样性的组成部分的持久使用，并列举了五点要求。甚至该公约还对从思想方面加强生物多样性保护着墨众多，比如第12条中的研究和培训，第13条的公众教育和认识以及第17条的信息交流。《生物多样性公约》对生态环境的推动性可以从各国政府对其的履行成果中看出。例如，从中国履行《生物多样性公约》第五次国家报告中看出，中国政府对生物多样性的主要保护行动有：完善法律法规体系和体制机制，发布实施一系列生物多样性保护规划，加强保护体系建设，推动生物资源的可持续利用，大力开展对生物环境的保护与恢复，制定和落实有利于生物多样性保护的鼓励措施，推动生物安全管理体系建设，严格控制环境污染，推动公众参与。这些行动都是该公约中明确规定与大力提倡的。可见，我国政府在履行该公约方面，取得了重要的成就。

某些学者将关贸总协定的第20条的（b）款和（g）款的规定称为“环境

条款”，因为该两款规定的“为保护人类、动物或植物的生命或健康所必需的措施；为保护可用尽的自然资源有关的措施，如此类措施与限制国内生产或消费一同实施”是最惠国待遇和国民待遇原则的例外。WTO 的可持续发展观念还体现在对发展中国家的照顾，即对于经济发展水平不一致的国家或地区采用不同的标准，以求贸易的无差别参与。这是可持续发展中的代内公平的体现，但是这仍然是一种与贸易有关的可持续发展，与环境关系并不大。可见，WTO 多边贸易体制中的可持续理念是残缺不全的，远远落后于其他多边环境条约的规定。

第四节　《蒙特利尔议定书》

一、《蒙特利尔议定书》中关于贸易的相关规定

《蒙特利尔议定书》的重要内容之一，是消费和生产有损臭氧层物质的逐步淘汰时间表，确定了定量减少生产和消费该议定书列明的物质的日期。贸易措施是逐步淘汰时间表的补充，但它对于实现该议定书的目标仍然是非常重要的①。

该议定书中有关贸易的规定主要是第 4 条规定了对非缔约国贸易的控制：每一缔约国应该禁止从非本议定书缔约国的任何国家进出口控制物质，并且每一缔约国应设法阻止向非本议定书缔约国的任何国家出口生产和使用控制物质的技术，但是这种设法阻止不包括适用于可改进控制物质的密封、回收、再循环或销毁、可促进发展替代物质，或者以其他方式有助于减少控制物质排放的产品、设备、工厂或技术。该条规定形成了对非缔约国的歧视，对非缔约国的相关产业造成了严重影响，同时也激励了非缔约国加入该议定书行列，扩大了议定书的影响力，对于环境保护也是极大的推动。伦敦修正案对第 4 条加以补充，其中 A 款中主要针对成员国之间的受控物质贸易，规定了如果成员国为了履行该议定书所规定的各项义务而采取了所有可行的步骤，但是出于国内消费的目的仍然未能停止生产某受控物质，则该国应禁止出口使用过的、再循环的和再生的该受控物质，但用于销毁目的的出口属于例外情况。该条款的目的是通过贸易措施促进受控物质的淘汰。第 4 条（B）款规定了成员国建立和实施对

---

① 边永民．与贸易有关的环境措施和国际贸易规则的协调［D］．北京：对外经济贸易大学，2002.

新的使用过再循环和再生的附件 A、B、C 和 E 所列管制物质的进出口发放许可证的制度，从而达到监控 ODS 的进出口、杜绝违法贸易以及收集相关数据信息的目的①。

第 8 条不遵守机制。该规定是指缔约国应在其第一次会议上审议并通过据以裁定不遵守本议定书规定的情事和处理被查明不遵守规定的缔约国的程序及体制机构。本条规定十分简单笼统，但就缔约国出现的不遵守议定书规定的情况，议定书也有相应的应对方法。鉴于俄罗斯和其他几个经济转型期国家没有严格遵守议定书中的时间表，议定书缔约国于 1997 年 9 月决定采纳新的贸易措施促使各国遵守议定书中的义务。新的贸易措施禁止那些在逐步淘汰的期限过后仍生产受控物质的国家出口使用过的、用于再利用的或回收的受控物质，而议定书本来并不禁止这种使用过的受控物质出口。这一新措施的目的是防止某些国家以出口回收的受控物质为名，实际出口新生产的受控物质。同时，该措施还确保那些没有遵守议定书的时间表的国家只能将其国内用过的或回收的受控物质用于满足国内市场，而不能用其生产国际贸易产品②。

二、《蒙特利尔议定书》的生态文明趋势与 WTO 之比较

（一）渐进性与非渐进性

《蒙特利尔议定书》对于生态文明的阐释是通过渐进性的规定实现的。比如，《蒙特利尔议定书》的第 2 条规定了对消耗臭氧层物质进行控制的措施。该条对症下药，针对不同的危害物质规定了不同的控制措施，并且这些控制措施的范围不仅仅涉及对危害物质的产量的控制，还逐渐递进到最终完全禁止这些危险物质的生产。同时，《蒙特利尔议定书》也在不断经历着修正，这些控制措施也随之而得到改进与完善。《蒙特利尔议定书》自 1987 年签订以来，经历了四次修正和两次调整，分别是 1990 年《伦敦修正案》、1992 年《哥本哈根修正案》、1997 年《蒙特利尔修正案》、1999 年《北京修正案》、1995 年《维也纳调整案》和 1997 年《蒙特利尔调整案》，历经数次修正和调整的议定书不仅在更新着受控的危险物质的种类，使其从最初的两类八种到《伦敦修正案》时的五类二十种，再到《北京修正案》的八类九十五种。同时，受控物质的计算数量也在发生着变化：以附件 A 第一类物质为例，原始的议定书规定："每一缔约方

① 崔丽丽．全球视角下贸易与环境的协调发展研究［D］．大连：东北财经大学，2012.

② 边永民．与贸易有关的环境措施和国际贸易规则的协调［D］．北京：对外经济贸易大学，2002.

应确保，从 1993 年 7 月 1 日至 1994 年 6 月 30 日期间，及其后 12 个月，其附件 A 第一类控制物质的消费的计算数量每年不超过其 1986 年消费的计算数量的 80%；每一缔约方应确保，从 1998 年 7 月 1 日至 1999 年 6 月 30 日期间，及其后 12 个月，其附件 A 第一类控制物质的消费的计算数量每年不超过其 1986 年消费的计算数量的 50%。”而《伦敦修正案》中规定的却是“每一缔约国应确保在 1991 年 7 月 1 日至 1992 年 12 月 31 日期间，其附件 A 第一类控制物质的生产和消费的计算数量不超过其 1986 年这些物质生产和消费的计算数量的 150%；每一缔约国应确保在 1994 年 1 月 1 日起的 12 个月期间及其后每 12 个月期间，其附件 A 第一类控制物质的消费的计算数量每年不超过其 1986 年消费的计算数量的 25%。”在《北京修正案》又变成了“决定第二条国家于 2004 年将其 HCFC 生产冻结在其 1989 年生产和消费的平均水平上并在其后可以生产不超过其冻结水平的 15% 来满足国内基本需求；决定第五条国家于 2016 年将其 HCFC 生产冻结在其 2015 年生产和消费平均水平上并在其后可以生产不超过其冻结水平的 15% 来满足国内基本需求；决定第二条国家在 2010 年不再生产氟氯化碳（CFC）哈龙以及在 2015 年以后不再生产甲基溴等受控物质来满足第 12 条国家的国内基本需求。”可见每一次的修正都是对于受控物质的淘汰的加速，而且通过这些频繁的修正能够反映出修正者对于国家的经济发展与危险物质排放间关系的关注，即根据经济发展情况与需求及时调整对于受控物质的标准，可以说这些修正案和调整是应时而生，对于生态文明是一种渐进式的推动。

WTO 的框架中，也不乏渐进性的思想。例如，各协定中对于发展中国家的特殊规定，《服务贸易协定》第四部分的逐步自由化都暗含了渐进思想，但是这些规定都是与贸易有关的。实际上在 WTO 的各种协定中除了 1994 年《关税与贸易总协定》中第 20 条（b）、（g）款的环境条款，《服务贸易协定》第 14 条一般例外第 1 款（b）项，乌拉圭回合制定的《技术性贸易壁垒协议》第 2 条第 2 款以及存在于各协定的序言中的一两句话以外，与贸易有关的规定是比较少的。即便我们将《实施卫生与动植物检疫措施协议》这类与环境保护联系十分紧密的协定拿出来仔细查看，其对于各国的检验检疫的要求是比较笼统的，往往以“实施或维持比已有关国际标准、准则或建议为依据的措施所提供的保护水平更高的动植物卫生检疫措施”这类表述来规定，也自然没有渐进式的反应。

（二）保障条约及时实施的机制

《蒙特利尔议定书》的生态文明趋势还有一个表现是其比较完善的机制，从而可以保证生态文明的进程。《蒙特利尔议定书》第 10 条规定了财务机制，其第一款规定："缔约方应设置一个机制，向按照本议定书第5条第1款行事的缔约方提供财务及技术合作，包括转让技术在内，使这些国家能够执行该议定书第2A至2E条和第I条所规定的控制措施以及依据第5条第1之二款决定的第2F至2H条的任何控制措施。对该机制的捐款应当是在对按照该款行事的缔约方的资金转让之外的其他捐款。这个机制应支付这类缔约方的一切议定的递增费用，使它们能够执行议定书的控制措施。"第10A条又对技术转让做出了规定，"每一缔约方应配合财务机制支持的方案，采取一切实际可行步骤，以确保：（a）现有最佳的、无害环境的替代品和有关技术迅速转让给按照第5条第1款行事的缔约方；（b）以上（a）项所指的转让在公平和最优惠的条件下进行。"可见《蒙特利尔议定书》已经意识到了对于某些国家不能履行该议定书的两大阻碍——资金和技术，并制定出了相应的应对机制。此外，《伦敦修正案》中原本的第10条经过修正改成了资金机制，并规定该机制的设置应当包含一个多边基金。该多边基金制度不仅包括资金的提供，而且包含举办训练班、便利及监测发展中国家缔约方可取得的其他多边、区域和双边合作等对于发展中国家极其有利的活动，同时该条第5款规定："缔约方应设立一个执行委员会制定并监测具体业务政策、指导方针和行政安排的实施，包括资源的支配，以达成多边基金的目标。执行委员会应在国际复兴开发银行（世界银行）、联合国环境规划署、联合国开发计划署或其他适当机构各按其专门领域提供合作和协助下，履行缔约方议定的委员会职权规定内载明的任务和职责。"多边基金机制是原本的财务机制的完善化，对于发展中国家的便利增加了，并且专门的执行委员会的存在为该机制的运行增加了稳定性，也为《蒙特利尔议定书》的履行增加了安全的砝码。

相比而言，WTO的相关协定中没有能够与推动生态文明进程相配套的类似机制。

第五节 《斯德哥尔摩公约》

一、《斯德哥尔摩公约》中关于贸易的相关规定

《斯德哥尔摩公约》在序言中指出，"认识到本公约与贸易和环境领域内的其他国际协定彼此相辅相成"；"强调持久性有机污染物的生产者在减少其产品所产生的有害影响，并向用户、政府和公众提供这些化学品危险特性信息方面

负有责任的重要性；意识到需要采取措施，防止持久性有机污染物在其生命周期的所有阶段产生的不利影响”。同时，该公约“重申《关于环境与发展的里约宣言》之原则，各国主管当局应考虑到原则上应由污染者承担治理污染费用的方针，同时适当顾及公众利益和避免使国际贸易和投资发生扭曲，努力促进环境成本内部化和各种经济手段的应用”。此外，该公约还“认识到开发和利用环境无害化的替代工艺和化学品的重要性”。

第 3 条旨在减少或消除源自有意生产和使用的排放的措施。每一缔约方应当采取措施禁止附件 A 和 B 所列化学品的生产、使用以及有条件地允许附件 A 和 B 所列化学品的进出口，而且这些条件中包括进行环境无害化处理。该条还规定在非本公约缔约方，但是出口缔约方提供了一份年度证书的国家出口时，证书中应该载明该出口化学品采取了必要措施减少或防止排放，从而保护人类健康和环境。

第 5 条规定了减少或消除源自无意生产的排放的措施。该条强调为了持续减少并在可行的情况下最终消除此类化学品，每一缔约方应采取措施以减少附件 C 中所列的每一类化学物质的人为来源的排放总量，其中的措施包括促进实行可尽快实现切实有效的方式切实减少排放量或消除排放源的可行和切合实际的措施。这种措施会对某些产生附件 C 所列化学物质的产业造成影响，从而影响相关产品的贸易。

二、《斯德哥尔摩公约》的生态文明趋势与 WTO 之比较

《斯德哥尔摩公约》的全称是《关于持久性有机污染物的斯德哥尔摩公约》，它的签署是因为随着经济社会的发展，持久性有机污染物持续积累，对人类健康和自然环境产生了不可忽视的负面影响，是为了人类健康和自然界的可持续发展而签订的。由此可见，公约的建立过程中就体现了明显的以人文本思想。再者，公约的序言中提道：“意识到特别是在发展中国家中，人们对因在当地接触持久性有机污染物而产生的健康问题感到关注，尤其是对因此而使妇女以及通过妇女使子孙后代受到的不利影响感到关注；确认持久性有机污染物的生物放大作用致使北极生态系统，特别是该地区的土著社区受到尤为严重的威胁，并确认土著人的传统食物受到污染是土著社区面对的一个公共卫生问题。”公约不仅关注全人类的健康，而且对于偏远地区的土著人以及欠发达地区的妇女和后代的健康表现出了特别的关切，它既关注了持续性有机污染物造成的当前的影响，也重视了污染物未来可能造成的影响，具有人本性和长远性。此外，公约第 6 条规定：“为确保以保护人类健康和环境的方式对由附件 A 或 B 所列化

学品构成或含有此类化学品的库存，和由附件A、B或C所列某化学品构成、含有此化学品或受其污染的废物，包括即将变成废物的产品和物品实施管理，每一缔约方应采取相应的措施。”该条同样将保护人类健康放在了显著位置。除去在采取的污染物处理措施上注重以人为本外，公约第10条还强调了在思想上对于公众宣传的作用，尤其第1款第2项规定：“制定和实施特别是针对妇女、儿童和文化程度低的人的教育和公众宣传方案，宣传关于持久性有机污染物及其对健康和环境所产生的影响，和替代品方面的知识。”这是对弱势人群的特殊照顾，是要求每个人在思想上加强对污染物的认识，然后也是提醒人们应当学会自己保护自己，应当积极主动参与到环保的行动中来，不能单单依靠政府的力量。

之所以把WTO中体现的生态文明总结成以人为辅，是因为在WTO体系中，一切都是为了贸易服务的，人是贸易的运行者，同样是为每项贸易活动服务的服务者，从而人就处在了被利用者的地位，是次要的。贸易行为是一种逐利行为，这就意味着在追逐利益的过程中对于可能出现的任何阻碍利益获取的情况都要进行规避，于是有了各种贸易壁垒。即便WTO的目标是消除贸易壁垒，实现贸易自由化，并且其框架内的规则要求贸易公平，还规定了最惠国待遇、普遍优惠制原则，等等，但是“利欲熏心”的逐利者会“聪明”地进行规避，他们将这些规则玩弄于股掌中，甚至利用这些规则成为自己合理限制他人贸易的理由。GATT多么具有前瞻性地在一个贸易协定中添加了第20条（b）、（g）款的环境条款，但是这一条又被多少国家变成以利用保护人类健康和环境为幌子，而实际却行不合理地限制别国贸易的事实。所以说，资本的吸引力是很大的，人们都不得不退而求其次，成为资本的附庸。

此外，《斯德哥尔摩公约》的另一个特点是其在制定的过程中，对于其他相关的环境保护公约进行了参考。《斯德哥尔摩公约》序言中写道：“回顾有关的国际环境公约，特别是《关于在国际贸易中对某些危险化学品和农药采用事先知情同意程序的鹿特丹公约》《控制危险废物越境转移及其处置巴塞尔公约》以及在该公约第11条框架内缔结的各项区域性协定的相关条款，并回顾了《关于环境与发展的里约宣言》和《21世纪议程》中的有关规定，确认预防原则受到所有缔约方的关注，并体现于本公约之中，认识到本公约与贸易和环境领域内的其他国际协定彼此相辅相成，重申依照《联合国宪章》和国际法原则，各国拥有依照其本国环境与发展政策开发其自有资源的主权，并有责任确保其管辖范围内的或其控制下的活动不对其他国家的环境或其国家管辖范围以外地区的环境造成损害，充分考虑到于1994年5月6日在巴巴多斯通过的《关于小岛屿发展中国家可持续发展的行动纲领》，注意到发达国家和发展中国家各自的能力以及《关于环境与发展的里约宣言》之原则 7 中确立的各国所负有的共同但有区别的责任，重申《关于环境与发展的里约宣言》之原则，即各国主管当局应考虑原则上应由污染者承担治理污染费用的方针，同时适当顾及公众利益和避免使国际贸易和投资发生扭曲，努力促进环境成本内部化和各种经济手段的应用。”这说明《斯德哥尔摩公约》更像是前述这些公约的继承者，至少它在保持自己独特性的基础上吸收了他者的成功经验，注意到了他者提醒注意的问题，这就使得《斯德哥尔摩公约》在生态文明的道路上会减少与别的规则的冲突，又能因为借鉴了他者成功的经验而使自己的生态文明之路走得更顺遂。反观 WTO，《建立世界贸易组织的马拉喀什协议》及四个附件间可能存在关于贸易与环境方面的紧密联系，但是在生态文明方面，由于 WTO 对于环境保护的认识的不足，自然没有积极地参考其他相关条约，成为 WTO 体制中致命缺陷之一。

第六节　多边环境条约与 WTO 的冲突

随着国际经济的快速推进，国际环境法律制度从 20 世纪 70 年代开始以前所未有的速度蓬勃发展，与 WTO 法律制度产生了日益凸显的冲突。国际法律制度之间的冲突，随着经济全球化进程的加快，对国际社会的进步形成了越来越大的阻碍，也不利于 WTO 法律制度的正常发展。

一、多边环境条约与 WTO 冲突的根本原因

一般地说，多边环境条约与 WTO 冲突的原因是多方面的，其根本原因有两个。

（一）多边环境条约与 WTO 对贸易与环境之间的关系存在分歧

经济理论上，贸易不是环境问题的根本原因。环境问题的根本原因是市场失灵和干预失灵。有时，当市场和干预失灵时，国际贸易加剧了环境问题①。联合国环境规划署和国际可持续发展研究院的联合报告中的观点，比较典型体现了多边环境条约对贸易与环境关系的观点：“许多环境破坏是因为全球经济活动的扩大。国际贸易构成了全球经济的增长部分，使得国际贸易成为环境破坏

① 经济合作与发展组织贸易的环境影响［M］．丁德宇，译．北京：中国环境科学出版社，1996：2.

的一个影响日增的驱动因素。随着经济全球化的发展和许多环境问题的全球性越加明显，治理这两方面的多边法与政策体系之间注定会发生摩擦。"① 可见，在多边环境法律制度下，贸易已经成为环境破坏的重要驱动因素。

相比之下，WTO 的诸多协定及争端解决机构中的专家都没有针对贸易与环境的关系做出明确阐释。WTO 在序言中在强调了以提高生活水平、保证充分就业、保证实际收入和有效需求的大幅稳定增长以及扩大货物和服务的生产和贸易的重要性之外，提到了最佳利用世界资源，寻求保护和维护环境。接下来，WTO 序言又默认了处在不同经济发展水平的国家，可以对保护环境采取不同的措施。显然，WTO 协定对保护环境问题，采取了模棱两可的观点。上述关于保护环境的规定自然成为只有劝诫性的说教，缺乏应有的可操作性。

（二）多边环境条约与 WTO 的宗旨各不相同

由于不同的国际条约都是针对特定的问题而制定的，所以不同国际条约都具有不同于其他条约的宗旨。多边环境条约的形成是国际社会的环保思潮推动的结果，其宗旨自然是保护环境。根据我国学者的研究，多边环境条约的宗旨一直处在演变过程中，即经历了一个从浅绿到深绿的两个阶段。"浅绿色环境观念建立在环境与发展分裂的思想基础上，它是 20 世纪 60 至 70 年代第一次环境运动或环境保护运动的基调；而深绿色环境观念则要求将环境与发展进行整合性思考，它是 20 世纪 90 年代以来第二次环境运动或环境革命运动的主题。"② 浅绿色思想较多地关注资源环境问题的描述和渲染它们的严重影响；相比之下，深绿色思想则侧重全方位地探讨资源环境问题产生的经济及社会原因。也就是说，深绿色思想反思工业文明的发展模式，更提倡工业文明的创新与变化。同时，深绿色思想注重对环境问题的全面思考，如涉及贸易对环境的负面影响。显而易见，深绿色思想较好地体现了当代生态文明的理念，彰显了环境保护的正确走向。

与多边环境条约保护环境的宗旨相比，WTO 的宗旨就是自由贸易和公平贸易。GATT1947 序言开宗明义地指出："其目标包括致力于提高生活水准，保证充分就业，以及实际收入和有效需求有巨大持续增长，是世界资源得以充分利用，扩大商品生产与交换。"由于 WTO 的上述规定不仅没有提及环境保护问题，其"使世界资源得以充分利用"的目标显然有悖于保护环境的思想，受到了人们（特别是环保主义者）的强烈质疑。为此，建立 WTO 协定的序言进行了修

---

① 谢新明. 多边环境条约与 WTO 之冲突与联结 [D]. 上海：华东政法大学，2012.

② 诸大建. 当代环境革命：从浅绿色到深绿色 [N]. 文汇报，2002-06-03 (11).

正，增加了可持续性发展的目标，强调了世界资源的最佳利用，寻求既保护环境，又规定各成员国可以根据自己的经济发展水平，采取相应的措施。

尽管建立WTO协定的序言做了上述修正，但是，WTO的宗旨是发展自由和公平贸易，这是不容置疑的。尤其是，WTO法律制度的诸多原则，如无歧视原则、更自由贸易原则、透明度原则及激励发展和经济改革等，强调的是自由贸易和公平贸易，并未提及环境保护问题。可见，无论从建立WTO协定序言还是WTO的基本原则来看，WTO的宗旨就是发展自由贸易和公平贸易，漠视了环境保护问题。因此，随着国际贸易的快速发展，必然会给各国的环境保护带来阻碍，这也是WTO作为国际组织进一步发展给国际社会带来的无法回避的挑战。

二、多边环境条约与WTO冲突的解决

随着当今世界经济全球化的飞速发展，越来越多的国家自觉或不自觉地涌进国际竞技场，国际法的多元化现象日益凸显，层出不穷的新问题急需相关法律予以解决。由于国际社会尚不存在统一的、强有力的立法、司法及执法机关，近年来出现了形形色色的针对专门问题的国际条约，相互之间的冲突自然难以避免。这种国际法的碎片化现象，导致了国际法结构日趋复杂，成为国际社会进步的障碍。虽然，我们在当今世界国际法体系下，难以短时间内彻底解决国际条约之间的冲突问题，但是，我们可以在现行的国际法体系下，采取切实可行的措施，对相关冲突予以协调，将其副作用降到最低程度①。针对多边环境条约与WTO环境规则之间的冲突，我们至少可以从下面几个方面着手予以协调。

（一）完善和坚持WTO协定中的可持续发展价值观

可持续发展是多边环境条约中的核心原则，相比之下，该原则在WTO规则中尚未成为WTO协定的基本原则。由于该原则是多边环境条约和WTO协定最为契合的价值观，完善和坚持WTO协定中的可持续观念，是加强二者之间协调

---

① 联合国国际法委员会的一个报告曾指出，"'环境法'的问世是回应人们对国际环境状况的日益关切。'贸易法'是作为调整国际经济关系的一个工具而制定的。…每一种规则复合体或'制度'的产生都伴随着其自身的原则、专长形式及其'精神特质'，这种精神特质未必与邻近专业的精神特质相同。例如，'贸易法'和'环境法'具有非常具体的目标，并且依赖于各种可能常常指向不同方向的原则。"（详见国际法委员会研究组的报告《国际法不成体系问题：国际法多样化和扩展引起的困难》文件号A/CN. 4/L. 682，para. 15.）

发展的最重要的理论方面的契机。实际上，无论是促进贸易发展，还是加强环境保护，都是以人类的福祉为最终追求的目标的。任何将贸易发展与环境保护对立起来的思想都是不可取得。这里一个重要的障碍是，可持续发展价值观在WTO规则的地位比较低微，其“软法”的性质决定了难以应用于实践。因此，只有不断完善WTO协定中可持续发展的理念，提高其地位，才能不断缩小与多边环境条约之间的距离，使自由贸易与环境保护协调发展，互为动力，实现人类在切实保护好环境下的利益的最大化。

（二）通过修法和判例来加强多边环境条约与WTO环境规则的协调和整合

WTO环境规则与多边环境条约规定之间的矛盾和不协调，导致了对环境保护的漠视和相关争端的频现，严重阻碍了贸易和环境保护的协调发展。这样，可以通过两种方法来加强它们之间的协调发展：一是在积极开展WTO环境规则与多边环境协定规定的对话、融通和整合的基础上，对二者的环境规则进行修订和完善；二是通过WTO判例来完善WTO规则。一般地说，WTO争端解决机构做出的判例并无先例拘束力，但是，WTO成立以来的实践表明，WTO争端解决机构做出的判例，具有重要的修正WTO规则和指导各国实践的作用。因此，在目前难以对WTO规则进行实质性修订的前提下，通过适当发挥WTO争端解决机构专家的自由裁量权，可以在遵循WTO环境规则之下，对相关规则做出完善，依据相关环境规则做出相应的判决。

（三）同广大发展中国家成员携手尽快纳入多边环境条约中的“共同但有区别责任原则”

发达国家与发展中国家之间在政治、经济及法律等方面存在着较大的差距，成为导致WTO协定漠视环境保护问题的主要原因之一。换言之，由于经济发展水平差距较大，发达国家与发展中国家对贸易与环境保护问题难以达成共识且难以采取相同的做法。发达国家经常设置苛刻的环境保护标准，通过绿色壁垒损坏发展中国家的利益；而发展中国家却要求发达国家做出适当让步，为发展中国家提供优惠安排。这样一来，加强发达国家与发展中国家之间的理解与合作，适当遏制发达国家利用环境保护的借口损害发展中国家利益，为发展中国家提高优惠待遇。例如，《里约环境与发展宣言》作为地球宪章，就提出了“共同但有区别责任原则”，对发展中国家，尤其是最不发达国家的需要给予特别优先的考虑。完全可以预见，随着经济全球化的进一步发展及广大发展中国家的逐渐强大和协作，该原则必然会得到国际社会的广泛承认。也就是说，“共同但有区别责任原则”被纳入WTO法律体系是历史的必然，势在必行。因此，WTO

法律体系中尽快纳入该原则，是保证WTO规则在促进自由贸易的同时，充分调动发达国家和发展中国家保护环境的积极性的根本性措施。

本章小结

人们对环境与国际贸易关系的认识经历了一个相当长的历史过程。最初，环境问题被认为是一国国内的问题，应根据一国的价值观和利弊权衡来取舍。随着时间的推移，环境问题关注的焦点从国内问题转变为全球问题。20世纪80年代，国际环境问题开始显得日益重要，全球变暖加速、热带雨林减少、臭氧层消耗等问题的加剧引起了公众的关注。世界经济的增长和变幻的国际政治风云促进了人们对环境问题的国际性认识。一些国家试图运用贸易措施来影响其他国家的环境政策，环境问题在国际贸易体系中的重要性日益显现①。

到目前为止，WTO作为当今世界最重要的国际贸易组织，一直致力于消除贸易壁垒，促进自由贸易的发展，无论是《建立世界贸易组织的马拉喀什协议》还是其四个附件都在为国际贸易自由做着努力，却漠视环境保护问题。相比之下，关于环境保护的条约自人们认识到环境问题开始，就不断壮大，不仅是在数量上，在涉及领域方面也在逐渐扩展，比如关注气候变化的《联合国气候变化框架公约》、保护生物多样性的《生物多样性公约》、涉及臭氧层的《蒙特利尔议定书》、关于持久性有机污染物的《斯德哥尔摩公约》等等。

关于环境保护的公约普遍的出发点都是为了保护人类的健康和减少对环境的破坏，这些公约都把人类的健康放在显著位置。但是因为人类社会不断向前发展，而发展又是出现环境问题的原因之一，这些公约又不约而同地将发展问题也纳入了公约的范畴。讨论各国的发展问题，又不能不想到经济及社会方面。所以经济、社会的进步也是环保公约关注的方面之一，也就是说，这些环保公约将人、自然、社会、经济等囊括在一起，形成了一种人与自然和谐发展、互惠互利的生态文明理念。相比之下，WTO对国际贸易的引领作用不可忽视，但是对于生态保护问题认识的匮乏值得深思。WTO及其法律框架的内容中与环境保护相关的规定寥寥无几，甚至有国家将几条寥寥无几的规定滥用成了绿色贸易壁垒，堂而皇之地限制他国贸易。这种行为不仅背离了条约设立的初衷，构

---

① 全锐，张宏程. 浅析国际贸易中的环境问题［J］. 经济研究导刊，2007，18（11）：166.

成了对他国的不公平，也确确实实反映出 WTO 只为贸易服务而在环境保护方面做得不够好的事实。

随着世界一体化程度的加深，国际贸易越来越频繁，促进了各国的经济发展。另一方面，人类有限的资源遭到过度开发和消耗，产品生产过程中的环境污染等问题也越来越严重。这样一来，通过环境规则对国际贸易施加必要的限制，加快可持续发展的步伐，为子孙后代留下适当的资源，已经成为世界各国人民必须认真思考的问题。WTO 作为当今世界最重要的国际贸易组织，只有在促进自由贸易发展的同时，加强对环境的保护，才能尽快走出窘境，步入正常发展的轨道。

实际上，WTO 成立以来，其所属的贸易和环境委员会正式开展了相关议题的研究，也采取了一些措施。在处理和协调贸易与环境保护的关系上，WTO 强调“非歧视”原则，主张应当发挥多边环境保护公约的作用，运用多边环境保护公约机制是解决贸易与环境之间冲突的最佳途径，应当避免成员方以环境保护为由采取单边行动，实施贸易保护主义①。可见，在当前难以对 WTO 制度的理论基础及具体规则进行实质性修改的情况下，各成员方必须从多边环境保护公约中汲取经验，采取协调、合作的方式及适当发挥 WTO 争端解决机构的判例作用，公正及平等地解决贸易与环境保护之间的冲突，推动 WTO 体系真正向着有利于保护环境和提高各成员方人民福祉的方向发展。

---

① 刘敬东. WTO 中的贸易与环境问题［M］. 北京：社会科学文献出版社，2014：37.

第八章

国外及中国依据生态文明理念的环境立法

和平与发展是当代世界关系全局，带有全球性、战略性意义的两大主题，这不仅反映了世界形势发展的大趋势，而且还反映了全人类的共同利益和迫切希望。世界和平、国家发展、社会进步、经济繁荣、生活提高，已成为世界各国人民的普遍要求。在科学技术日新月异，经济社会高速发展，人类社会一片欣欣向荣的同时，人类赖以生存的空气、水等自然资源却被严重污染，生态环境的破坏也已经到了十分触目惊心的地步，人类一直在不计后果地向大自然进行索取，却很少对自己行为进行反思。诚如我国著名哲学家张立文所言，人类对自然生态的道德期望必须与其对自然生态的道德责任相联系，人类与自然生态之间必须建立一种等价交换机制，以此限制、消除人类对自然生态不负责任的邪恶行为和自利欲望的膨胀，匡正天人之间的严重不和谐关系①。

每一个国家和地区经济的快速发展、工业化和城市化的迅猛推进，都会伴随着相应的环境问题，环境问题的加剧促使人们对自身的行为进行深刻的反思。这种反思大抵上是从哲学层面、伦理层面和法律层面分别展开的。从生态哲学的层面看，佛教“依正不二”等思想和儒家、道家“天人合一”的理念体现了人类对人与环境关系的认识。

佛教所称“依正不二”的思想中，所谓“依正”是“依报”“正报”的略称。“依报”指的是生命存在的为生活所依赖的环境，包括土地、山河乃至整个环境世界都是依报（即生存环境）；“正报”指的是自身与他人的身体也即众生乃至诸佛的身心。“不二”指“依报”和“正报”是相互关联、相互依存的，其本质没有差别。这一观念源于佛教的生态伦理观，芸芸众生的生活需要从外界环境不断地摄取食物、水、阳光等物质，一旦缺少了自然环境的良好供给，人类的生活就无法维系。诚然，没有人类的创造与劳动，自然界也就只能停留

---

① 石如琴．上市公司环境会计信息披露模式选择浅析［J］．当代经济，2009，12（下）：26.

在最初始荒蛮的阶段。佛教生态自然智慧中所蕴含的因果报应论也应当结合这一观念来理解。生命主体和生存环境两者是处于不断运动中的不可分割的统一矛盾体。客观环境不断受到人类行为的作用和影响而不断改变着自身的面貌，自然界通过自我调节机制来修复人类行为造成的影响，以维持生态系统各要素间的平衡。

儒家、道家的天人合一思想与佛教的生态智慧理念有异曲同工之妙，认为人与周围环境应当和谐统一，强调人类应该处理好同自然的关系，尊重自然、保护自然，而不能一味地向自然索取，企图征服自然。

如前所述，从生态伦理层面看，自然界具有内在价值的观点已经成为共识。环境伦理学说可分为人类中心主义（分为传统人类中心主义和现代人类中心主义）与非人类中心主义（包括动物解放论、生物中心主义和生态中心主义）。人类中心主义认为人是自然界唯一具有内在价值的存在物，环境道德的唯一相关因素就是人的利益，因此人只有对人类自身才负有直接的道德义务，人对大自然的义务只是人的一种间接义务①。传统人类中心主义将人视为自然万物的主宰者，认为人可以没有限度开发并改造大自然，人类除了对自己负有直接的道德义务外，对环境的义务只是前者的外在表现。而现代人类中心主义则认为，在对自然和资源进行利用时，必须有长远而周全的考虑。只有被人类理性思考并得到认可的偏好才应予以满足，而其他纯粹感性的偏好需要受到束缚和制约，以防止对大自然的随意破坏和肆意掠夺。在非人类中心主义中，动物解放论认为，人不应只是对自我群体负有义务，而且对其他物种特别是动物同样负有直接的道德义务。生物中心主义则进一步主张道德关怀的范围必须扩大到一切有生命的物种，一切物种都具有成为道德伦理共同体的资格。生态中心主义则指出，恰当的环境伦理学应当从道德上关心所有无生命的生态体系、自然事物和其他自然的存在。环境伦理学应当是整体主义的，不仅应承认存在同自然客体间的关系，同时要将物种与生态系统这类整体视为拥有直接道德地位的道德主顾②。

总而言之，上述理念均有一定的科学性，也有一定的局限性，需要我们择善而从。从法律的层面看，人类对环境权益保护的需求促成了“环境权”概念的诞生。从法理上看环境权，须从四个部分进行界定。第一，自然法则基础上的环境权，即是自然存在的、现实的但法律并未进行设定的权利，也就是所谓天

---

① 杨通进．人类中心论与环境伦理学［J］．中国人民大学学报，1998，6：55.

② 余谋昌，王耀先．环境伦理学［M］．北京：高等教育出版社，2004：8.

赋的权利。第二，法律基础上的环境权，即在一定历史条件下社会的、现实的由法律设定的环境权。其他一切宗教的、道德的、未被法律所认可的所谓习惯意义上的环境权，如动物环境权，就不属于法律基础上的环境权。第三，法律条文和法学文献中具有原则性的、概括性的环境权。所谓概括性的环境权，指国内宪法或国际法中规定的，分别由国内法律法规和具体部门规章加以进一步细化的环境权，其具有宣言性、纲领性。第四，法律中具有实践可操作性的具体环境权。这主要指国内法律法规或部门规章中规定的非原则性、概括性的可具体实践应用的环境权，也就是在一定历史条件下、一定社会的环境权。

环境权是公民个体或者作为人类的整体在适于人类生活的环境中生存并能够适度开发利用自然资源的权利。良好环境权是人类的精神权利，也就是当代的和未来的人类个体及整体能够生存在一个适合于自身健康和生长的环境中的权利，包括良好空气权、良好水权、良好环境教育权等。开发利用环境资源权是当代人对环境资源的财产利益权利及从事与环境相关的财产利益活动的权利，包括但不限于土地的开发利用权、捕捞权、狩猎权、探矿采矿权、环境资源收益权、旅游资源开发权等①。

上述部分理念性的思考和理论探索上升为立法意志，形成了环境法领域的法律法规。

第一节 《北美自由贸易协定》与《北美环境合作协定》对贸易与环境的安排

《北美自由贸易协定》(North American Free Trade Agreement，NAFTA)，由北美洲的加拿大、美国、墨西哥三国在1992年8月12日签署，并于1994年元旦正式生效。该协定由关于北美三国间全面贸易的协议组成，以减少缔约国贸易壁垒，促进商品与劳务自由流通，实现自由贸易区内的公平竞争，增加缔约国内投资机会，有效地保护知识产权，创造合理程序以确保协议履行和争端解决，扩展和加强协定利益为宗旨。在此协定的基础上，还成立了以自由贸易委员会、协调员、秘书处为主要组织机构，另设三十多个工作小组、委员会及附属机构的北美自由贸易区(North America Free Trade Area)。

① 周训芳．论环境权的本质，一种人类中心主义环境权观［J］．林业经济问题，2003，12：317.

《北美自由贸易协定》共八个部分，即总则、货物贸易、技术性贸易壁垒、政府采购、投资、服务及其相关事宜、知识产权、行政与机构条款及其他条款。同时，针对三个成员国不同的经济发展水平，在纺织品关税、汽车产品关税、农产品关税、运输业、通信业、汽车保险业、能源工业等七个方面做了安排。

《北美自由贸易协定》的缔约过程可谓跌宕起伏。随着第二次世界大战的结束，欧洲在美国"马歇尔援助计划"的巨大推动下，经济社会很快就在战后的断壁残垣上复苏，并且经济一体化倾向明显。同时，"亚洲四小龙"及日本的经济迅猛提升，对美国、加拿大等北美国家的经济发展产生了巨大威胁，在此情况下，里根在1980年竞选美国总统时最先提出了建立一个包括美国、加拿大、墨西哥及加勒比海诸国在内的"北美共同市场"设想。随后，加拿大也提出了类似构想。最终经过三年的艰苦谈判，两国于1988年正式签署了美加自由贸易协定，并于次年正式生效。后来，墨西哥为摆脱当时国内经济窘境，也意识到与北美两个经济大国进一步加强经济贸易联系的必要性，向美国、加拿大提议开启北美自由贸易谈判，期间恰逢美国再次总统大选，而北美自由贸易协定的谈判主张遂演变为美国国内政治家的竞选筹码。而后，时任总统克林顿为了兑现竞选承诺，在三国谈判达成了《北美自由贸易协定》的两个补充协定，即《北美环境合作协定》和《北美劳工合作协定》后，才推动美国国会正式通过了《北美自由贸易协定》，所以被认为是"第一个包含了环境规章的国际贸易协定"①。

一、《北美自由贸易协定》

《北美自由贸易协定》的签订对北美地区乃至全球经济的可持续发展具有深远意义，虽然该协定"将存在巨大差别的三个经济体拉到同一个屋檐下：富有的美国、中产阶级的加拿大以及奋力挣扎的墨西哥。这些差别使《北美自由贸易协定》成为一场极端冒险的赌博"②，但NAFTA的签订恰逢1992年联合国环境与发展大会提出了协调经济增长与环境保护的号召。显然，NAFTA对协调贸易规则与环境标准做出的相关安排，是在全球经济一体化的背景下，将国际贸易政策与环境问题联系起来的第一次有益尝试。特别重要的是，在当前人类社

---

① RUGMAN A，KIRTON J & SOLOWAY J. *Environmental Regulations and Corporate Strategy*，A NAFTA Strategy［M］. Oxford：Oxford University Press Inc.，1999：23.

② WERNER T. The *Initial Pain Obviously*：*Ten Years After The NAFTA*［N］. New York Times，2003－12－27（12）.

会经济迅猛发展、全球气候变暖、臭氧层破坏、物种濒危、危险废弃物跨国转移、恶劣气候现象频发等环境问题日益突出的情况下，NAFTA 提出了在可持续发展的大前提下进行自由贸易，对促使世界各国订立双边或多边贸易协定的同时，适当考虑环境因素，对贸易与环境协调发展具有一定指导意义。

《北美自由贸易协定》较之以往的任何协定，有着更多关于生态环境保护的内容，所以被国外学者誉为“最具有环境意识的贸易协定”。在协定目标方面，“NAFTA 首次在多边贸易协定中将生态环境保护列入经济社会增长的目标，并将之作为各国发展社会经济所必须承担的国际义务”①。其有关环境的条款如表 1 所示：

表 1　NAFTA 有关环境条款内容摘要

NAFTA 的有关条款	内容概要
第七章：卫生和植物检疫标准	SPS 措施标准
第九章：其他标准	SRM 措施标准
第十一章：投资	不以降低或放松环境标准为条件吸引外国投资
第二十章：争议	环境正义的处理原则及方式

注：摘自 NAFTA，1993，Washington D. C. ：U. S. Government Printing Office

“恰如与 WTO 发展中有关环境的谈判，相对富裕和环境法更严格的国家在 NAFTA 中利用其强势地位对贸易和环境二者间的相关问题施加了具有环境导向的压力，从而迫使相对贫穷的国家接受更加严格的环境保护规则。”② 实际上，众所周知，不同的环境标准会对一国经济贸易发展产生重大影响。一国严格的环保标准政策（发达国家的偏好选择）会使得国内产品生产者投入更多资本来增加对商品的成本投入，以保证产品的可售性，同时对进口而言，会对其他国家达不到本国严格标准的产品进行排斥限制，从而在一定程度上可以实现国内的产品垄断。对出口而言，此类产品很容易进入其他国家，进而冲击他国国内产品体系。需要强调的是，宽松的环保标准政策（发展中国家的初期偏好选择）则会使国内产品生产者在投入较少资本的前提下，即可完成产品销售，同时对进口而言，会导致国外产品进入本国市场门槛降低，导致国内竞争激烈，而对

① 董虹．论贸易政策与环境政策之间的关系［D］．北京：对外经济贸易大学，2002：79.

② STEINBERG R H. Trade－Environment Negotiations in the EU，NAFTA，and WTO：Regional Trajectories of Rule Development［J］．American Journal of International Law，1997，91（2）：232.

出口来说，则可能会因达不到外国的环保标准而无法进入他国市场。在国际贸易中，还有部分国家采取歧视性的双重环保标准，即对进口产品施以严格标准，而对本国出口产品采取宽松标准。因此，不同的环境标准会对国内经济和对外贸易产生巨大影响，所以发达国家与发展中国家对此亦各持相反态度。发达国家在经济社会发展初期，因资本、技术等匮乏（恰如发展中国家的现状），采取较低的环境标准，在牺牲了国内乃至国际环境的巨大代价后，逐渐意识到环境保护和可持续发展的重要性，所以主张统一采用严格的环境标准。这样，一方面既可以保持自身在全球经济中的优越地位，另一方面也可以对发展中国家的发展与崛起予以无形的限制。而发展中国家则指责发达国家在对待自身与他国的标准的双重性，无视经济社会发展的客观阶段，而主张应根据各国实际发展水平，采取不同的环境标准，以促进全球各个国家协调发展，共同进步。

总体来看，《北美自由贸易协定》在对待成员国环境标准协调的问题上采取了折中做法，既没有罔顾发展中国家墨西哥的诉求，也没有置发达国家美国、加拿大两国的要求于不顾，而是设立了两个委员会推动标准的统一协调，并要求成员国逐步或最大限度地采纳国际标准，同时，鼓励成员国通过友好协商的方式方法解决环境标准问题。此外，对《关税与贸易总协定》中关于生态环境条款的贸易自由第一、环境保护第二原则也在 NAFTA 中有了显著改变，并被之后 WTO 在乌拉圭回合的谈判所借鉴。而且，由于 NAFTA 中关于环境标准的条款是第一次在多边贸易协定的框架内系统地制定了具体的标准规则，以解决贸易自由与环境保护难题，因此，它将为今后国际多边条约中协调贸易与环境的关系提供有价值的参考意义①。

二、《北美环境合作协定》

《北美环境合作协定》（North American Agreement on Environmental Cooperation，NAAEC）作为《北美自由贸易协定》的两个补充协定之一，最早是由克林顿在与布什竞争美国总统时提出的。在其获胜后，迫于国内环境保护团体及其他民间团体的关注和压力，并为了有效避免自由贸易可能会对环境造成的潜在负面影响，保证在强化协定成员国之间贸易往来的同时，有效进行生态环保方面的合作，最终在《北美自由贸易协定》的框架下进一步对环境问题进行磋商，并推动国会通过了包括《北美环境合作协定》等补充协定在内的《北美自

① 美国特朗普当选为美国总统后，多次表示对《北美自由贸易协定》的不满。美国、加拿大及墨西哥自 2017 年 8 月 17 日开始了对《北美自由贸易区协定》的重新谈判。

由贸易协定》。所以，有学者认为："与其说这个附加协定是加拿大、墨西哥和美国政府对环境深刻认识的结果，不如认为是美国关于NAFTA进行立法大战的产物。"其有关环境的内容如表2所示：

表2 《北美自由贸易协定》有关环境内容列表

目标	促进内外贸易、生态环境保护以及可持续发展
环境教育	设立环境合作三方委员会，为缔约哥国环境事项提供指南
争端处理	与NAFTA平行的争端解决程序，协商，特别会议，仲裁
制裁	社会的批评以及与贸易相联系的有限制裁
资源差异	对欠发达国家可以减轻环境制裁
边境计划	基础设施，边境区域的整治清理
财政问题	成立了北美发展银行以及边境环境合作委员会

注：摘自NAFTA，1993，Washington D. C.：U. S. Government Printing Office

《北美环境合作协定》首先在其序言中阐述了环境保护的重要性，主张自由贸易和环境保护可以相互促进，即自由贸易产生的财富可以改善和治理环境，而环境保护则可以有更好的环境条件促进更高品质的产品产生；然后，重申了"国家依据《联合国宪章》和国际法基本原则，享有根据本国环境和发展政策以开发其所有资源的主权权利，同时有责任确保在其管辖控制下的活动不会对他国或本国管辖之外的环境造成损害"，即将国家主权与环境保护的重要性并列，意图在促进贸易自由、国家主权与环境保护以及可持续发展之间寻求平衡。

依据NAAEC建立的北美环境合作委员会为成员国之间在合作框架下友好地进行与贸易有关的环境保护对话提供了便利，对促进成员国之间环境政策的协调，指导环境保护法规的制定与执行，确保经济贸易发展的同时加强对环境保护的力度，实现可持续发展起了积极意义。但是，尽管《北美环境合作协定》作为《北美自由贸易协定》的补充协定，但"并没有包含对贸易法规则及其对环境措施的适用有直接法律影响的条文"①，所以，据此成立的北美环境合作委员会决定了所做出的系列决议，对成员并没有强制执行力。

"《北美环境合作协定》实际上是墨西哥为参加北美自由贸易区而付出的代价之一……虽然该协定并非NAFTA的一部分，但却应将其视为NAFTA一系列协议的组成部分。如果NAFT能够被认定为是一个含有部分环境条款的贸易协

① MANN H. *NAFTA and the Environment*: *Lessons for the Future* [J]. Tulane Environment Law Journal，1999—2000，13：396.

定，那么《北美环境合作协定》就能够被认定为是具有一定贸易含义的环境协定。"① 因美国、加拿大作为发达国家，与发展中的墨西哥之间在经济贸易、环境政策和社会发展阶段差异悬殊，《北美环境合作协定》也被认为是发达国家为解决与发展中国家的环境、贸易问题而签订，以确保发达国家的生态环境不会因发展中国家的贸易介入而受到威胁，如其中关于帮助墨西哥制定实施更高标准的，可与美国、加拿大相媲美的环境基础设施法规，主要针对墨西哥可能不积极实行环境法律而建立的争端解决机制，为支援墨西哥环境保护基础设施建设而设立的北美发展银行与边界环境合作委员会等。

综上所述，虽然《北美环境合作协定》中存在一定不足，但其作为发达国家与发展中国家之间签署的专门侧重环境保护的多边贸易协议，在环境与贸易方面所做出的有益探索，对其他国家在多边贸易往来中如何进行协调来保护环境，无疑有着一定的借鉴意义。

第二节　美国的环境立法体系

美国在环境立法方面起步非常早，而且立法的主体及范围十分广泛，除联邦政府立法外，还有各州关于环境保护的立法。起初，人们只是单一地对土地、空气、水资源等分别进行污染控制立法，如在 19 世纪 70 年代联邦政府即制定了《荒芜土地法》，规定了居民对土地的植树与灌水义务，可以视为美国环境立法的开端。作为英美法系最具代表性和典型意义的国家，美国的环境立法体系秉承了英美法系国家法律体系的一贯传统，主要由国会环境立法、法院的相关判例、行政主管机关大量的规则、命令所共同构成②。其中，国会环境立法是美国环境立法体系的主体，因法院判例在我国并不能作为法官做出裁判文书的依据，所以本书主要从国会环境立法角度研究美国环境立法体系，以探求其环境立法的可鉴之处。

美国的环境立法体系可以分为两个层级：上层为综合的环境政策法，下层为自然资源保护法与污染控制法。

---

① SAUNDERS J O. *NAFTA and the North America on Environment Cooperation*: *A New Model for International Collaboration on Trade and Environment* [J]. Colorado Journal of International Environmental Law and Policy, 1994, 5: 284.

② 刘爱军. 生态文明视野下的环境立法研究 [D]. 青岛：中国海洋大学，2006：73.

一、综合环境政策法

政策型立法最早起源于美国，是一种不同于传统立法的法律形式。美国环境立法体系中的综合环境政策法专指国会在1969年末制定，1970年1月1日正式颁布施行的《国家环境政策法》（*National Environment Policy Act of* 1969, *NEPC*），在美国联邦环境立法体系中处于最高位置，是一部十分简洁却具有划时代意义的环境法律基本法，被环保人士誉为“环境大宪章”（*An Environmental Magna Carta*）。作为一部纲领性、综合性的环境保护基本法，《国家环境政策法》强调了生态环境、自然资源对国家经济社会发展的重要性，宣示了联邦政府的环境保护政策，在环境法制战略突破口的选择、观念更新、职能创新和制度创新四个方面对促进联邦政府的环保理念转型升级和环保行政程序的科学化民主化起了很大积极作用。

第二次世界大战期间，美国本土基本没有遭受战争的蹂躏。当时安定的经济发展环境以及战争物资的大量需求，反而使美国在此期间经济持续发展。20世纪40年代后，随着战后国际新秩序的形成，新科学技术的兴起与发展，美国经济持续进一步发展，但同时经济高速增长带来的环境污染问题也更加突出，引起了人们的恐惧。随着科技的发展，人们产生了资源匮乏的担忧，生态环境问题愈加趋于复杂多样化。被誉为“环境主义先知先觉式人物”的利奥波德在20世纪30年代美国生态学发展的过程中，提出了旨在建立正确的人类与土地、人类与自然和谐相处的土地伦理观，“成为环境保护主义的神圣教义，构建了许多现代资源节约和环保组织的基本信条”，使社会更加关注自身的生存环境。同时，随着经济发展，社会阶层发生了巨大变化，各类社会思潮迭起，社会民众参与社会事务的积极性显著提升，导致了自由主义运动、反正统文化运动、民权运动和新左派运动等各种社会运动频频出现。于是，在这样的背景下，特别是美苏在冷战思维的影响下展开了疯狂的军事试验与核战争研究后，各种化学污染、核污染日益令世人恐惧，深深地刺激了公众对自身生存环境的危机感，美国社会兴起了由生态科学家与知识分子发起的、社会公众广泛参与的战后环保运动。

美国政府在环保运动的巨大压力下，为了确保国内经济可持续发展，逐渐改变以往过分注重经济发展与军事竞赛的政策，将生态环境的保护纳入国家政策范围，加大环境立法与执法工作，在制定一系列自然资源保护法与污染控制法的同时，从国家政策的宏观方面制定了《国家环境政策法》，明确了必须减少经济活动对环境的负面影响，规定了各项政策、解释、判例和执行必须与其相一致，以统一的政策、目标和程序确定了环保问题的解决途径。特别是其中要求行政机关将环境影响评价程序纳入决策过程中，强调了环境价值对行政决策的意义，促使行政机关努力平衡经济发展与环境保护的利益关系，以实现二者良性互动，协调进步。

美国政府的政策立法，有力地推动了美国国内各州相关立法，对以后美国环境立法体系的构建起到了提纲挈领的作用，为随后颁布的诸如《噪音控制法》《有毒物质控制法》等奠定了良好的政策性基础。同时，在国际上产生了深远影响，特别是其中环境影响评价程序被许多国家借鉴融入本国生态环境立法体系中，在全球范围内推进了生态环境保护的进程。

二、自然资源保护法与污染控制法

除了上层的综合环境保护基本法之外，美国环境立法体系中处于下层的环境法律法规按调整对象可分为两大类，即主要以国有土地的利用和野生动植物的保护为内容的自然资源保护法与以水、空气、固体废弃物等为内容的污染控制法。

自然资源保护立法最早可追溯至18世纪中下期，并始终贯穿于其后美国社会经济发展的各个阶段。自然资源作为一种特殊的生产要素，在发展经济过程中有着极为重要的意义，但不当或过度的资源开采利用又会制约经济的可持续增长，同时也会严重威胁人类生存环境。在美国经济发展初期，关于自然资源保护的立法主要集中在土地立法方面，联邦政府以优惠的土地政策吸引大批移民西迁，体现了在经济起步阶段的工业不发达时期土地对国民经济的重要性。19世纪中后期，伴随着西方国家资本主义经济的发展，自然科学研究取得了巨大进步，第二次工业革命蓬勃兴起，各种应用于工业生产领域的新技术层出不穷，美国也进入了工业经济社会，并且随着资本主义生产社会化的趋势、企业竞争的加剧、生产资料与社会资本的集中，最终导致了垄断资本主义出现。虽然科技取得了进步，但此时美国资本主义拼命追逐高额利润的本性，放任粗放的工业生产方式，造成了自然资源的严重污染和对生态环境的破坏。为了保证自然资源可持续利用和社会发展的可持续性，美国立法机关颁布了许多保护自然资源的单行法，如1864年《煤烟法》（*The Coal Act*）、1899年的《河流与港口法》（*The River and Harbor Act*）、1936年的《土壤保护法》（*The Soil Protection Act*）等。

随着生态文明学的不断发展，美国社会对生态文明理念的认识日益系统化和成熟化，特别是在1969年制定了《国家环境政策法》前后，美国的自然资源保护立法更显系统化，逐步建立起以土地法为中心的自然资源管理体系，制定了诸如 1960 年《多重利用与永续出产法》（*Multiple – Use, Sustained – Yield Act*），1976 年《联邦土地政策和管理法》（*The Federal Land Policy and Management Act*），1972 年《海岸带管理法》（*The Coastal Zone Management Act*），1976 年《国家森林管理法》（*National Forest Management Act*），特别是在环保运动者约翰·米尔（*John Muir*）以及各种民间力量、非政府公益组织坚持不懈的努力下，美国国会在 1964 年制定了美国历史上最具影响力的自然资源环境保护法案——《荒原法》（*Wilderness Act*），规定荒原是"土地及其附着动植物群落不受人类干扰的地区"，提出"为确保伴随着人口增长而扩张的定居点和发展着的机械化，占据和变更美国区域……使得没有土地在其原始自然条件下被保存或保护，据此，国会颁布此项法令，以确保当代及未来的美国人能拥有无限的荒原资源"。据此，将部分联邦土地划为荒原地区，禁止对其进行任何开发利用。同时，为保护濒临灭绝的物种，国会于 1972 年制定了《濒危物种法》（Endangered Species Act），绝对禁止侵害、捕猎所有被列入濒危物种名单的各类动植物。

随着 1948 年宾夕法尼亚州多诺拉空气污染事件、1952 年洛杉矶光化学烟雾事件的发生，美国国会加快了环境污染立法步伐，先后通过了控制空气污染的《联邦大气污染控制法》（*The Air Pollution Control Act of* 1955），后修订为《清洁空气法》（*The Clean Air Act*）；控制水污染的《联邦水污染控制法》（*The Water Pollution Control Act of* 1972），后修订为《水清洁法》（*The Clean Water Act*）。此外，还通过了保护有价值饮用水源的《安全饮水法》（*Safe Drinking Water Act of* 1974），控制固体废物污染的《资源保护和恢复法》（*Resource Conservation and Recovery Act*），控制危险废物处理、处置设施污染的《综合环境反应、赔偿和责任法》（*The Comprehensive Environmental Response, Compensation, and Liability Act of* 1980）和控制噪声的《联邦噪声控制法》（*Federal Noise Control Act of* 1972）等。这些具体的环境污染控制类立法同自然资源保护法以及上层宏观的综合环境保护政策法相结合，形成了美国完善的环境立法体系，并与其他联邦或州成文法或不成文法相结合，基本实现了联邦政府统筹规划，各州、各领域的全覆盖，以保障国家生态环境安全。同时，在执行方面，每个法案对行政部分的职责方面也做了明确的分工，将执行与评估相分离，确保评估的公正性与执行的严格性，并注重部门之间交流合作，积极吸引社会民众的参与，以实现全社会共同努力，确保生态环境保护的有效性和经济社会发展的可持续性。

第三节　日本的环境立法体系

任何一国环境立法的起步与建立完善都与本国经济发展有着密切联系。人类社会发展的前期阶段，各国基本都是以大量攫取自然资源，罔顾生态环境保护为路径取得经济的发展与腾飞，日本也不例外。自19世纪80年代日本明治维新开始，日本走向了资本主义发展道路。伴随着经济持续快速增长，特别是在军国主义“富国强兵”的政策引导下，日本矿业发展迅猛，引起了一系列诸如日立矿山烟毒、足尾铜矿矿毒事件、大阪碱业会社二氧化硫事件等，政府的环保意识萌芽渐渐出现，开始了较早的环境立法，如制定了《烟煤管理令》《矿业条例》(1890年)、《工厂法》(1911年)、《土地收用法》等公害防治法。

日本环境立法体系的形成具有明显的公害防治与自然保护并行发展的特点。在19世纪末20世纪初，颁布了上述公害防治法的同时，制定了《自然公园制度》《森林法》《狩猎法》《都市计划法》等，使得在经济社会发展的同时，公害防治与自然保护同步平行发展，确保经济发展与环境保护的良性共同进步。

但随着两次世界大战的爆发，特别是作为第二次世界大战战败国——日本亟须在被战争摧毁的废墟上重建，于是战后日本推行了经济增长为绝对先导的政策，致力于追求经济的快速发展，但忽视了环境保护。在经过20世纪五六十年代以年均达10%的增长率高速发展和七八十年代的持续增长后，日本终于成为仅次于美国的世界二号经济强国。同时，亦被称为“公害先进国家”，因为日本社会为经济高速发展付出了惨重的代价，特别是在19世纪50年代到70年代发生了日本历史上著名的“四大公害病事件”，即1956年发生在熊本县水俣湾由有机汞导致的水污染引起的水俣病，1964年发生在新潟县阿贺野川流域同样由有机汞导致的水污染引起的水俣病，1960—1972年发生在三重县四日市由硫氧化物导致的大气污染引起的哮喘病，20世纪50至70年代发生在富山县神通川流域由镉造成水质污染引起的骨痛病。作为经济高速发展带来的“副产品”，大量的环境公害污染问题直接威胁到人们的生命健康，并引发了系列社会和政治矛盾，影响了国家社会的长期持续发展。这迫使日本政府开始改变政策，重新关注经济发展与环境保护的协调和可持续发展。

在此期间，日本开始建立以控制公害为中心，包括以保全和创造良好环境为内容的环境基本法体系①，从1967年关于公害防治的基本法《公害对策基本法》和1972年关于自然保护的基本法《自然环境保全法》到1993年《环境基本法》，最终形成了以宪法中环境保护条款为基础，以综合原则性的《环境基本法》为中心，以各个相关部门法为补充，以公害防治、自然保护、环境污染处理及环境损害救济、相关管理组织的制度标准等为内容的环境法律法规体系。作为国家对环境保护的基本法，日本的《环境基本法》共三章46条，第一章主要阐述了环境保护的定义、目的以及相关基本理念，第二章明确了环境保护的职责分工并宣示了政府的环境保护政策、方针计划等，第三章规定了环境审议会和公害对策会议的设置内容。日本的《环境基本法》构建起了国家基本环境保护的法律制度框架，与规定具体实施内容的系列单行环境法律相辅相成，确保了环境保护工作的有效进行。其中，系列单行环境法律为数众多，涵盖了刑事、民事及行政三大实体法及其他各类部门法领域，一般以调整对象范围的不同区分为救济法、管制法和事业法三大类。

一、救济法

救济法主要是当事人在受到公害侵害时，要求实施加害行为的单位或个人赔偿损失的法律法规。日本环境立法体系中关于救济法的法律法规最早是在“四大公害事件”期间，众多受害者持续不断地提起诉讼，要求赔偿的情况下制定的，如1958年《公用水域水质保全法》、1970年《公害对策基本法》等。

救济法出现的同时与公民环境权理论和公害诉权有着密切联系。1969年日本的《东京都公害防止条例》序言部分明确规定了公民的环境权，即“所有市民都享有身体健康、环境安全和幸福生活的权利，其不能被公害所侵害”。在1970年3月日本东京召开的“公害问题国际座谈会”上发布的《东京宣言》，提出要将环境权作为一项基本人权②。同时美国学者萨克斯教授根据公共信托原理，从民主主义的立场首次提出了“环境权理论”，认为像洁净的水源、空气等与人类自身生存息息相关的环境要素是全体民众所共有的财产，政府只是受民众委托而管理并应当管理好此类财产，未经民众许可，政府不得擅自处理这些财产。此外，对于环境公害问题，法律还赋予了公众相应的环境公害诉权，其实质是一种司法保护请求权，是当事人或其他利害关系人在权益受到损害或与他人发生争议时，请求法院用裁判方式予以保护的一种权利。日本的民众环

---

① 王礼墙．中国自然保护立法基本问题［M］．北京：中国环境科学出版社，1992：121.
② 蔡守秋．环境权初探［J］．中国社会科学，1982，3：32.

境公害诉权可分为两类，一是救济其本人利益的私法救济，另一类是行政法救济，即为纠正国家行政机关或公共团体不合法行为，以法律上无利害关系人身份提起的诉讼。

"那时被追究的均为民法上的侵权行为责任，公害问题作为法律现象，首先是以私法上的经济问题出现。"① 民法的保护对象主要是人的人身权和财产权，日本民法第709条规定："因故意或过失侵害他人权利，对其所产生的损害负赔偿责任。"在环境污染损害救济中，1972年修改的《大气污染防治法》和《水污染防治法》中，对一定范围的人身权健康损害采无过失原则，即只要发生了环境污染且对他人造成了人身损害，无论环境污染行为实施者主观上是否有过错，都应当承担责任；而对财产权则采取过错责任，即在环境污染导致财产损失时，加害者必须具有主观上的故意或过失，才承担损害赔偿责任。对人身权与财产权的不同标准，即表明了政府对公民人身健康的关注，同时有利于企业在一定程度上免于过重赔偿负担的责任，从而有利于社会经济的正常稳定发展。

同时，面对诉讼程序的时间、金钱等较高成本代价，日本为提高解决环境污染纠纷的效率，"将行政与司法两个法律领域加以混合，形成了'行政准司法'制度"②，以期通过便捷、高效、灵活的行政手段来解决纠纷，主要包括斡旋、和解、调解、仲裁等正式程序。特别是在1970年发布的《公害对策基本法》中设置了双层的公害纠纷处理体制，即公害等调整委员会（下设调解委员会、仲裁委员会和裁定委员会分工解决公害纠纷）和都、道、府、县公害审查会。同时，《公害等调整委员会设置法》《公害健康被害补偿法》和《公害纠纷处理法》等规定了相关机关严格独立的人员任用程序制度，以确保公害纠纷解决的公正性、客观性和独立性。非正式程序主要是民众在认为自身遭受了公害侵害（无论发生或未发生）时，均可以到都、道、府、县的相关行政机关，通过交谈、投诉的简单方式，要求相关职责部门对公害情况进行调查，以便及时、快速地解决公害纠纷问题。

二、管制法

环境管制法是指政府为协调经济发展与环境保护，保障与促进社会经济的健康及可持续发展的同时，实现自然资源有效配置，通过制定法律法规对经济发展中涉及的自然环境问题进行的监督管理。

---

① 原田尚彦．环境法［M］．于敏，译．北京：法律出版社，1999：12.

② 王明远．环境侵权救济法律制度［M］．北京：中国法制出版社，2001：162.

日本的环境立法体系中的管制法主要有：1968年的《大气污染防治法》。日本第一部全国性的大气污染控制立法是1962年制定的《煤烟排放规制法》，这部法律吸收了地方政府基于排放标准实施的控制大气污染的管理手段①。为了对特定地区工厂的二氧化碳和粉尘排放进行限制，随后又通过了《大气污染防治法》。为了控制机动车尾气排放，1992年制定了《关于机动车排放氮氧化物的特定地域总量削减等特别措置法》的专项法律。《大气污染防治法》经历了十几次修改，将污染物排放的限制范围扩大到全国，并删除了环境保护与经济发展相协调原则（以往此项原则常常被曲解为经济发展优先于公害防治的"协调原则"），规定了对违法排污行为可不经劝告而直接处罚的"直罚制度"，采取无过失损害赔偿责任制度等，最终形成了管制大气污染发生源的基本法律框架体系。

1970年的《水质污染防治法》是在修改合并了1958年《关于保全公共水域水质法》和《关于控制工厂排水法》的基础上而形成的，具有明确的控制对象、严格的排放标准，对行政管理权限划分与执法、赔偿责任和违法行政处罚等也做出了明确规定，禁止超标准向水体排放污染物，并在一定区域实行总量控制制度，其与《水质污染防止法施行令》《公共水域有关水质污染的环境标准的水域类型的制定》《濑户内海环境保全临时措施法》《湖泽水质保全特别措施法》等共同形成了管制水污染发生源的基本法律体系。

1970年《农用地土壤污染防止法》是一部关于农用地土壤污染防治的专门性法律，以污染物风险预防与控制、污染区域划定与监视、污染调查职责与责任追究为主要内容，对土壤污染防止、农用地和农作物做了规定。2002年国会又颁布了关于工业用地土壤污染调查和治理的《土壤污染对策法》②，并辅以配套的《土壤污染对策法施行令》《土壤污染对策法施行细则》两部法规，而在地方，各行政区也制定了数量庞大的地方条例、纲要或指导方针，从而在中央与地方共同确立了较为完善的土壤污染防治治理法律法规体系。

1968年《噪声管理法》、1993年《新干线、飞机环境噪声标准》、1998年《噪声环境质量标准》，按地域类型规定了企业设备、建筑工程、机动车道路运营的噪声限制以及管理措施，并由这三部法律共同构成了噪声管制法。

1972年《恶臭防止法》，旨在通过对伴随企业活动产生的恶臭实施必要的

---

① 穆治霖．应对雾霾污染的法律思考［J］．环境与可持续发展，2014，1：55.

② 日本国会第171次会议通过的《土壤污染对策法部分条文修正案》于2009年4月24日公布，从2010年4月1日起开始实施。

控制，推进其他恶臭防治对策，以保护生活环境和国民健康。《恶臭防止法》将臭气强度与浓度二者相结合，从而确定了臭气限值标准，并据此对城市污水处理厂臭气进行了分析评价，并规定了恶臭控制地区、防治对策的推进和国民的责任义务、报告与检查以及处罚原则等内容。

此外，日本还针对震动、地震、矿害、原子能公害等制定了相应的管制法律法规，因篇幅所限，在此不一一展开。

三、事业法

环境事业法是政府为了治理环境污染，促进环境保护事业的发展而制定的系列法律法规，旨在通过一定的行政指导手段或政策措施，确保经济社会与环境保护事业的共同发展。

日本环境保护立法体系中的事业法主要有以下几部：

1959 年《关于东京首都圈建成区控制发展工业法》，这是一部有关工厂配置的法律，规定严格限制企业在市区新建和扩建，鼓励高能耗、重污染工业企业向城市外围搬迁，并在建成的市区周围设置 5—10 公里宽的绿化带，一系列措施使得东京的环境污染、工业密度与结构都有不同程度的改善，为首都圈发展创造了良好的环境条件。

1965 年《防止公害控制事业团法》、1970 年《公害控制事业费用企业负担法》《公害控制事业的财政特别措施法》等构成了有关公害防治事业的法律体系，主要旨在解决公害防止事业的资金问题，规定了诸如由国家成立的公害防治事业团负责提供面向中小企业的优惠贷款，规范污染防止费用负担和规范环境行政管理成本，国家财政对企业的资金支持，从而极大地促进了公害控制事业的发展。

1920 年《都市计划法》、1932 年《都市公园法》、1950 年《建筑基准法》《都市绿地保全法》、1957 年《下水道整建紧急措施法》等有关都市环境保护的法律，指导规范了日本城市的开发建设，最终形成了较为完善的都市立体空间系统，实现了城市环境优美、布局合理、公园众多、建筑协调，确保了都市的整体协调可持续发展。

1957 年《自然公园法》、1972 年《自然环境保全法》、2002 年《鸟兽保护及狩猎法》以及地方公共团体制定的诸如《森林法》《古都历史风土保存特别措施法》等自然保护条例，构成了有关自然环境保护的事业法律体系，分别从不同角度对自然环境保护事业做出了规定。

综上，日本的环境立法体系，虽然种类繁多、面面俱到，但体系清晰、内容细致，并不只有简单的宣言性或训示性规定，而是具有很强的实际可操作性。尤其是，进入 21 世纪以来，日本依据生态文明理念的环境立法体系有了更丰富的内涵和发展，如首次提出了构建 21 世纪“环之国”的概念，在环境立法和政策制定时更加体现出循环、共生、参与和国际合作的新趋势。

第四节 中国的环境立法体系

我国最早关于环境保护的法律规范可追溯到古代的夏商时期，并且是近现代世界上最早建立、目前已具有较为完善的环境立法体系的发展中国家。中华人民共和国成立以后，我国逐渐认识到环境立法的重要性，开始了相关的立法工作。1973 年全国第一次环境保护会议的召开，将环境保护工作提升到了国家事务的新高度。1978 年党的十一届三中全会后，我国环境保护事业更是进入了一个新阶段。此前的计划经济体制片面强调经济发展而忽视了生态环境保护工作，虽然制定了诸如 1951 年《中华人民共和国矿业暂行条例》、1957 年《中华人民共和国水土保持暂行纲要》、1956 年《工厂安全卫生规程》等法规或标准，但相关规定十分零散，并没有形成完整的环境保护体系。自 1966 年后，我国法制建设破坏严重，前列法规等的现实作用意义并不大。在国际上一些环境公害事件发生后，特别是 1972 年联合国人类环境会议召开后，我国开始更加注重环境保护立法工作的开展。例如，1973 年国务院拟定了我国环境保护基本法的雏形文件《关于保护和完善环境的若干规定（试行草案）》，1978 年在修订了的《中华人民共和国宪法》中首次规定了“国家保护环境和自然资源，防止污染和其他公害”。最终在 1979 年颁布了《中华人民共和国环境保护法（试行）》，标志着我国环境立法体系的开始建立。此后，我国先后签署了《濒危野生动植物种国际贸易公约》《国际捕鲸管制公约》等一系列国际环境公约，自此，我国环境保护工作进入了系统化、法治化、国际化的崭新阶段。

作为世界上最大的发展中国家，我国拥有 5000 多年的历史，960 万平方公里的陆地领土面积，300 多万平方公里的领海面积，13.75 亿人口（2015 年），GDP 总量超 10 万亿美元（2015 年），是当今世界仅次于美国的第二经济大国。在社会经济高速发展的同时，我国地震、沙尘暴、雪灾、旱灾及雾霾等自然灾害也越来越频发，生态环境保护的形势更加严峻。部分地区环境保护意识不强，对自然资源过度滥用，生态环境的破坏十分严重，急需下大力气进行综合整治，将生态文明理念融入社会经济发展过程中，实现经济发展与环境保护协调良性发展，确保社会可持续发展。

一、中国的环境立法体系

我国环境立法体系是中国特色社会主义法律体系中的重要一环，在民法、刑法、行政法和经济法等各个部门法中都有所涉及，但也自成体系，有着自身的独立性。“环境法体系是指由调整因开发、利用、保护改善环境等活动中所产生的社会关系的各种法律规范的统一整体，我国环境法早已成为一个独立的法律部门。”特别是在十一届三中全会以来，经过不断探索，我国已经形成了以宪法关于保护和改善环境的规定为基础，以环境基本法的原则性规定为主干，辅以大量单行法律、法规、规章制度、环境标准为具体实施指南，并以缔结或签署的国际条约或协议为补充的完善的环境立法体系。

我国的《宪法》作为根本大法，具有最高法律效力，是我国制定一系列环境法律法规的依据，并起着重要的指导和制约作用。《宪法》第 9 条规定：“矿藏、水流、森林、山岭、草原、荒地、滩涂等自然资源，都属于国家所有，即全民所有；由法律规定属于集体所有的森林和山岭、草原、荒地、滩涂除外。国家保障自然资源的合理利用，保护珍贵的动物和植物。禁止任何组织或者个人用任何手段侵占或者破坏自然资源。”本条第一款将自然资源和重要的环境要素宣布为国家所有，从所有权视角为生态资源和环境保护国家立法提供了法律依据。第二款强调了应合理利用自然资源并进行严格保护，从根本大法的角度上确定了自然资源破坏的违法性。《宪法》第 26 条规定：“国家保护和改善生活环境和生态环境，防治污染和其他公害。国家组织和鼓励植树造林，保护林木。”体现了国家在生态、生活环境方面的基本责任和政策以及对环境保护的重视。

我国的环境基本法是 1979 年颁布的《中华人民共和国环境保护法（试行)》，后在 1989 年正式颁布实施了《中华人民共和国环境保护法》，并在 2014 年经十二届全国人大常委会第八次会议做出了修订，其在环境立法体系中仅次于宪法，并为其他环境法律法规等的制定做出了原则性规定。“它是适应环境要素的相关性、环境问题的复杂性和环境保护对策的综合性等需求而出现的，是国家对环境保护的方针、政策、原则、制度和措施的基本规定，其特点是原则性和综合性的法律规范。”① 例如，第 1 条规定了本法的任务是“为保护和改善环境，防治污染和其他公害，保障公众健康，推进生态文明建设，促进经济社

---

① 韩德培，陈汉光．环境保护法教程［M］．北京：法律出版社，2003：23.

会可持续发展”，第4条将保护环境作为我国的基本国策，第5条规定了“坚持保护优先、预防为主、综合治理、公众参与、损害担责的原则”，并对环境法的对象、基本要求、法律责任等做了全面规定。

单行法律是由全国人大常委会制定，以保护特定环境要素或调整特定环境关系为对象而进行的专门立法，具有特定性和专一性特点。我国先后颁布了多部以管理和保护水资源、矿物资源、生态资源等自然资源和以防治大气污染、噪声污染等环境污染为对象的单行法律法规，诸如1986年《土地管理法》、1996年《水污染防治法》和《噪声污染防治法》、2000年《大气污染防治法》等。

法规包括国务院行政法规和地方人大制定的地方法规，二者法律地位均次于宪法和法律，且后者效力低于前者，如1982年《水土保持工作条例》、1999年《土地管理法实施条例》、2004年《山东省海洋环境保护条例》；规章包括国务院行政部门制定的部门规章和地方政府制定的地方规章，二者效力均次于法规，如2010年《汽车排气污染监督管理办法》、2012年《山东省湿地保护办法》；环境标准体现了国家技术经济政策，是由法律授权的国务院环境保护机构与有关部门拟定发布的规范性文本，是我国环境保护立法体系中一个独立的、特殊的重要组成部分，如大气环境质量标准（GB3095－1996），污水综合排放标准（GB8978－1996）等。法规、规章、环境标准在我国环境保护立法体系中的地位与效力、调整对象与范围虽然都有不同，却是法律具体实施执行的必要补充，对法律的完善与修改也有着重要的借鉴与参考意义。

我国签署或加入的国际条约是我国法的渊源之一。随着环境问题的国际性特征日趋明显，各国越来越注意到单个国家或地区不可能完成环境保护这一国际难题，国家之间有必要进行合作，共同努力应对如全球变暖、臭氧层空洞等全球性环境问题，而我国也在积极参与国际环境法的起草与签署，以一个负责任的大国形象在国际环保行动中做出了巨大贡献。我国缔结或参加的国际环境条约主要有《濒危野生动植物种国际贸易公约》《生物多样性公约》《保护臭氧层维也纳公约》《联合国海洋法公约》等。

二、中国与美国、日本两国的环境立法比较

我国现有环境立法体系与美国、日本两国相比较，都是在经济社会发展过程中为了解决生态破坏、环境污染问题而利用法律的指引、预测、评价、教育和强制作用，规范自我行为而建立起来的，目的都是为了协调发展与环境之间的关系，最终实现可持续发展。然而，与美日两国的环境法相比，在发展历史、

建立方式、途径以及内容上有着很大区别。这主要是由不同国家之间历史发展进程、基本国情、经济发展水平以及经济体制的不同等引起的必然结果。当然，我们应该从实际国情出发，认真审视自我体系的优势与不足，在环境问题日益国际化的大背景下以兼容并蓄的态度吸收他国在环境立法方面的优点，进一步完善我国环境立法体系，实现生态环境保护各领域的有法可依，实现经济社会可持续发展。

（1）美国、日本作为环境立法起步较早的国家，其环境立法和西方资本主义国家的环境公害事件推动了我国环境保护立法体系的建立。20世纪六七十年代，西方国家公害事件频发，促使各国环境基本法的诞生，如1967年日本《公害对策基本法》、1969年美国《国家环境政策法》。特别是联合国第一次人类环境会议，进一步唤醒了我国的环境保护意识，我国立法机构及政府着手开始了环境立法工作。

（2）作为联邦制国家，美国地方各州也有自己的环境法，而日本虽为单一制国家，却先有地方性环境立法，然后才有国家环境立法，并且两国众多的地方性环境立法在全国性立法的修订和完善进程中发挥了极为重要的推动和参考作用。许多地方立法中先进的环境立法理念、具有普适性的环境保护制度已经被全国性立法所采纳。恰恰相反，我国环境立法体系的建立先是从国家层面开始建立完善，地方性环境立法随后展开。

（3）环境基本法的地位不同。三国都有一部关于环境保护综合性、基础性、原则性的基本法：日本1967年制定的《公害对策基本法》于1993年被修改为《环境基本法》；美国于1969年制定了《国家环境政策法》；我国1979年制定了《中华人民共和国环境保护法（试行）》，1989年修订颁布了《中华人民共和国环境保护法》，并于2015年1月1日最新修订施行了《中华人民共和国环境保护法》。三者均是各国环境立法体系中的基本法，但三个基本法在国内立法体系中地位不同：美日两国环境基本法都是其国家最高立法机关——国会制定，而我国《环境基本法》与一般的单行法律都是由我国最高立法机关的常设机构——全国人大常委会通过和修订的。根据我国宪法第62条、第67条关于全国人大和全国人大常委会的职权规定可知，只有全国人大有制定和修改刑事、民事、国家机构的和其他基本法律的权限，所以，我国的环境基本法虽称为“基本法”，但在立法地位上却不如美日两国的环境基本法。

（4）三国在环境立法体系的建立过程中，民众的环保意识以及参与性对立法体系的推动程度不同。日本的“四大公害”事件，危害了大量民众的健康和家庭幸福，使很多国民身心受到摧残，遭受了巨大的人身财产损害，促使民众环保意识普遍觉醒，并通过示威抗争、进行诉讼等方式表达不满，形成了全国性的反公害运动。在美国“多诺拉小镇烟雾事件”和两次“洛杉矶光化学烟雾事件”后，民众的环保意识因经济发展而付出的惨痛代价而空前觉醒，并积极参与民间诉讼。在最新的环保理论、各类环保组织的有力推动下，爆发了大规模席卷全国的环境保护运动，民众要求国会制定与修改环保法律，要求联邦政府有效控制环境污染。在两国民众运动的有力推动下，国会分别通过了本国的环境基本法，并制定和修订了大量法律，逐渐完善了本国环境保护立法体系。而在我国，为增强立法的公开性和透明性，提高立法质量，在制定环境保护相关法律法规时，主要采用发布“征求意见稿”的方式，吸引民众参与，听取民众意见。

（5）环境立法体系的完善成熟程度不同。美国作为一个仅有二百多年历史的年轻国家，在特定的政治制度、地理环境、经济社会发展背景下，从19世纪末即开始了环境立法，并随着第二次世界大战结束后其经济发展与环境保护之间矛盾的加剧，以及民众环保运动的有力推进，至今已形成了一个全面而完善的，并极具操作性的环境保护立法体系。日本的环境立法与美国起步时间基本一致，发展与完善的进程也有着很大相似性，并且两国大量的地方性立法也为国家环境保护立法工作起到了积极促进作用。相比之下，日本的环境立法思想理念更加先进，严谨性与操作性更强，更重视国家间的环境保护合作。我国虽然是发展中国家中环境保护立法工作开展比较早的国家，但还应注重吸纳美日等国环境立法体系中的先进理念与内容，不断完善自我，确保具有中国特色的社会主义环境保护立法体系更加完善和成熟。

我国最新修改的《中华人民共和国环境保护法》于2015年1月1日正式生效，以法律形式将环境保护作为基本国策，进一步强化了环境保护的战略地位，突出强调了政府的监督管理责任和法律责任，以及人大监督政府环境保护的责任，注重提升全民环境保护意识，注意了环境保护的普及宣传教育工作，加强公众对政府和排污单位的监督，明确公众知情权、参与权和监督权，完善了环境监测制度、跨行政区污染防治、重点污染物排放总量控制制度，明确规定了环境公益诉讼制度，强调建设项目必须以依法先行原则进行环境影响评价才能开工建设，进一步加大了对违法行为的处罚力度。

我国《中华人民共和国环境保护法》的修订进一步完善了我国环境保护立法体系，必将有力推进我国生态文明建设，促进经济社会可持续发展，为实现中华民族伟大复兴创造良好的生态环境条件。

本章小结

当今世界的生态环境问题是国际性的，各国在发展过程中，均不同程度地对生态造成了破坏，对环境造成了污染，所以各国或地区组织都在意图通过立法这一普遍性方式来实现改善环境的目的。本章介绍了北美自由贸易区中关于贸易与环境的立法安排，并以美国、日本为例，梳理了主要资本主义国家依据生态文明理念的环境立法体系，并与我国现有环境立法体系进行比较。由于西方国家的经济发展起步早，时间长，环境问题比较突出，迫使人们对生态文明的理念更加注重，因此，这些国家应对生态环境问题而做出的努力特别是在立法方面也早，积累了一定的经验，立法体系也相对成熟，有许多有益的理念和制度值得借鉴。所以，认真研究西方国家依据生态文明理念的环境立法制度是十分必要的。

人类的最后一滴水，将是环境破坏后悔恨的泪。20 世纪人类在发展中忽视生态环境保护，最终发生了震惊世界的“八大公害事件”。进入 21 世纪，人类必须放弃片面追求经济效益却忽视生态环境保护的错误思想，协调好发展与环境的关系。

随着经济全球化的发展，各国在促进经济贸易发展的同时，开始关注贸易与环境的关系，纷纷出台了相关的环境保护法律法规。这些法律法规体现了现代生态文明的理念，表明世界各国人民已经意识到只注重发展经济，漠视环境保护只会葬送人类自己。制定相关的法律法规，促进贸易和环境的协调发展，才是正确的发展道路。WTO 作为当今国际社会的经济贸易联合国，积极借鉴各国环境保护法律法规中的生态文明理念及环境保护规则，已经成为 WTO 义不容辞的历史责任。

第九章

WTO争端解决机构对贸易环境问题的协调与评述

众所周知，国际法中的大多数法律体制具有明显的政治性，相关争端主要通过外交途径来解决。做出的裁决也是“无牙的老虎”，主要靠败诉方的自觉性来执行。然而，WTO法却具有明显的“规则导向”，绝不可等闲视之。与其他国际条约、国际习惯法和国内法律相比，WTO规则具有重要特征。第一，WTO规则带有很强的政治性和政策性①。WTO规则作为国际贸易公法，以政府间贸易政策和实践的协调为其价值趋向和终极目标，调整的是政府之间的宏观经济贸易关系。“加入WTO后，我们认识到中国的许多经济、贸易政策与法律的决定权并不完全单独由中国政府决定，要受到自己参加的国际条约的约束。国际条约和国际法已经‘闯入’国家乃至省级政府的决策。”② 一旦成员方侈谈国家主权而违反WTO规则导致在WTO争端解决机构中败诉，不仅会受到其他相关成员方的贸易报复，遭受重大经济损失，还会被迫纠正其相关政策或法律法规。更为严重的是，如果成员方对WTO规则尊重不够，或者泼皮刁难，必然会使其国家在国际社会中遭受多方指责，结果自然会国家主权无法得到维护，国际形象受损③。第二，WTO规则具有不容置疑的强制性和排他性。司法管辖权方面，WTO规则与国际公法中的原则以及国际法院之间存在的最大实质性的不同是，WTO的管辖权是强制性的和排他性的。这就是说，一旦成员方违反WTO规则，其他相关外国企业或政府在选择管辖权方面具有主动权和选择权，而不管该成员方是否同意接受这种管辖。例如，

---

① Gisele Kapterian. A Critique of the WTO Jurisprudence on “Necessity” ［J］. International & Comparative Law Quarterly，2010，59：98.

② 张玉卿. 善用WTO规则［M］. 国际经济法学刊（第10卷）. 北京：北京大学出版社，2004：7.

③ 我国加入WTO表明我国作为主权国家对WTO规则的认可，是主权国家运用和实现主权的一种方法，是主权让渡行为。如果把WTO专家组、上诉机构的裁决认为是干涉内政、侵犯主权，就是对WTO的不了解、不认识。（张玉卿. 善用WTO规则［M］. 国际经济法学刊（第10卷）. 北京：北京大学出版社，2004：8.）

WTO 争端解决机制引入了“反向协商一致”原则，只要不是所有的成员都反对，专家组或上诉机构的报告在争端解决机构审议中便会获得通过，从而排除了败诉方单方面阻挠报告通过的可能。更重要的是，拒不履行的成员方可能受到报复。在此意义上，WTO 的成立从实质上改变了国际规范无牙老虎的弱势，成为全球化环境下国际规范的重要特征①。第三，WTO 规则具有高度的统一性和完整性。虽然 WTO 法律体系涉及面广，规则错综复杂，但是，一旦成员方违反任何 WTO 规则，都有可能受到指控并被直接诉至 WTO 争端解决机构接受审查和裁决。WTO 规则这种高度的统一性和完整性，使 WTO 规则成为名副其实的疏而不漏的法律之网。第四，WTO 法的公法性质决定了 WTO 争端涉及面广，数额巨大，被裁败诉的结果往往不堪设想。WTO 法是调整 WTO 成员政府之间的国际贸易关系，法人和自然人不是其主体。这样一来，WTO 争端涉及的是一个行业或多个行业，一项不公正的裁决足可毁掉发展中成员关系国计民生的核心行业。特别是，多数发展中国家正处在法治建设和经济发展的初期，诸多工业往往十分脆弱，不堪一击。这样，一项不公正的 WTO 裁决完全可能使发展中国家的经济发展战略夭折，结果不堪设想！

可见，与其他国际法中的法律体制相比，WTO 法已经成为长着利牙的老虎，必须认真对待。WTO 争端解决机构（DSB）作为老虎的利牙，所做出的裁决自然不可小觑，否则必然招致严重后果。自 WTO 诞生以来，其争端解决机构已经裁决了数百起案件，在维护国际经济法的严肃性及推进国际贸易发展方面，发挥了重要的作用。虽然这些裁决的案件并不构成具有拘束力的先例，但对后来的裁决具有重要的劝诫性。因此，对 WTO 的案例，特别是关于贸易与环境问题的裁决进行认真分析，有助于我们正确认识 WTO 争端解决机构对贸易与环境关系的理解及处理方式，为我们在 WTO 法理框架中构建生态文明的理念提供启示。

第一节　美国汽油标准案

一、基本案情

委内瑞拉与巴西诉美国精炼汽油和常规汽油标准案在国际经济贸易法的判例长河中具有非常重要的地位，因为此案具有开创性意义：它是第一次进入上诉审

① 王贵国．经济全球化与全球法治化［J］．中国法学，2008，1：23.

程序的案例，经历了 WTO 争端解决机制全部程序才得以解决，也是 WTO 成立以后处理的第一个 WTO 与环境保护关系的法律纠纷，更是第一个发展中国家利用 DSB 成功诉发达国家的案例，是研究国际贸易与环境的关系必须分析的案例。

1963 年，美国国会制定了《清洁空气法》（简称 CAA）。1990 年，为了更好地实现减少空气污染的目标，对该法案进行了调整，提出了两项指令以控制汽油燃烧气体的排放。紧接着在 1993 年 12 月 15 日，制定了“汽油与汽油添加剂规则——改良汽油与普通汽油标准”以执行这两项新的计划。其中设置了两个标准：其一是“企业单独基准”，由企业自行提供其质量数据；其二是“法定基准”，如果该企业提供的数据被环保局认为不可信或者不充足，该基准将被适用。其具体内容是：对 1990 年经营半年以上的国内炼油商适用企业单独基准；对境外炼油商适用法定基准；对进口商兼是国外炼油商的，如果它在国外的炼油厂产出汽油中有 75% 出口到美国，适用单独基准（也称“75% 规则”）。

对此，委内瑞拉、巴西先后要求与美国就汽油基准问题进行磋商。他们认为美国《清洁空气法》的规定，特别是对于汽油质量的“基准”的设定安排违反了《关贸总协定》（GATT）第一条、第三条有关最惠国待遇和国民待遇的相关规定，同时也违反《贸易技术壁垒协议》（TBT）第 2 条的规定，构成“技术法规”，以至于使得该两国企业受到损失。美国对两国的异议提出反对，提出其《清洁空气法》及实施的标准规则属于 GATT 第 20 条规定的一般例外。美国主张“汽油规则”中的“禁止退化原则”是保护人类、动植物的生命安全所必需的。协商未果，委内瑞拉和巴西向 DSB 提出成立专家组的申请①。

二、与环境有关的主要问题

美国在力证其“汽油规则”合法时，主要引用的是 GATT 第 20 条的（b）、（g）两条，因此专家组和上诉机构的裁判中也主要是围绕这两条展开讨论的。

（一）专家组报告

专家组提交的报告中，与环境相关的问题主要表现为以下三个层面。

1. 美国确定汽油基准的方法是否符合 GATT1994 协议第三条第 3 款及第 4 款关于国民待遇原则的规定

专家组认为，该“汽油规则”不符合国民待遇规定。关于国民待遇原则，GATT 第三条第 1 款要求对于一种产品征收的税费不能影响该产品的国内销售购

① CAIRO A. R. *International Environmental Law Reports. Volume 2. Trade and Environment* [M]. Cambrige: Cambridge University Press, 2001: 167 - 233.

买等活动，同时适用的各种法律法规也不能用于变相保护该产品国内生产。境外进口汽油与本国汽油在本案中，属于实质相同的一种产品。美国建立的这两种基准，使得国内汽油更便利地流通于市场，阻塞了进口汽油的流通渠道。这两种汽油在销售条件和市场待遇上明显不同，国外炼油商为了进入美国汽油市场不得不生产更为清洁的汽油，国内炼油商却不必如此。

2. 该标准规则是否属于 GATT 第 20 条（b）款：“为保护人类，动物或植物的生命或健康所必需的措施”的例外

本条款的设定目的在于，为 WTO 成员在特定情况下不遵守 GATT 的其他规定提供合法性依据，该特定情况指“为保护人类及动植物的生命或健康所必需”。但是，专家组认为美国在本案中采取的措施不能适用第 20 条例外情形的规定，不能获得正当性。

针对是否符合第 20 条的例外，专家组表示，提出主张的美国负有举证责任，应当证明争议措施符合以下条件：一是目的的正当性，即美国实施该措施目的在于保护人类、动植物生命或健康；二是必要性，实施该措施是实现其所宣称的政策目标所必需的；三是不违背大前提，即第 20 条前言部分的要求①。对第一项正当性的审查，双方是没有争议的。争议主要集中在第二项关于必要性的审查。在本案中，这指的是剥夺外国产品在国内销售时相同国内产品享有的优惠条件这一具体措施是否必要。对于“所必需”的解释，专家组援用了美国第 337 节案②以及泰国香烟进口限制和国内税案中关于第 20 条（d）和（b）款中对“必需”（necessary to）的解释：如果某一缔约方存在其他符合一般人合理预期的替代措施，该替代措施也不违背 GATT 其他规定，那么此时该缔约方采取的纠纷措施不属于“必需”的措施，其不可以依据第 20 条（d）款或（b）款的必要性规定获得正当性。对于替代方法的选择也不仅从表面形式上进行区别，重点要审查实质内容从而判断是否违背了国民待遇原则。在这一点上，专家组认为美国没有达到证明标准，不能认定其措施是必需的。据此，专家组没有对第三点与前言部分关系进行审查。

3. 美国的汽油标准规则是否属于第 20 条（g）款的例外

第 20 条（g）款为成员方采取不符合 GATT 的规定提供了又一理由，即如

---

① WTO 美国汽油标准案（WT/DS2/R），第 6. 20 段。

② “（欧共体诉）美国 1930 年关税法第 337 节案”，简称“美国第 337 节案”。US – Section 337 of the Tariff Act of 1930，Panel Report adopted on 7 November 1989，case brought by EC，36S/345.

果该缔约方采取的措施同时符合以下两个条件：一是关系到保护可用竭的天然资源，二是同时有限制国内生产或消费的其他措施存在。关于清洁的空气是否是“可用竭的天然资源”，专家组表示可再生并不意味着不可用竭，清洁的空气完全符合“可用竭”“天然”及“资源”这三个要素，因此专家组认可其是本条所指的对象，美国可以依本条采取措施阻止或减少清洁空气的枯竭。但是，对于“相关性”的考察，即该基准的建立方法是否与保护可耗竭的自然资源相关（related to），专家组采用了GATT时期加拿大鲱鱼和鲑鱼案的相关解释。专家组指出，第20条（g）款是从环境保护的立场出发的，设计初衷是为了使环境保护能够成为阻止某些破坏环境的措施被实施的理由，即使这些措施是依据总协定实施的，这一条款并不是为了扩大贸易措施的范围。据此，这项措施无须是“关键的”或是“必须的”对于环境保护，只要其“首要目的在于”（primarily aimed at）保护可耗竭的自然资源。

根据这一标准，专家组分析汽油规则时认为，美国阻止进口汽油与国内汽油享受相同的待遇与其保护环境、提高空气质量之间并没有直接的关系。因此，不能认定不同基准的设定旨于保护非再生类自然资源，不属于第20条（g）款所指的“主要旨在”保护自然资源的措施。认定此点后，专家组没有对20条（g）款的其他方面进行审查。

综合以上分析，专家组认定美国的汽油规则不能依据第20条的环境例外条款，豁免于国民待遇的义务，并且依照专家组建议，要求美国将汽油规则中的相关部分与其在GATT下的义务相统一。

报告公布后，美国决定上诉。美国主张专家组存在两个法律问题：第一，认定设定“汽油规则”基准的方法不符合GATT第20条（g）款；第二，美国认为专家组对第20条（g）款适用问题的解释有误，将其基准设定方法不认定为是与保护清洁空气“有关”，没有确认其满足第20条前言的要求及（g）款的其他要求是存在问题的。

（二）上诉机构报告

1. 根据第20条（g）款的审查

首先，上诉机构提出了对“措施”（measures）一词含义的纠正。专家组在审理中认为，美国实行的相关政策，构成了对进口汽油的“低优惠待遇”，这一结果与其保护可用竭的自然资源的立法初衷不符，所以不能获得第20条（g）款赋予的正当性结论。上诉机构审理过程中否认了专家组观点，提出应当将“措施”与“措施的实行”加以严格的区分，即应仅仅审查措施本身，而不应当将措施实施所造成的后果纳入审查范围。这意味着存在这种可能性，即“措施”本身是符合 GATT 第 20 条规定的措施，只是其在实施过程中可能造成了不合理的妨碍或损害，也就是说“措施的实行”是不符合规定的。这种情况下，依据上诉机构的解释，实施该措施产生的后果不能决定该措施是否合理，是否与立法初衷相符，只要实施该措施并不构成第 20 条前言中“在情形相同的国家之间构成任意或不合理歧视的手段或构成对国际贸易的变相限制”，该措施及其实施即均是合理的。

其次，对于“直接相关”（relating to）的审查。专家组论证了美国的汽油基准的确立规则与保护可耗竭的自然资源的立法目标之间不存在直接联系，上诉机构对此提出纠正意见。上诉机构认为，专家组对第 20 条的解释没有充分考虑各条款使用了不同词语而具有的不同意义，并且颠倒了第 20 条规定解释上的顺序。第 20 条（g）款使用的是“相关”（relating to）而不是（b）款中的“必要”（necessary to），因此审查具体措施时依据不同条款对保护国家利益和自然环境的要求是不同的。专家组在审查基准确立规则时，认为美国没有表明其确立规则是必要的，可以采用其他与总协定更一致的措施来保护自然环境。专家组的这一观点表明其在审查第 20 条（g）款时也采用了（b）款的必要标准，而不是仅要求其达到相关标准，这是违背条约解释基本原则的。上诉机构认为对条款的解释应当根据上下文并且在符合总协定宗旨和目的下进行，所以对“与可耗竭自然资源相关”的解释不需要采取必要标准，也不应当扩大到严重破坏第 3 条中第 4 款的宗旨。

上诉机构提出“相关”的更合理的解释是，争议措施与保护可用竭的自然资源只要是存在“实质联系”（substantial relationship），并不是“碰巧地不经意地”（incidentally or inadvertently）保护了可用竭的自然资源，那么该争议措施即可归为与保护自然资源“相关”。针对本案，上诉机构进行了更深入的分析，他们提出美国要想实现防止空气恶化、稳定空气质量水平，必然需要制定某一项基准对汽油进行检查。虽然这项基准的确存在违背第 3 条第 4 款国民待遇的相关规定的事实，但是不能因此便否定该基准的制定初衷。上诉机构指出该纠纷措施是与保护可用竭的自然资源有实质联系的，其“主要旨在”保护可用竭的自然资源，可以适用第 20 条（g）款①。

2. 根据第 20 条前言部分的审查

根据对第 20 条（g）款进行的审查，上诉机构仍需进一步根据前言部分进

---

① WTO 美国汽油标准案（WT/DS2/R），第 6. 40 段。

行审查。因为这些措施要想获得正当性，必须得到双重肯定：除了满足具体条款的要求外，在整体上不应违背前言的规定，因为前言部分在防止对第 20 条例外的滥用以及误用中起了非常重要的保障作用。对于希望利用第 20 条例外而获得正当的一方，其应当承担举证责任证明相关措施同时符合前言部分的要求。第 20 条前言部分要求争议的措施不应为以下三项标准：武断的、不正当的歧视标准及国际贸易的变相限制标准。

具体到本案，上诉机构根据上述标准审查时认为，美国将进口汽油定为适用更为严格的法定标准时，既没有与进口炼油商协调沟通以减轻不同基准将会产生的行政管理问题，也没有就外国炼油商适用法定基准将会产生的费用预先计算。这两项不作为也不属于碰巧的或是不经意的，并且会造成可预见的结果性的歧视。上诉机构还认为美国存在其他可以避免歧视出现的方法，并没有提供对外国炼油商适用不同于国内标准的措施的正当性理由。据此，上诉机构得出结论，美国的汽油规则措施尽管属于 20 条（g）款的范围，但不符合第 20 条前言的要求，因此并不能依据本条获得正当保护。

3. GATT 第 20 条前言与例外条款的顺序适用问题

在 GATT 时期，先前言后例外具体情形是适用第 20 条的一般做法。但是在 WTO 成立后，本案作为第一个案例确立了一种新的适用顺序——“先例外具体情形后前言”。上诉机构在审理本案中阐明，适用第 20 条时，应当先证明纠纷措施是第 20 条十种例外的其中某一种情况，然后再审查其是否满足前言部分的要求。上诉机构的理由是第 20 条前言部分是有重要作用的，可以防止第 20 条具体例外被滥用。这些例外规定可以被当作权利来使用，但是使用时不可以抵消其他根据总协定应承担的实体义务。换言之，凡权利的享有者不应因此影响其他权利人行使权利或不应因此而减少其应承担的义务。因此，前言部分必不可少，与第 20 条的具体规定同等重要。上诉机构对这一问题进行了较为深入的阐述：如果都没有对措施是否符合第 20 条具体的情形进行审查，而是直接判定其是否属于变相限制交易等前言部分规定的情形是非常困难甚至不可能的。并且前言部分的规定是较为宽泛笼统的，在不同案件不同情形下，外延和范围也会有所调整。如果在某一案件中，盲目地将进口国对出口国制定或实施单独的措施一概视为对贸易的变相限制，不符合前言部分的要求便不可引用第 20 条得到正当性，那么第 20 条的内容将被架空从而将无用武之地，这样的解释明显是不可行的。

专家组与上诉机构的报告在 1996 年 5 月被通过。美国表示将调整汽油规则使其符合 GATT 的要求。

三、简要分析

“美国汽油标准案”吸引了如此多的关注，主要原因是，该案是WTO成立之后通过专家组程序审理的第一起与环境相关的案例，并且第一次经历了上诉审程序，还因为它关注到了国民待遇这一国际法基本原则。本案中专家组和上诉机构对GATT中主要是第20条前言和（b）（g）款的适用顺序、解释规则、具体适用情况进行了比较详细的阐述。上诉机构肯定了美国的具体措施在第20条（g）款下的合法性，这是具有开创性意义的。以本案为开端，WTO争端解决机制在对待贸易与环境关系的问题上态度开始发生变化。在适用GATT一般例外条款的规则方面，由“汽油标准案”产生了如下新的规则。第一，优先判断该措施是否属于一般例外的某项具体条款，然后判断其是否契合前言的要求。第二，重新审视了一般例外条款与GATT其他条款的关系。第三，对于什么是“可用竭的自然资源”进行了更为深入的探讨。第四，区分了“相关的”和“必要的”，指出这是两个不同含义的词。

本案另一个重要的意义是树立了发展中国家对WTO争端解决机制的信心，打消了发展中国家的顾虑，而且打击了发达成员方（特别是美国）惯用的拒绝专家小组报告的借口，从而进一步加强了WTO争端解决机制的法律色彩，并将有助于防止利用任何技术性因素加剧WTO争端解决机制的政治化。在解决WTO体系中的贸易与环境保护之间冲突方面，本案也揭示了环境保护和贸易发展之间并不存在永不调和的矛盾。因此，本案奠定了WTO争端解决机制对付对国际贸易关系有不当影响的环境保护措施的基础①。在当代世界对环境问题日益关注的背景下，国际贸易与环境保护之间不可调和的矛盾导致国际争端的增加，本案的过程为这类案件的审理和裁判提供了有效的借鉴。

第二节　欧盟影响荷尔蒙牛肉进口措施案

一、案情简介

美国和欧盟之间针对牛肉生产过程中荷尔蒙添加剂使用的争端，早在1987年关贸总协定时期便已产生。由于当时争端解决机制中存在诸多不足和局限，

---

① 刘敬东. WTO中的贸易与环境问题［M］. 北京：社会科学文献出版社，2014：89.

两方经过数次磋商得到了一定程度的缓解，却未能彻底解决。WTO 成立之后，争端双方将该案提交至 DSB，这是世贸组织成立后第一次审理有关 SPS 协议争端的案件，无论在实务界还是学界都引起了广泛关注。

1981 年起，欧盟理事会颁布了 81/602 指令，要求牲畜喂养过程中，禁止激素类添加剂的使用。同样，喂养过程中使用激素类添加剂的肉制品被禁止进口。欧共体 81/602 指令的通过，对北美地区的牛肉类肉制品的出口产生了极为消极的影响。

1996 年 1 月 26 日，美国根据 DSU、SPS 协定、TBT 协定、农业协议和 GATT 的相关规则，要求与欧盟进行协商。双方谈判实力势均力敌，针锋相对，十分激烈。同年 2 月初，澳大利亚和新西兰作为第三方加入磋商。2 月 8 日，加拿大也加入协商。该四国与欧盟的磋商依旧未能达成一致意见。4 月 25 日，美国向 DSB 申请成立关于该案的专家组。5 月 20 日，美国的申请被 DSB 批准，同意专家组的成立，同时澳大利亚、新西兰、加拿大和挪威保留作为第三方介入本案的权利。1996 年 7 月，加拿大也就此问题请求成立专家组。对此，DSB 机构成立了由相同三位学者构成的专家组，分别审理美国与加拿大的申诉。次年的 8 月 18 日，专家组同时将两份裁决报告书下发。报告裁定：欧盟对进口添加六种激素类添加剂的牛肉及其加工产品的禁止规定违反了 SPS 协定第 3.1 条、第 5.1 条以及第 5.5 条。欧盟不认可专家组的裁定，于 9 月 24 日提出上诉。随后，美国、加拿大也相继提出上诉并且递交了作为上诉方与被上诉方的材料，澳大利亚、新西兰和挪威作为第三方参与诉讼。上诉机构于 11 月 4 日、5 日审理了本案，1998 年 1 月 16 日提交了裁定结果，在实体方面维持了专家组裁定，但是在举证责任和对 WTO 部分条文的解释方面提出了不同的意见。2 月 13 日，WTO 争端解决机构通过了上诉机构报告以及经过整改的专家组报告，并要求欧共体整改被上诉机构以及专家组织认定与 SPS 协定相悖的相关条款指令①。

二、与环境有关的主要问题

（一）SPS 协议中关于卫生标准的适用问题

本案关于卫生标准问题，主要涉及 SPS 协议第 3 条与第 5 条的适用。SPS 规定，对检疫措施的审查，需要按照三项标准依次审查。首先，国际标准、准则和建议，如果有可直接的按其实施；如果存在国际标准，但是没有以国际标准

① CAIRO A. R. International Environmental Law Reports，Volume 2，Trade and Environment ［M］. Cambrige：Cambridge University Press，2001：355 – 395.

为准的检疫措施，那么需要符合协议第3条第3款的要求①；如果没有国际标准，具体情况具体分析，需要审查其是否符合第2条和第5条。

在食品安全方面，即本案所属的范畴，国际食品法典委员会（Codex）制定了可适用的标准，可以作为国际标准而使用。Codex制定的标准中，并不包含欧盟所设的进口牛肉内不准包含第六种荷尔蒙的标准，而且Codex标准允许牛肉内有一定数量残留的其余五种荷尔蒙量，但是欧盟禁止有任何残留的荷尔蒙。专家组据此认定，有关荷尔蒙的相关规定，欧盟并不是依照国际标准来制定的，这违背了第3条第1款。专家组进一步地分析了其措施是否符合第3条第3款的要求。该款规定，如果存在“存在科学理由”及符合第5条，那么成员方是有采用或维持比国际标准措施所可能达到更高保护水平的措施的自由的。

欧盟对此提出异议，认为专家组的审查基于对协议的错误理解，误把第3条中“根据”与“符合”画等号。专家组将“根据”（based on）和“符合”（conform to）作为同义词，认为根据国际标准和符合国际标准代表着相同的卫生保护水平②。欧盟对此提出辩驳：不同段落使用不同词汇绝不是偶然的。欧盟认为“根据”应当被理解为“没有实质性差异”，这样欧盟的措施即可被视为以Codex的建议为基础。

上诉机构对专家组的解释提出了异议，有三个理由。第一，“符合”的外延小于“根据”，第3条第1款中的“根据”国际标准，并不等同于要求成员方与国际标准相“符合”。专家组将第3款作为第1款和第2款的例外规定是错误的解释。所以一项措施仅是“根据”国际标准制定的，就不能援用第2款得到该措施与SPS协议和GATT的规定相一致的结论。第二，如果成员方制定了不同于国际标准的保护水平时，此时第3款独立起到约束作用。根据其自身情况选择适当的卫生保护标准，是成员方一项自治的权利，但是这项权利不是绝对的或是不受限制的，要符合存在其科学理由及需进行第5条风险评估以后确定的适当水平。第三，从整体上来看，第3条的目标是“协调一致”，最大限度地促使成员方的卫生检疫措施的协调性，同时也要兼顾保障成员方人民的生命健康的权利。因此，实施第3条第3款中的权利应当在不构成武断的或是不合理的歧视的基础上，在科学依据的指导下为保护人类生命和健康所必需，并且要进行风险评估以保持成员间的利益平衡③。

---

① WTO欧盟影响荷尔蒙牛肉进口措施案（WT/DS26/R），第8.56-57段。
② WTO欧盟影响荷尔蒙牛肉进口措施案（WT/DS26/R），第8.73段。
③ WTO欧盟影响荷尔蒙牛肉进口措施案（WT/DS26/AB/R），第173-177段。

综上，上诉机构认可了专家组判定的欧盟的措施因没有进行风险评估而不符合第3条3款规定的结论。上诉机构的论证充分肯定了成员方具有依照SPS第3条自主制定高于国际标准的检疫措施的自由和权利，也同意该条对SPS的应用以及实施有积极作用。

（二）关于风险评估原则的分析

根据第5条第1款，成员方如果要自主制定卫生保护标准，就必须以风险评估为基础。但是在本案中，专家组与上诉机构对“风险评估”（risk assessment）含义的解释存在差异。专家组认为“风险评估”中的“风险”是一个衡量的标准，提出了其在实质方面以及程序方面的两层标准，并且引入了风险的数量程度。在程序方面，专家组认为成员方在采取有关措施时应当做到“认真考虑”风险评估的相关资料，来证明其措施的建立是以风险评估的要求为基石的。在实体方面，要求成员方须完成风评与风控两部分①。

欧盟和上诉机构均对此提出异议。欧共体认为，风险在SPS协议中是一个定性概念，并非专家组认为的可以量化的概念，指的是存在伤害或具有不利影响的可能性。只要存在可能，不论大小，就存在风险。上诉机构支持欧盟的观点并且提出了几个具体的理由。首先，从程序的角度看，上诉机构对专家组的审查提出异议，认为其存在法律错误。SPS协议中没有法条直接、明确地规定成员方需要证明其措施正式生效前已经达到风险评估的要求，上诉机构认为，只要成员方实施的措施是有科学依据的，即使之前未考虑到风险评估的要求也能获得正当性。从实体的角度看，上诉机构再次推翻了专家组的意见，认为其缺乏文本依据。上诉机构提出，第5条第1款是一项实质性条款，并不是一项程序性的要求，是第2条第2款“科学证据”的具体化规定。在审查成员方的卫生措施时，必须要查明是否满足此要求，并且此处的“风险”，在上诉机构看来，不仅指科学实验过程中可被估量的实际风险，也指在日常生活工作的方方面面可能会影响人类健康的（包括潜在的）负面影响。

针对专家组将“风险”视为定量的概念、引入相关风险的具体数量程度的问题，上诉机构也提出相反意见。上诉机构在这个问题上对“少数科学意见”持有积极的态度，即风险评估并不是必须采取与其相关科学领域中的较多数意见，只要合理并且有令人信服的来源也会得到支持的。一些人对此表示担忧，认为这样会减损科学证明要求的公信力，毕竟建立在少数科学意见上的风险评

① WTO欧盟影响荷尔蒙牛肉进口措施案（WT/DS26/R），第8.94、95、160段。

估也可以满足 SPS 协定的要求，并且多数情况是，成员方总能找到科学依据来支持他们所采取的卫生保护措施。专家组和上诉机构表示，根据 SPS 和《争端解决谅解》，他们对成员方实施的卫生措施是否达到科学证明标准有足够的自由裁量权。因为科学和社会的发展是一个动态的、不确定的过程，专家组和上诉机构的角色在其中就变得非常重要，不仅要根据具体案情灵活运用争端解决措施，还在经济贸易的发展和人类健康、环境保护中起到平衡协调作用。

（三）对欧盟的措施是否会构成对国际贸易的歧视或变相限制的分析

专家组依据 SPS 协议中的第 5 条第 4 款及第 5 款的规定，对欧盟的卫生水平保护措施进行了审查。专家组提出，成员方虽然享有根据具体情况来制定适当的卫生标准的自治权利，但该标准仍需要遵守 SPS 协议中的相关规定。第 5 条对成员方提出了如下要求。首先，原则性的要求是各成员设定的卫生保护水平应当尽最大努力减少对贸易的负面影响。其次，这种保护水平在实施过程中，不应当产生不科学不合理的差异。最后，所谓不科学不合理的差异是指此类差异会导致对国际贸易的歧视或变相限制的差异。专家组提出，违反协议中第 5 条第 5 款需要同时满足下列三个因素：（1）成员方在不同情形下采用了不同的卫生保护水平；（2）这种不同保护水平的差异是任意和不合理的；（3）差异构成了对国际贸易的歧视或对国际贸易的变相限制。这三个因素是相互联系的，一项措施同时具备这三个因素才会被认定为是对本条的违反。专家组的审查结果：欧盟在本案中的做法存在不合理差异，构成对国际贸易的歧视或是变相限制，违反了 SPS 协议中第 5 条的规定。

欧盟对专家组的分析逐条进行了反驳，上诉机构听取了欧盟的部分反驳意见。上诉机构认为，欧盟的措施构成第二个因素，即欧盟在本案中采取的不同的保护水平是任意且不合理的。同时，上诉机构审查了专家组的具体审理过程，认定专家组的意见缺乏足够的科学论据，据此推翻了专家组对这一问题的裁定。

（四）关于举证责任分配问题

由于本案涉及的技术内容较为复杂，举证责任的分配因此显得非常重要。双方为了回避自己的举证责任提出了不同观点。美方提出，成员方如果想要维持自己的卫生检疫措施，需要自己提供科学证据加以证明。欧盟提出，美方认为其使用添加剂的方法是安全合理的，想要证明欧盟的卫生标准过于严格，应当由美方针对自己的产品提出充分的证据来支持。

双方各执一词，专家组提出的观点是，本案并不例外，根据谁主张谁举证原则，欧盟实施了高于国际标准的保护措施，应当由其承担举证责任，作为申诉方的美国、加拿大等只需做出初步证明，即证明欧盟的措施违反了SPS协议，证明责任即发生转移。上诉机构赞同专家组前半部分的规定，但是不同意专家组将举证责任分配给实施不同于国际标准的卫生保护措施一方的决定。上诉机构提出，协议对成员方实施卫生措施的限制和其应当承担举证责任之间没有关系，如果这样做将会是对实施方的一种惩罚。上诉机构认为，应当首先由美国提供充足的证据，证明欧盟的措施是否违反了SPS中的相关法条，专家组对其加以审查，如果确认已构成初步证据，举证责任才发生转移由欧盟承担。

上诉机构在本案中的要求对举证责任的认定影响重大，因为比起GATT时期，WTO体制下的申诉方如果要依据SPS提起诉求，需要承担更大的举证责任。在提起申诉案件时，申诉方即成为承担更重举证责任的一方。由此，我们也可以看出在贸易与健康的角逐中，WTO越来越倾向于保护成员方的公共安全卫生，对健康的关注越发明显。

（五）关于风险预防原则的问题

预防原则①（precautionary principle）是环境法中的一项原则，要求各国应以保护环境为目标，按照本国能力广泛适用预防措施。在环境法中，风险预防原则的基本目标是鼓励社会发展应当进行提前规划，阻止潜在的有害行为，以保护环境。体现在国际贸易中就表现为，各国为了保护国内环境和人民生命健康而制定一系列的环境标准、牲畜卫生检疫标准等。所以，国际贸易的发展与预防原则存在不协调之处：风险预防原则的初衷是为了保护合法的安全利益，但是如果企图以环境保护为借口夸大风险预防原则保护的环境的不利后果，其可能变为一种贸易保护手段。例如成员方以环境保护为由，在国际贸易中设置过高的市场准入标准或者烦琐的审查程序，客观上造成了阻碍国际贸易发展的后果。综上，这是一个国际贸易自由化与环境保护间的平衡取舍问题。

在该案中，美国与欧盟对风险预防的定性截然相反。美国认可风险预防是一种科学原则，但不认可其为法律原则，认为只有当缺乏科学依据时，风险预防可以作为一项临时措施满足适当保护国内人民生命和健康以及保护环境的要求。但是，欧盟一向对新兴产品技术较为保守，严格地执行风险预防原则，尤其在生物技术产品的进口方面，采取严格的保护措施。专家组与上诉机构在本案中对“风险预防原则”都没有给出明确的定性，但都认可SPS第3条第3款

---

① 《里约宣言》第15条规定，为了保护环境，各国应按照本国的能力，广泛适用预防原则。遇有严重或不可逆转损害的威胁时，不得以缺乏充分的科学证据为理由，延迟采取符合成本效益的、防止环境恶化的措施。

跟第5条第7款提及的临时性的预防措施，相比预防原则更为严格。并且，专家组和上诉机构都做出认定，欧盟不能援引预防原则的规定来逃避SPS中要求的风险评估义务。

三、简要分析

欧盟影响荷尔蒙牛肉进口措施案在运用WTO争端解决的历史上是非常有代表性意义的案例。本案经过了WTO争端解决机制的外交解决程序和司法解决程序。从欧盟与美国最初开始谈判，到双方诉诸法庭，经历了磋商、斡旋、调解、调停、仲裁，并且历经专家小组审理、上诉机构审理、裁决的执行与监督和非违法之诉，成为“教科书式”的经典案例。并且美国为了最大化地维护自己的利益采用了几乎所有的救济措施，包括在DSB裁决的合理期间自动执行、中止减让，甚至威胁使用301条款，虽然结果没有达到美国的预期，但是作为一例经典的国际贸易案例留下了许多令人思考的问题。在SPS适用方面，本案上诉机构明确扩大了“根据”国际标准制定SPS措施的范围，使得国际标准能够更好地协调各国自由制定的措施；对于高于国际标准制定卫生保护措施，也明确了需要遵守的条件，其中很重要的一点是澄清了“风险评估”存在的许多模糊认识；在举证责任的明晰方面，专家组与上诉机构的不同论证也为今后相似案例提供了参考依据。本案在关于贸易与环境保护关系方面，明显地倾向于环境保护，为在WTO法理框架中构建生态文明理念和制定相应的规则，提供了重要的借鉴。

第三节　美国虾与虾制品案

一、基本案情

20世纪70年代，由于人类活动和非法捕捞的增多，全球海龟的数量逐年减少，在《濒危物种国际贸易公约》和《迁徙野生动物保护公约》中均被列为重点保护动物。美国于1973年颁布《濒危动物法案》，该法案规定拖网捕虾船在捕捞过程中，严禁捕捞或加害海龟，以防捕虾时顺带捕捞海龟。之后，美国政府开发出一种名为TED的滤龟装置，来减少在捕捞虾时误将海龟一起打捞的常见现象。起初这种过滤装置只是被鼓励使用而非强制的，因此收效甚微。1989年，美国增加第609节到《濒危物种法》中，严禁未使用TED装置的拖网捕捞船捕获的虾及虾制品出口至美国。

紧接着，美国分别于 1991 年、1993 年和 1996 年发布了三次条款，将上述法案效力从加勒比海及大西洋西海岸地区推广至全球。在该指令规定下，全世界只有43 个国家可以正常将虾出口至美国，其他国家纷纷受到限制。1996 年10 月 8 号，印度、巴基斯坦、马来西亚与泰国共同就美国的保护措施与美国进行磋商。在磋商未果情况下，11 月 19 日向 DSB 提出申诉，联合指控美国的第 609 条违反 GATT 中最惠国待遇原则、普遍取消数量限制的规定。美国辩称其法案符合保障动物和植物生命健康的目的，而且平等地适用于国内国外，对世界各国并没有不合理的区别对待，因此符合第 20 条（b）款和（g）款例外的范围。国际环保组织也积极向 DSB 提出了自己的见解，他们认为第 20 条的（b）、（g）两款事实上是授予成员方在以保护动植物和非再生类自然资源的目标下可实施某种单方举措的权利。专家组的态度较为谨慎，提出虽然环境保护重要，但是国际贸易仍然要以国际贸易的自由化为大目标，采取能够促进各国经济发展的贸易措施。美国为了保护海龟，可以采取其他符合世贸组织的有效措施，例如多边合作为最佳措施。因此，1998 年 5 月 15 日，专家组报告提出，美国为保护海龟实施的禁止虾及其制品进入国内市场的指令与 GATT 的第Ⅱ条 1 条第 1 款相悖，而且该措施“很明显构成对多角贸易的威胁”，不能被视为 GATT 第 20 条的例外从而获得正当性。

美国对专家组的裁定表示不服，提出上诉。1998 年 10 月 12 日，上诉机构做出终审裁决①。不同于专家组意见，上诉机构认为美国保护海龟的法案应当被认为契合第 20 条第 7 款的规定，但是上诉机构认为措施不满足第 20 条前言的规定，即美国制定的相关法规及其具体实施情况构成了“任意或者不合理歧视的手段”，而且构成“对国际贸易的变相制约”。所以，专家组和上诉机构的报告做出了相同裁定，认为美国的措施在实施过程中违背了 WTO 相关规则，建议 DSB 要求美国尽快采取与 WTO 一般原则相适应的措施。

二、与环境有关的主要问题

本案争议点颇多，涉及环境政策与国际贸易关系的各个层面，大体可总结为以下四个问题：一是美国禁止进口措施所保护的客体是否属于“可用竭的自然资源”，是否可以依据 GATT 第 20 条（b）和（g）两款获得正当性；二是美

① CAIRO A. R. International Environmental Law Reports：Volume 2，Trade and Environment ［M］. Cambrige：Cambridge University Press，2001：234 – 345.

国的禁止进口措施可否构成第20条前言部分的“不合理的歧视”；三是第20条的潜在管辖范围问题；四是美国采取的单边保护措施来保护域外环境的行为是否与WTO的要求相一致。

专家组与上诉机构从四个方面，对上述问题展开了分析。

（一）美国的单边保护措施与WTO的目标和宗旨的关系

专家组在本案中对WTO的序言部分进行了详细的分析，因为GATT与第20条均属于WTO规则的综合组成部分。序言部分阐述了两个重要方面：首先，承认可持续发展原则，并认为应当在此原则的指导下合理利用世界的自然资源，不同国家可以根据自己的发展水平和不同需要实施相应的措施；其次，不同国家之间，可以通过互利的方式，比如实施降低关税或其他贸易壁垒，从而消除国际贸易中的差别待遇。基于此，专家组注意到WTO的宗旨仍然是通过贸易促进发展，GATT的基本原则应当以不歧视为基础，以市场准入的自由化为目标。并且WTO更偏向于通过多边方法解决贸易问题，协定鼓励成员建立更持久可靠的多边制度。同样，DSU第23条第1款中也体现了这一目标，即提倡适用多边制度、拒绝以单边措施替代双边或多边贸易制度。专家组认为，第20条的前言部分的例外规定体现了对现在和未来的贸易都存在期待，既要保护当下的贸易，也要保护将来贸易的可预见性。如果允许出口方实施一定的政策，包括本案的资源保护政策，这是否意味着其他的成员方也有权利提出单独的要求，如果不同进口方均提出相似或是不同的市场准入要求，出口方面临着不同进口国的各项不同的政策，被拒绝进入市场的风险会变大，不利于多边贸易的进行。专家组在考察美国的限制进口措施时，认为虽然美国第609条的目的是通过不进口采用会伤害到海龟的方法捕捞的虾的措施来保护国内自然资源，但是会造成国家间的不合理歧视，不能被列为第20条保护的范围内。

（二）关于GATT前言与具体各条款的适用方式

专家组在审理过程中采用了自上而下的适用方法，即先根据第20条前言部分审查美国的法规以及具体措施是否符合要求，再适用其具体条款。这种方法在上诉机构看来是不科学的，在美国汽油案中，第20条序言部分与具体例外措施同等重要早已得到论证。上诉机构在汽油标准案中就表明，一项措施如果想依据第20条获得正当性，不仅要审查是否符合具体各项的规定，还要符合前言部分的要求。上诉机构在本案中对这一问题进行了较为深入的阐述，认为如果都没有对措施是否符合第20条具体的情形进行审查，而是直接判定其是否属于变相限制交易等前言部分规定的情形是非常困难，甚至不可能的。并且前言部分的规定是较为宽泛笼统的，在不同案件不同情形下，外延和范围也会有所调整。如果在某一案件中，盲目地将进口国对出口国制定或实施单独的措施一概视为对贸易的变相限制，不符合前言部分的要求便不可引用第20条得到正当性，那么第20条的内容将被架空成为形同虚设，这样的解释明显是不可行的①。在本案中，首先要审查的是前言部分是否可以解决成员方以环境保护为目的实施限制进口的市场准入条件的问题。实际上，第20条前言部分禁止所实施的措施对情况相同的国家形成武断的、不合理的歧视。美国的措施适用于向美国出口虾和虾制品但是未安装TED装置的成员方，其中被认证的成员不受进口禁止的限制，所以对未被认证的成员的虾及虾制品进口构成贸易歧视。显然，问题的根本就在于这种歧视是否能构成前言部分的“武断或不合理的歧视”。

（三）相关措施是否构成“不合理”或“武断”的歧视

上诉机构认定美国的措施构成第20条前言部分的不合理的歧视主要有下列四个原因。（1）美国未考虑各成员国的实际情况，一律要求向捕捞船装备TED装置，才可向美国出口虾及虾制品。这种做法不能确保其政策是适当的。上诉机构认为单独从法律条文上看，第609条并没有明示对其他国家的强制性要求，具有一定的灵活性，但是美国国务院颁布了有关实施指南及认证的详细行政措施后，实质上是要求其他所有成员采取与美国捕虾拖网船相同措施并向美国报告其政策。这种做法大大增加了第609条的僵硬性，美国官员可以直接做出是否通过认证，是否允许进口，而不考虑其他成员国可能实施的其他保护海龟政策。上诉机构指出，在国际贸易中，为了取得某一政策目标，对WTO成员使用经济禁运手段，要求其他成员国实施与其境内一致的管制计划，不考虑他国可能存在的不同情况，这种做法是不能被接受的。（2）美国没有努力尝试通过达成多边协议的方式解决该问题。事实上，美国在历史上曾经成功地推动1996年《美洲间海龟保护公约》的签订，这证明多边合作是可以实现的，但美国在本案中同争端其他四方之间从未尝试通过签署多边协议的方式化解此纠纷。这表明，美国只是同部分国家进行了认真的谈判，对其他国家并没有如此，上诉机构据此认为这是不合理的歧视。（3）在实施第609条的过程中，美国规定对于加勒比及大西洋西海岸地区的14个出口国实施3年的过渡期，但是对于提出申请的四国以及世界上其他出口国却给予仅仅4个月左右的过渡期。这种差别待遇实际上构成了对WTO不同缔约方之间的贸易歧视。（4）美国TED过滤装置的技

① WTO美国虾与虾制品案（WT/DS58/AB/R），第119－121段。

术转让过程中同样存在不合理的歧视。上诉机构指出，美国在实施 609 条款过程中，没有透明的、可预见的程序，比如听证、异议、复核程序，无论是接受或是拒绝进口，同样没有正式的、经过论述的书面文件。

经过上面的论证，上诉机构裁定美国的禁止进口措施构成“不合理的、武断的歧视”，与第 20 条前言部分相违背，不能依据 20 条获得其措施的正当性。考虑本条的影响及日后的适用，上诉机构补充指出，本次裁决的结果并不排斥环境保护对 WTO 成员的重要性，也不表明成员国不能采取保护濒危动物的有效措施，同样不能表明主权国家不能出于保护环境的目的采用双边、多边行动。这只是表明美国的措施由于被界定为不合理的歧视，不属于第 20 条前言部分规定可获得正当性的范围，所以不能得到认可。

（四）本案的对象可否构成“可耗竭的自然资源”

美国主张依据第 20 条的两条例外规定获得正当性。专家组在审理过程中因为采取了自上而下的方式，既然认为禁止措施不属于 20 条的前言范围，也就未继续审理是否构成（b）、（g）两款的例外规定。但是上诉机构推翻了专家组的审理方式，详细地探究了美国实施的禁止措施是否符合第 20 条的规定。

针对“可耗竭的自然资源”的定义，双方进行了激烈的争辩。泰国、印度以及巴基斯坦认为“耗竭”一词的“合理”解释应当是指“有限的资源，比如矿藏，不可以是生物及其他可再生资源”。他们还提出，根据该条款的起草历史，只有为了保存匮乏的自然资源采取的“出口限制”才是被允许的。上诉机构未听取上述各方的意见，认为由于“有生命”和“可耗竭”不是相互矛盾的，第 20 条（g）款保护的范围并不应被理解为“矿产”或“非生物”自然资源这样过分狭窄的范畴，有生命的自然资源应当同无生命的自然资源一样属于“可用竭”的自然资源。现代生物科学已经教示我们，一些物种虽然原则上有再生能力，可以更新繁殖，但是也面临着由于人类的频繁活动而逐渐减少、枯竭、灭绝的问题。生物资源事实上与油、气等非生物资源是同样“有限的”。

条约的解释应当与时俱进，置于当今国际社会对保护环境的关注点来解读。第 20 条在乌拉圭回合中虽未做修改，但发展到 WTO 时期，从其序言便可以明显发现，协定各签署方已经充分意识到保护环境作为一项国内及国际政策的重要性和合法性。WTO 协定的前言及其所涵盖的其他协定，包括 GATT 都明确地确认了对“可持续发展”的认同。根据 WTO 前言所包含的条例，第 20 条（g）款中的“自然资源”不是“静止”（static）而应当被理解为“发展性的”（evolutionary）。所以，根据条约解释的有效原则，对有生命的资源和非生命类资源的保护都应当归入第20条（g）款的范围。本案中的海龟，被争议各方均认可为“可耗竭的自然资源”，这种有迁徙习性的濒危海洋生物与美国之间的联系可以认为符合GATT第20条（g）款的规定。

虽然实施该措施是为了保护濒危的海龟，且该目的已经得到了各方的认同，条约解释者仍需就目的和方法之间存在密切的真实关系做出合理论证。美国第609条的规定，没有因为捕捞虾会附带造成海龟的减少或灭绝而将全面禁止进口虾及虾制品，这样的做法在上诉机构看来是存在目的与措施之间的合理联系的。据此，上诉机构判定第609条属于第20条（g）款中规定的与保护可耗竭的自然资源相关的措施。

三、简要分析

本案被作为国际贸易与环境协调发展过程中的一个重要案例，对今后国际贸易与环境争端有极其重要的指导意义。专家组以及上诉机构都对WTO序言中有关环境保护的目的与宗旨进行了深入讨论。其中上诉机构注意到，WTO的谈判方将“充分利用”资源改为“合理利用”，世界资源的利用过程中须以可持续发展原则为宗旨。这些序言用语体现出谈判者的用意，对WTO的其他附件协议的解释具有指导意义。

在案件的审理讨论过程中，专家组与上诉机构都引用了许多环境公约，例如从《生物多样性公约》的角度来分析本案情况。这表明，WTO关注的范围越来越宽，不仅仅只着眼于自身发展，同时要在一个更为广阔的国际法框架下审视国际贸易规则，从而能更好地协调国际贸易与环境的平衡发展。

本案的主要意义有三个：一是向世人表明了WTO对于环境与贸易问题的关注，一定程度上认可了生态文明的理念，顺应了当今世界环境保护的浪潮。二是WTO争端解决机构在本案的处理过程中，采取了较灵活的方式，为今后类似问题的解决提供了参考和借鉴。本案表明，WTO允许各成员方在多边谈判未果的前提下，采取相应的单边环境保护措施以保护濒危物种。例如，WTO争端解决机构在调查过程中，首次参考了相关的国际环境公约及其他国际组织的报告，并将其作为裁决的依据之一，此举一方面改善了WTO的国际形象，另一方面也使其报告更为可信和权威①。三是增加了争端处理的“透明度”，提高了WTO争端解决机制在实践方面的正义性，无疑将对其后处理贸易与环境的争端方面，产生深远的影响。特别重要的是，上诉机构在分析“可耗竭的自然资源”的定

① 刘敬东．WTO中的贸易与环境问题［M］．北京：社会科学文献出版社，2014：93.

义时，指出一些物种虽然原则上有再生能力，可以更新繁殖，但是也面临着由于人类的频繁活动而逐渐减少、枯竭、灭绝的问题。生物资源事实上与油、气等非生物资源是同样“有限的”。上诉机构这一理念很接近于当今世界生物中心论的价值理念，可喜可贺，为我们将生态文明理念纳入 WTO 的法理框架奠定了重要的基础。

第四节　中国原材料案

一、基本案情

2009 年，美国与欧共体先后与中国进行磋商，他们提出中国对镁、铝土等共计九种原材料实施的贸易限制指令不符合中国加入 WTO（以下简称“入世”）时的承诺，损害了其在 WTO 体制下的正当利益。磋商经过三个多月仍未取得满意的结果。2009 年 11 月 4 日，美、欧、墨申请成立专家组以处理该资源贸易争端。12 月 21 日，专家组设立，因为被申诉方均为中国并且事由类似，决定合并审理①。中国在审理阶段提出抗辩，认为其行为符合 GATT1994 第 20 条（g）款，可以因为其目的在于保护可用竭的自然资源，实现可持续发展而获得正当性。2011 年 4 月 1 日，专家组提交了最终报告，认定中国对部分原材料的管理所实施的指令违反了 WTO 相关规定及中国的入世承诺。中国对这一裁定有异议，于 8 月 31 日提出上诉。2012 年 1 月 30 日，上诉机构出具终审裁决报告，驳回中国的上诉请求，不认为其符合 GATT 第 20 条的一般例外，在核心内容上支持了专家组的意见。该案审结以后，中国与申诉三方达成一致意见于 2012 年 12 月 31 日前履行中国的义务。2012 年 12 月，中国相继就关税、出口配额做出调整，完全履行了本案上诉机构的裁决和建议。

二、与环境有关的主要问题

（一）GATT 第 20 条的可适用性

针对申诉方的申诉，中国援引 GATT 第 20 条进行了抗辩。申诉方认为中国

---

① PENG J. WTO Case Analysis, Suggestions and Implication: China - Measures Related to the Exportation of Various Raw Materials [J]. Social Science Electronic Publishing, 2012, 7 (1): 27-40.

违反其入世时签订的《中国入世议定书》中针对出口税所做出的承诺，而且依据《中国入世议定书》11 条第 3 款①的规定，中国被排除了其援引 GATT 第 20 条获得正当性的权利。申诉方的理由在于 GATT 第 20 条的适用条件是违反了 GATT 的其他义务规则，或者是另一 WTO 协定中包含了 GATT 第 20 条。

专家组首先是采用了案例分析法，对比了本案与“中国出版物和音像制品案”。但是两案是有差别的：在音像制品案中，中国使用 GATT 第 20 条是为了对《中国加入议定书》中有关贸易权开放，即 5.1 条进行抗辩。上诉机构的理解是第 5.1 条是可以的，因为其表述是承认第 20 条是可以纳入该条的，所以可以将第 20 条视为本条中的特殊承诺的抗辩。其次，专家组比对上下文，从字面意思上对第 20 条作出阐释，认为第 11 条的第 3 款没有“符合 GATT”的措辞，而前两款中均有这样的措辞，专家组认为这是 WTO 成员达成一致的结果，是在谈判之初所有成员就已就中国出口税问题排除了其适用 GATT 第 20 条获得正当性的权利。专家组还进一步指出，即使允许其适用，中国的出口税措施也不符合第 20 条（b）款和（g）款的具体要求。

专家组的意见显然存在诸多不合理之处。首先，专家组对规则的解释过于僵化狭隘。依据《关于争端解决规则与程序的谅解》，WTO 体系下对各条款的解释应当遵循“国际公法解释的习惯规则”。早在美国汽油标准案中，上诉机构报告就将 1969 年《维也纳条约公约法》（VCLT）中第 31 条②关于解释之通则的规定明确纳入“国际公法解释的习惯规则”，本条第 1 款确定了条约约文解释的整个过程应遵循善意解释原则。在随后的日本酒精饮料税案中，“补充性解释规则”也被明确纳入国际公法解释的习惯规则内。在 WTO 解决争端的实践中，DSB 对解释规则的适用做出过明确的指示。在涉及环境问题的案例中，上诉机构曾在美国虾与虾制品案中对目的解释进行了充分的运用。这个案子发生在可持续发展和环境保护新思潮热受追捧的时期，上诉机构因此做出了大有利于环

---

① 《中国入世议定书》第 11 条第 3 款：中国应取消适用于出口产品的全部税费，除非本议定书附件 6 中有明确规定或按照 GATT1994 第 8 条的规定适用。

② 《维也纳条约法公约》第 31 条“解释之通则”规定以下内容。1. 条约应依其用语按其上下文并参照条约之目的及宗旨所具有之通常意义，善意解释之。2. 就解释条约而言，上下文除指连同序言及附件在内之约文外，并应包括：（a）全体当事国间因缔结条约所订与条约有关之任何协定；（b）一个以上当事国因缔结条约所订并经其他当事国接受为条约有关文书之任何文书。3. 应与上下文一并考虑者尚有：（a）当事国嗣后所订关于条约之解释或其规定之适用之任何协定；（b）嗣后在条约适用方面确定各当事国对条约解释之协定之任何惯例；（c）适用于当事国间关系之任何有关国际法规则。4. 倘经确定当事国有此原意，条约用语应使其具有特殊意义。

境保护的解释并因此推翻了专家组的意见①。相比而言，中国原材料出口限制案中专家组的裁决过于死板，参照的上下文范围也尤其狭隘，仅对“加入议定书”11 条中的三款进行简单对比就做出结论，过于“本本主义”，容易忽视其特点、内在联系以及其目的与宗旨。从宏观上讲，《中国入世议定书》和 GATT 都应在《WTO 协定》总的宗旨下进行解释，即应当融入“可持续发展”和“环境保护”等新兴理念。GATT 第 20 条是国际贸易领域集中体现环境保护的条款，专家组不应仅因字面解释便剥夺中国以追求保护自然资源和自然环境的权利。况且，专家组的解释意味着《中国入世议定书》的各条各款中均必须提到“最惠国待遇”“国民待遇”等用词，否则中国便不必履行这些义务，这种推理逻辑显然是经不起推敲的。

（二）GATT 第 20 条（b）及（g）两款的具体适用

在审查一项贸易措施可否引用 GATT1994 第 20 条取得合法性时，GATT 时期并不需要考虑是应当先依照前言审查，还是应当先针对具体条款审查其相符性，但是到 WTO 时期，在前述美国汽油标准案和美国虾与虾制品案中，明确确定了两步走的审查程序：首先，对 GATT 的具体条款进行相符性审查；其次，在审查争议措施是否属于第 20 条的前言范围。在中国原材料出口限制案中，专家组也按照此顺序进行了审查。

1. GATT1994 第 20 条（b）款的适用

申诉方在对本条的适用中对“为保护人类及动植物生命或健康所必需”中的“必需性”提出了几个具体的标准，认为中方至少应当证明：人类或动植物的生命或健康受到现实威胁；出口限制的贸易措施目的在于减少该威胁且实际减少了威胁的存在；是否存在其他有效合理的替代措施②。

（1）措施的目的是否在于保护环境。虽然中国坚持主张对焦炭等原材料的出口限制目的在于减少开采及减少开采中的污染，以此来保护环境，但是申诉方提出中国最初采取此贸易措施是作为一项应对美国和欧盟反倾销调查的措施，不是中国后期提出的环境保护为目的的措施③。专家组分析审查后指出，中国虽然声称其措施是为了保护环境，但是审查其国内的政策文件（主要指“十一五”环境保护规则）后，发现环境政策目标与其政策间不存在实际的关联性，

---

① 赵维田. WTO 的司法机制［M］. 上海：上海人民出版社，2004：330.

② WTO 中国原材料案（WT/DS394/R、WT/DS395/R、WT/DS398/R），第 7.476 - 7.477 段。

③ WTO 中国原材料案（WT/DS394/R、WT/DS395/R、WT/DS398/R），第 7.499 段。

中国也没有任何证据证明本案的措施将如何具体应用以减少环境污染①。因此，如果中国想证明其目的性，需要进一步说理论证其出口限制措施与声称的环境保护目标之间的关系②。

（2）措施是否实际上达到了环境保护的目的。中方认为，出口限制的贸易措施使得对原材料如焦炭、镁、锰等的开采和适用都有所限制，从而减少了其使用会造成的环境污染，这项措施对环境威胁做出了实质性贡献。但是申诉方反驳到：首先，中国采取的限制措施并非一个有效地实现其环境目标的措施，因为存在其他除了限制生产外的影响更小的措施③；其次，专家组认为中国实施限制措施的真正目的不在于保护环境减少污染，更重要的是为本国原材料产品使用者提供比国外同行优先获得原材料的机会，有害于国际贸易的正常进行；最后，专家组还对中国提供的证明其措施有效性的数据提出质疑，认为证据不够充分，不足以证明其措施已经或将来会对环境有实质性的保护作用。

（3）措施是否对贸易有限制作用。在中国音像制品案中，上诉机构曾指出，一项措施对贸易的限制程度越小，则越有可能被认为是"必需的"④。本案的申诉方主张，中国的限制措施严重扭曲了全球贸易市场的竞争环境⑤。中国则对比于欧美国家对这些产品采取的其他贸易限制措施，如征收反倾销税，认为影响比欧美国家的措施小得多⑥。专家组对两方意见分析后，认为中方不能依据与欧美的对比而获得正当性。申诉方认为中国的措施严重影响竞争，从长期范围来讲是不成立的，但是短期势必会造成价格的动荡，影响贸易的正常进行⑦。

（4）是否存在可行的替代措施。申诉方在本案中，提出了六种替代措施，不仅更能实现保护环境的目标而且不会违反 WTO 的规定⑧，而中国没有证明这些措施已经被执行或是这些措施将会产生的效果。因此，这一点表明存在可以更有效地实现其环境保护目的的替代措施。

综合以上几点理由，专家组的最终裁定：中国采取的禁止出口等限制性措施不符合 GATT 第 20 条（b）款的规定。

---

① WTO 中国原材料案（WT/DS394/R、WT/DS395/R、WT/DS398/R），第 7.502 段。
② WTO 中国原材料案（WT/DS394/R、WT/DS395/R、WT/DS398/R），第 7.511 段。
③ WTO 中国原材料案（WT/DS394/R、WT/DS395/R、WT/DS398/R），第 7.522 段。
④ WTO 中国音像制品案（WT7DS363/AB/R），第 310 段。
⑤ WTO 中国原材料案（WT/DS394/R、WT/DS395/R、WT/DS398/R），第 7.556 段。
⑥ WTO 中国原材料案（WT/DS394/R、WT/DS395/R、WT/DS398/R），第 7.557 段。
⑦ WTO 中国原材料案（WT/DS394/R、WT/DS395/R、WT/DS398/R），第 7.560－562 段。
⑧ WTO 中国原材料案（WT/DS394/R、WT/DS395/R、WT/DS398/R），第 7.566 段。

2. GATT1994 第 20 条（g）款的适用

（1）与保护可耗竭的自然资源有关。早在 WTO 美国汽油案中，DSB 对这一点的要求是，措施不仅要证明其实施与保护非可再生类自然资源有关，还需证明其措施的初衷是保护非可再生类资源，防止本条款被滥用。但是本案的上诉机构推翻了汽油案中专家组的解释，提出应当更注重涉诉措施与保护非可再生类自然资源之间的内在联系，即只要存在实际联系就满足本款中的相关性要求。专家组对本案的相关数据审查后认为，实施的贸易限令并不具有实际有效环境保护作用。实际情况是，由于实施资源贸易限令，中国市场内的这些稀有资源价格的走低，形成了一种反哺效应，反而促使中国市场需求增加，并没有达到预期的保护环境的效果①。所以不能证明此指令与保护非可再生类资源相关。

（2）与限制国内生产或消费的措施一同实施。“一同实施”在汽油案和美国虾与虾制品案中，都被解释为针对国内国外的相同产品均进行了限制，虽然不要求是完全相同的待遇，只要不是歧视性质的即可。本案中，专家组根据时间标准，即出口限制应与对国内的限制同时生效，以及目的要求，即与出口限制相平行的国内限制措施的主要目的在于合理有效地限制国内的生产和消费，最终达到保护自然资源的效果。专家组认定，中国就以上两点均未做出有效证明。但上诉机构对专家小组“一同实施”的解释进行了否定，提出对本款“与限制国内生产或消费的措施一同实施”没有目的要求，只要求措施与其平行的国内措施是一同实施的即可②。

3. GATT 第 20 条前言的适用

在本案中，由于专家组按照前述的两个步骤对本案进行审理，既然中国的限制出口措施已经被认定不符合 GATT 第 20 条的例外规定，所以专家组认定没有必要继续依据前言部分对本案进行分析。

三、简要分析

WTO 中国原材料案是中国败诉案例中最重要的一案，直接涉及中国的国家主权、生命权、食物权及环境权等人权及国民经济发展等重大问题。专家组和上诉机构在本案中的解释典型代表了 WTO 法律解释的基本特征，同时，也体现了 WTO 法律解释的最新动向。有鉴于此，现主要对专家组和上诉机构的法律解

---

① WTO 中国原材料案（WT/DS394/R、WT/DS395/R、WT/DS398/R），第 7.430 段。

② WTO 中国原材料案（WT/DS394/AB/R、WT/DS395/AB/R、WT/DS398/AB/R），第 142—143 页。

释做简要分析。

（一）固守 VCLT 作为法律解释的唯一适用法，不符合 WTO 多边法律制度的性质和特点

1. VCLT 编纂的主要是习惯国际法，不完全适合 WTO 法的特征

根据李浩培教授的研究，联合国国际法委员会编纂 VCLT 的主要原因是，国际条约在数量上与日俱增，而以前的条约法主要是习惯国际法，经常不够明确，容易导致一些野心家随意曲解这种法律以达到侵略的目的，从而破坏国际和平和秩序①。可见，VCLT 主要是将当时多数国家达成共识的主要的习惯国际法明确化，并予以编纂，并未将所有的国际法渊源，如国际条约、国际习惯、一般法律原则、司法判例等悉数囊括。具体到条约的解释，VCLT 第 31 条及 32 条，编纂的只是条约解释的基本原则，包括一般解释原则，补充解释方法等。也就是说，联合国国际法委员会编纂 VCLT 时，并没有穷尽一切条约解释原则及方法的意图。

WTO 作为当今世界最为庞大复杂的法律体制，涉及的实体法和程序法问题众多，WTO 缔约国为了避免谈判无休止拖延下去，只能采用模糊措辞的立法技术，签订了一揽子协议。这必然在 WTO 规则中埋下了诸多模糊之处，需要法律解释予以澄清。特别是随着经济全球化的迅速发展，WTO 争端开始涉及成员国，尤其是发展中国家的主权、人权及国民经济战略等重大问题。例如，中国原材料案直接涉及中国管理自然资源的国家主权，稀土生产地区的人们生命、健康及环境保护等重大问题。VCLT 作为仅仅是多数成员达成共识的习惯国际法原则的编纂，当然不可能成为唯一解释如此错综复杂的 WTO 规则的适用法，必须参照其他法律予以补充。

2. VCLT 遗漏了诸多重要的法律解释原则

法律解释学源远流长，体系十分复杂。自古罗马帝国时期的法学诠释学以来，相关理论逐渐成熟和系统化②。17 至 18 世纪的法、德等国家的法律工作者

---

① 李浩培．条约法概论［M］．北京：法律出版社，2003：42.

② 古罗马法中法律解释学的理论逐渐体系化，其中许多解释原则对后世法律解释产生了重要影响，如错误表述无害原则（falsa demonstation non nocet），共同理解原则（noscitur a sociis），同词同义原则（copulatio verborum indicat acceptionem in eodem sensu），明示中断沉默原则（expressum facit cessare tacitum），集体确认排除其他原则（affirmation unius est exclusion alterius），反对扩展原则（contra proferentem），同质相同原则（ejusdem generis），后法废除前法原则（lex posterior derogate legi priori），特别法废除一般法原则（lex specialis derogate legi generali），等等。

和研究者进一步推进了法律解释的进展。时至当代，西方法律解释学得到了进一步发展，涌现出不少大师，形成了一些有代表性的学派，已经提出了诸多重要的解释原则①。遗憾的是，VCLT 对许多当代解释原则采取漠视态度，遗漏了不少重要的法律解释原则，如有效解释原则②、从轻解释原则③及推定无冲突原则、不悖常理原则、从严解释原则及合理预期等重要原则。由于这些原则在解释国际多边条约中都具有不可替代的作用，WTO 专家组和上诉机构在审理实践中又必须采用，在《条约法公约》没有规定的情况下，专家组或上诉机构在审理实践中将采用的解释方法随意地塞进第 31 条的内涵中，必然招致诸多质疑，不利于维护 WTO 争端解决机构的权威性和公信力。

3. VCLT 诸多规定对广大发展中国家不利

VCLT 缔结时，国际社会中的国际法庭较少，反复参考国际多边条约语言的实践不多，条约解释主要是对双边条约进行专门的解释。VCLT 于 1980 年生效以来，国际社会已经发生了巨大变化。其中最引人注意的是，随着越来越多的发展中国家纷纷独立，开始积极参与国际社会政治、经济活动，话语权日益提高，使发展问题逐渐成为国际社会得到普遍认可的价值理念。这必然要求条约解释中反映发展中国家的特殊需求。遗憾的是，VCLT 漠视了发展问题及发展中国家特殊情形，对发展中国家极为不利。

（1）没有明确涉及发展问题。VCLT 第 31 至 32 条没有对发展问题做出任何

① 例如，哈特从实证分析主义法学的视角，提出了法律的开放性特质，认为虽然语言文字所表达的法律规则有一定程度的意义的确定性，但是也具有开放性的特质，具有不确定性。这样，法官享有裁量权和“造法权”。麦考密克在哈特的实证分析主义的基础上，赞成文理解释，认为按照文字的惯常意义来解释，最能实现立法的意志。德沃金依据其“整合法学”理论，提倡诠释性而非语言分析性的法理学，主张对法治中的事物、行为、制度和实践进行“建设性解释”。他指出，在疑难案件中，法官采用建设性解释的方法，追求整合法学的思想，便能找到正确的答案。哈贝马斯则批判地继承了哈特的学说，但他尝试把法的正当性、确定性等寄托在司法程序的安排和原则之上。波斯纳则反对德沃金对法治整体提供解释和指引的宏观理论建构的观点，主张以实用主义哲学的精神来观察法律现象。

② 有效解释原则指对个别规定的解释，应使其具有与词语的通常意义和约文的其他部分相一致的力量和效果。由于该解释原则在国际多边条约解释中具有特别重要的意义，实践中，该原则在国际条约的解释中得到了广泛的应用。专家组或上诉机构在多个案件中运用了该原则，并确认了该原则的法律正当性。

③ 从轻解释原则（In dubio mitius）指对协定可有多种解释时，解释者应该选择对当事方施加较轻义务的解释。该原则也是国际条约解释中的重要原则，WTO 专家组和上诉机构在审理实践中也经常采用。

明确规定，但是，一般认为，这两条给发展问题留下了一定的空间①。例如，第31条规定："条约应依其用语按其上下文参照条约之目的及宗旨所具有之通常意义，善意解释之"，显然该规定中的用语、上下文及目的与宗旨等因素之间仅仅是一种逻辑排列，不存在位阶关系。也就是说，解释者对这些解释因素的考量，是一个中性的程序过程，提供的是一个整体的解释方法。由于"目的与宗旨"因素最接近发展问题，解释者在解释过程中可以考虑发展问题。WTO作为一个具有明显发展特征的多边国际贸易法律制度，为解释者考虑发展问题提供了适当的平台。

然而，另一方面，由于VCLT对相关解释因素只做了逻辑排列，并没有规定解释中应如何处理它们之间的关系，尤其是没有明确规定目的与宗旨在诸多解释因素中的重要地位，导致解释者无所适从，必然会出现解释中漠视目的及宗旨——发展问题的情形②。

（2）诸多规定对发展中国家不利。VCLT作为西方强国法律理念与制度的产物，由于签订于多年之前，自然残留着明显的所谓"西方文明国家"理念的烙印，多数条款完全漠视发展中国家的情形。例如，第31条第2款规定，上下文包括与该条约有关的任何协定，第3款规定，上下文包括各当事国嗣后订立的关于该条约的解释或规定的适用的任何协定及相关的任何惯例，等等。由于多数发展中国家并没有像发达国家一样参加了诸多国际条约，这些规定显然剥夺了发展中国家的话语权，具有明显的歧视性质。

因此，专家组和上诉机构在法律解释中选择VCLT为唯一的适用法，违反了VCLT制定者的初衷，不符合WTO多边法律体制的性质和特征，不利于发展中国家通过WTO争端解决机制来维权。

（二）没有严格遵循VCLT的规定，忽略了目的解释法的重要性

目的解释是以法律规范的目的为根据来阐述、确定法律规范的意义的一种解释方法③。目的解释法的法律依据是，人类行为都是有一定目的的，受"目的律"的支配，立法者制定法律时也都有一定的目的，故法律解释者当然要使解释的结论与此目的保持一致④。在一些国内司法体制中，目的解释法曾被作

---

① QURESHI A H. *Interpreting World Trade Organization Agreements for the Development Objective* [J]. Journal of World Trade, 2009, 43: 852.

② DAMME I V. *Treaty Interpretation by the WTO Appellate Body* [J]. European Journal of International Law, 2010, 21: 619.

③ 张志铭．法律解释操作分析［M］．北京：中国政法大学出版社，1998：117.

④ 梁慧星．民法解释学［M］．北京：中国政法大学出版社，1995：226.

为与纯粹文本分析相分离的一种探求意义的方法。在国际司法裁判实践中，目的解释法也逐渐得到灵活的运用。根据国际法委员会的解释，VCLT 第 31 条规定的解释方法之间并无轻重之分，应该同等考虑。实际上，在 WTO 争端解决实践中，专家组和上诉机构经常采用目的解释法来解释 WTO 相关协定和法律文件。虽然一些学者对于目的解释法在 WTO 争端解决实践中的运用持谨慎或质疑态度，但是 WTO 总干事帕斯卡·拉米持充分肯定的态度。他 2006 年 5 月在巴黎大学的演讲中指出，目的解释可以有效地将 WTO 的贸易规则纳入一般国际法的体系，并使之成为其中的一个组成部分。……能够在自由贸易与环境、人权保障等不同国际法价值取向之间进行协调，进而对建构一个公正、合理的全球法律秩序发挥重要的作用①。然而，专家组和上诉机构在运用目的解释法解释 WTO 协定和特定规定中存在诸多问题，其中主要问题一是违反了 VCLT 的规定，把目的解释法置于次要的地位，二是过分依赖特定条约的目的，忽视了 WTO 整个条约的目的。

需要强调的是，VCLT 第 31 条规定的目的和宗旨毫无疑问是指整个条约的目的和宗旨。也就是说，条约的目的和宗旨要从作为一个整体的条约中得以确立②。“国际法委员会认为，条约的目的是指明示的目的，尤其是条约序言中的规定”。上诉机构在欧共体鸡块案中对此进行了确认，认为 VCLT 第 31 条（1）中的“目的与宗旨”前使用的措辞是“它”（it），表明该术语指的是条约整体；假如采用的是“它们”（they），那么就表明指的是具体的条约条款。所以，这里“目的和宗旨”用于解释的起点是条约整体。那么，VCLT 第 31 条（1）所指的“目的和宗旨”是否排除了对条约特定条款的目的和宗旨的考虑？VCLT 没有对此做出具体规定。一些学者从整个条约与具体条款之间的关系考虑，认为第 31 条（1）的规定也包括具体条款的目的和宗旨，上诉机构在欧共体鸡块案中也予以了确认③。

WTO 条约是一个以《WTO 协定》为主文并将一系列协定作为附件而组合构成的一揽子协定。其中，《WTO 协定》有其表达整个 WTO 条约的目的和宗旨

---

① 李滨. 世贸组织争端解决实践中的条约目的解释［J］. 世界贸易组织动态与研究，2010，17（6）：51.

② LENNARD M. Navigating by the Stars：Interpreting the WTO Agreements［J］, Journal of International Economic Law，2002，5（1）：27.

③ 国外学者如 Michael Lennard，Isabelle Van Damme，及国内学者如李浩培、陈欣、张东平博士等，持类似观点。（李浩培. 条约法概论［M］. 北京：法律出版社，2003：361；陈欣. WTO 争端解决中的法律解释［M］. 北京：北京大学出版社，2010：16；张东平. WTO 争端解决中的条约解释研究［D］. 厦门：厦门大学，2003.）

的序言；各附属协定也大多有其自己的序言，其中包含了该特定协定的目的和宗旨；具体协定中的某些具体条款也有表明其目的和宗旨的内容①；同时，这些诸多目的和宗旨之间还存在冲突和矛盾。因此，如何从这些存在冲突的诸多目的和宗旨中确立用来解释相关规定的目的和宗旨，是十分艰难的：仅仅考虑WTO整个体制的一般目的可能难以解释清楚，而一旦脱离整个体制的目的，有可能失去公正性。分析上诉机构在一些案子的解释实践，其基本脉络依稀可见：在美国汽油案中，上诉机构指出，审查一项措施是否根据GATT1994第20条获得正当性时，要强调的目的和宗旨应当是第20条引言的目的和宗旨，而非整个GATT1994或WTO协定的目的和宗旨；在美国海龟案中，上诉机构批评专家组没有考虑第20条引言的目的和宗旨，而审查了GATT1994和WTO协定的整体目的和宗旨，并以过分宽泛的方式描述了这一目的和宗旨，专家组得出了削弱WTO多边贸易制度的措施必然被视为不属于第20条允许的措施范围的结论。上诉机构进一步指出，第20条引言的目的和宗旨与GATT1994及WTO协定的目的和宗旨不同，后者是以更广的方式规定的；维持而不是削弱多边贸易体制必然是WTO协定的一项根本的和普遍的基础，但它并不是一项权利或义务，也不是可以用来评价第20条引言的一项特定措施的解释性规则②。

显然，上诉机构在上述案例中的态度是，特定条款的目的和宗旨在解释中应得到优先考虑，而整体的条约的目的和宗旨由于是泛泛规定的，不能作为解释性规则。可喜的是，上诉机构在后来的案例解释中，灵活性有所增强：上诉机构在阿根廷纺织品与服装案中明确指出，如果存在一项清晰的特别规定的目的和宗旨，那么它会体现在它作为其中一部分的整个条约的目的和宗旨中，并且与它和谐一致③。上诉机构在欧共体关税优惠案中进一步指出，特定条约规定的目的和宗旨应该与整体条约的目的和宗旨和谐一致④。上诉机构在欧共体鸡块案中批评了专家组错误地将WTO协定的目的和宗旨与其特定条款的目的和宗旨区别开来，认为它们是一个整体，其中特定条约规定的目的和宗旨附属于整个条约的目的和宗旨，当它有助于确立整个条约的目的和宗旨时，应该予以

---

① WTO规定了整个协定的目的和宗旨，同时，WTO各协定都有其特定、具体的目的，如《与贸易有关的知识产权协定》的目的之一是促进技术革新及技术转让和传播，《保障措施协定》的目的之一是澄清和加强GATT1994的纪律，等等。

② 美国海龟案（WT/DS58/AB/R），第121段。

③ 阿根廷纺织品与服装案（WT/DS56/AB/R），第47段。

④ 欧共体关税优惠案（WT/DS246/AB/R），第155－156，159－165段。

考虑。因此，“没有必要将整个条约的目的和宗旨从具体条约规定的目的和宗旨分离开来，反之亦然”①。

遗憾的是，中国在中国原材料案中，多次主张专家组和上诉机构在法律解释中考虑 WTO 协定中的目的和其他协定规定的目的，但是，专家组和上诉机构只是泛泛承认 WTO 协定和其他协定的目的的重要性，始终坚持 WTO 协定的无歧视原则，对中国提出的中国作为发展中国家应该享受相应的特殊与差别待遇的诉请，并没有给予认真的考虑②。显然，与先前的案例相比，专家组和上诉机构在法律解释中考虑发展中国家理应享受的特殊与差别待遇方面，不仅没有任何创新，似乎更加顽固保守。特别是专家组和上诉机构在本案法律解释中的这种倒退的迹象，后果不可轻视：WTO 整个协定的为发展中国家提供特殊与差别待遇的宗旨，是维护发展中国家利益的宪法性法律规定，自然具有统领全局的作用，而其他协定中的相关规定往往涵盖面狭窄，不易在法律解释中得到全面的适用，对发展中国家的作用有限。专家组和上诉机构在法律解释中漠视 WTO 整个协定的宗旨，一定程度上动摇了发展中国家在 WTO 中的根基，对发展中国家在争端解决中维权构成极大的困难。因此，这必须引起发展中国家的关切。

（三）专家组在本案的法律解释中固守先前的做法，漠视 WTO 对发展中国家提供的特殊与差别待遇的规定

规则的制定者往往是最大的受益者。WTO 作为发达国家发起和主导的多边法律制度，必然偏袒发达国家的利益，歧视发展中国家的利益。专家组和上诉机构在争端解决实践中，始终固守严格的司法解释哲学，漠视发展中国家的特殊情形。具体地说，WTO 对发展中国家提供的特殊与差别待遇，在法律解释中没有得到足够的重视。我们认为，WTO 中的特殊与差别待遇规定，是维护广大发展中国家利益的最重要的规则。无论从 WTO 协定的宗旨，还是从 DSU 及 VCLT 的相关规定来看，专家组和上诉机构在法律解释中适当考虑这些规则，具有无可置疑的合理性。

1. 为发展中国家提供特殊与差别待遇以维护他们的利益是 WTO 协定的宗旨之一

WTO 协定的序言规定了 WTO 的六个具体宗旨和目标：一是提高生活水平，保证充分就业和大幅稳定地增加实际收入和有效需要；二是根据可持续发展目

---

① 欧共体鸡块案（WT/DS286/AB/R），第 238 段。

② 中国原材料案（WT/DS394/R；WT/DS395/R；WT/DS398/R），第 7.376 - 7.403 段。

标和关注不同经济发展水平国家的不同需要的各种方式，优化利用世界资源和保护环境；三是确保发展中成员（特别是其中的最不发达成员）获得与其经济发展水平相应的份额；四是实质性地减少关税和其他贸易壁垒；五是建立与发展一个统一的、更有活力的和持久的世界多边贸易体系；六是维护世界多边贸易体系的基本原则。显而易见，WTO 协定序言中虽然没有直接使用“特殊与差别待遇”字眼，但是所规定的六项宗旨中至少有四项包含了为发展中国家提供“特殊与差别待遇”的内容。

从 WTO 法律体系中“特殊与差别待遇”规定的发展过程看，维护发展中国家的利益毫无疑问是 WTO 的宗旨之一。1965 年的《贸易与发展章程》正式成为总协定的第四部分，阐明了指导缔约国处理发展中国家经济和贸易发展问题的基本原则和目标，首次正式肯定了在发展中国家与发达国家贸易关系中的非互惠原则；1979 年通过的“授权条款”为发展中国家在多边贸易体制内享受“特殊和差别待遇”的地位在法律上得以完全确立①；2001 年的多哈部长重申要“继续做出积极努力，以保证发展中国家，特别是最不发达国家，在国际贸易增长中获得与其经济发展需要相当的份额”。毫无疑问，多哈回合已经将发展作为世界多边贸易体制的议程②。

理论上，法律作为调整特定社会关系的规则，必须有其特定的目的和宗旨。法律的目的主要是指立法者想要达到的境地，希望实现的结果。罗马法法谚称，“立法的目的是法律的灵魂”。“法律目的消失后，法律本身便不复存在了。”因此，法律的目的和宗旨与具体法条的解释、执行等之间的关系，只能是目的与手段或方式之间的关系，即具体法条的解释、执行等只能以法律的目的或宗旨为应取得的结果，任何背离或违反法律的目的或宗旨的解释、执行等程序都是不容许的。WTO 作为“原则向型”的多边贸易法律制度，在无力对错综复杂的经济、法律问题做出具体规定的同时，主要靠 WTO 协定的诸多原则来表现其价值取向，维护其正当性。这些主要的价值取向是自由贸易、维护多边贸易体制、市场准入、平等互利、透明度、可持续发展及对发展中国家的特殊和差别的待遇，等等。正是这些价值取向维持着 WTO 之所以为 WTO 的存在，任何有悖于这些价值取向的解释必然会导致 WTO 体制面目全非。在 WTO 条约解释实践中，

---

① 黄志雄. WTO 体制内的发展问题与国际发展法研究［M］. 武汉：武汉大学出版社，2005：67.

② QURESHI A H. *International Trade for Development：The WTO as a Development Institution*?［J］. Journal of World Trade，2009，43（1）：174.

专家组和上诉机构应该始终将WTO条约的目的和宗旨作为衡量条约解释的正当性的主要标准，使自己的条约解释始终与WTO条约的目的保持一致，维护WTO法律制度的神圣性。

2. DSU第3条、第12条、第21条及第24条是依据“特殊与差别待遇”进行法律解释的直接法律依据

DSU作为WTO争端解决机制的诉讼法典，其中多项条款规定了为发展中国家提供特殊与差别待遇，例如，第3.12条规定了当起诉是由一发展中国家成员针对一发达国家成员提出时，发展中国家可以依据以前的相关规定享受特别待遇；第12条更是为发展中国家提供了操作性较强的特殊待遇，如在涉及发展中国家成员所采取措施的磋商过程中，各方可同意延长相关期限、应该给予发展中国家成员充分的时间以准备和提交论据等。更重要的是，第12.11条要求专家组报告应明确说明以何种形式考虑关于发展中国家成员在争端解决程序过程中提出的适用相关差别和更优惠待遇规定，以接受审查和监督；第21条强调了在争端解决中应特别注意影响发展中国家利益的事项；第24条专为最不发达国家成员提供了解决争端的特殊程序。

可见，虽然上述规定存在措辞含糊、缺乏法律术语所应有的准确性和可预见性等缺陷，但是毕竟为专家组和上诉机构依据特殊与差别待遇的规定解释WTO法律提供了法律依据和足够的正当性。

3. VCLT明确规定了条约解释中的目的解释法

如前所述，上诉机构在多个案例中申明，VCLT是WTO专家组和上诉机构进行法律解释的最重要的适用法。如前所述，VCLT第31条所规定的解释程序是一个统一体，专家组和上诉机构在确定词语的通常含义时，不能按次序对规定的解释因素单独进行考虑，而必须将规定的所有解释因素进行统一性的考虑。遗憾的是，专家组和上诉机构在协议解释中，过分依赖约文解释法，漠视解释程序的统一性，显然违反了VCLT的相关规定。曾在WTO争端解决机构任仲裁员和上诉机构大法官的埃勒曼（Ehlermann）教授深有体会地指出：“根据维也纳条约法公约第31条1款，条约应就其用语按照上下文并参照其目的和宗旨所具有的通常意义，善意地予以解释。在这三项因素中，上诉机构毫无疑问最注重第一项，即‘条约的用语的通常意义’。至于第二个因素，即‘上下文’，虽然比第三个因素（即‘目的和宗旨’）采用得更频繁，但是远没有第一个因素

重要……很清楚，上诉机构给予了‘用语’解释法特权……”①。

显然，专家组和上诉机构在法律解释中，随意曲解了 VCLT 的规定，漠视了目的解释法，没有注重 WTO 中关于针对发展中国家成员的特殊与差别待遇的规定，给发展中国家在争端解决中维权带来诸多困难。

显然，本案作为一起环境争端，体现着诸多新时期下暴露的新冲突，尤为明显的是自然资源永久主权原则与 WTO 自由贸易规则的冲突，以及自由贸易与环境保护的冲突。

自然资源永久主权是二战后新兴国家为争取独立主权提出的，是保护本国自然资源的一项主权。经过发展中国家的不懈努力，这项主权终于通过一系列联合国决议和条约被确立下来。但是，在经济全球化的今天，发展中国家对自然资源的主权屡屡受到威胁。发达国家明显享有经济实力和其技术、规则方面的优势，这使得发展中国家不断扮演着原材料供应者的角色，在国际贸易中处于劣势地位。

WTO 规则建立之初就是由众多发达国家兼极少数发展中国家起草并通过的，其主要的价值追求在于经济利益的最大化，对发达国家的经济快速发展保驾护航。因此，对其他因素，例如环境资源保护、发展中国家在国际贸易活动中的不平等地位等缺乏关注。近些年来，随着全球对环境问题的普遍关注，众多环境保护主义者也开始对 WTO 规则对发展中国家的自然资源的不公平保护予以抨击。根据 WTO 规则，除了符合例外规定外，成员方不得对国际贸易中的产品进行出口、进口货销售方面的限制。但是如今，这种限制却在保护环境的大背景下常常发生，贸易自由规则与环境保护的价值冲突越来越常见。

WTO 在文本中从未忽视对环境保护的关注，如《WTO 协定》序言就融入了可持续发展、合理利用自然资源等概念。GATT、GATS 和 TBT 等协定中也都有环境保护的例外规定。但是，从 DSB 解决多边贸易争端的经验发现，发展中国家成功利用这些例外条款保护其环境的情况并不常见。发达国家常常为了追求更高的经济利益，以严苛的环境标准要求非发达国家的贸易产品，直接或间接地阻碍了非发达国家的农产品和工业产品贸易出口，或者以“环境保护”为理由，掩盖其对非发达国家采取的如变相收回一些贸易优惠的

---

① EHLERMANN C D. *Six Years on the Bench of the* “*World Trade Court*”, *Some Personal Experiences as Member of the Appellate Body of the World Trade Organization* [J]. Journal of World Trade, 2002, 36: 605－639.

动机。

发展中国家如今仍处于廉价原材料供应者的地位，可喜的是，它们已经逐渐意识到这种以初级原材料换取成品的战略模式有诸多弊端：不仅消耗了其宝贵的自然资源，还使产品的利润被发达国家剥离。于是，这些非发达国家纷纷采取原材料出口限令来确保本国环境和产业。然而，现行的 WTO 规则注重的是贸易自由化，漠视发展中国家的特殊情形。这样一来，发展中国家诉诸现行 WTO 规则来维护自己的自然资源主权，尚存在诸多困难。

本章小结

本章的四个案例，作为近些年来 GATT/WTO 与环境问题不断协调发展的标志性案例，体现了经济与环境问题冲突协调、共同发展的不同阶段。一方面，从对 GATT/WTO 条文的解释方面看，不仅注重对条文进行文本解释，同时兼顾条文设置的目的和背景，对第 20 条的解释不仅局限在狭义的视野，同时也放眼于长远发展的目光。另一方面，从贸易与环境的角度看，从注重自由贸易带来的利润轻视保护环境，到同时兼顾贸易对环境的影响，在适用贸易规则时，除了贸易规则规定的内容外，更将其放置在更广泛的国际环境法、国际环境公约的原则和规则中解释并适用相关具体规则。贸易与环境从过去对立的关系，发展成为如今相互协调、共同发展的关系。司法实践中的这些进步，不仅体现了近些年来国际法的发展越来越重视对环境的保护，而且，司法实践中涉及贸易与环境关系的案件得以妥善解决，也将促进国际法对可持续发展原则进行进一步的完善和发展。

当然，从生态文明的视角来审视现行 WTO 规则可以发现，WTO 的促进贸易自由化的宗旨决定了对环境保护的漠视。因此，WTO 中大多数关于环境保护的规定存在含义模棱两可及诸多法律漏洞等问题，司法可操作性较差。换言之，如果发展中国家通过诉诸现行 WTO 规则来保护自己的环境，仍存在诸多困难。因此，尽快将生态文明理念融入 WTO 框架之内，对 WTO 相关规则进行相应的修改，纳入有利于发展中国家经济发展的“共同但有区别责任”原则，是发展中国家通过 WTO 规则来保护环境的重中之重。

第十章

中国在 WTO 多哈回合关于环境保护谈判中的对策建议

第一节　WTO 多哈回合关于贸易与环境谈判概述

一、WTO 关于贸易与环境问题的规定存在的主要缺陷

GATT1947 并没有直接提到环境问题，主要是因为当时人们并没有完全认识到自然资源的开采和环境污染所造成的环境和生态退化的严重性。随着各国经济的快速发展，经济发展对各国环境的破坏日趋严重，GATT 也开始关注贸易发展与环境保护问题。1971 年，GATT 缔约方成立了一个环境措施和国际贸易的工作组，但是它并没有正式运转，特别是受 1973—1974 年世界石油危机的影响，各缔约方对这一问题的兴趣有所淡化①。GATT1947 中关于环境保护的规定也寥寥无几，例如，序言中仅仅宣称缔约各国“在处理它们在贸易和经济领域的关系时，应以提高生活水平、保证充分就业、保证实际收入和有效需求的大幅度增长、实现世界资源的充分利用为目的”。比较直接涉及环境问题的第 20 条（b）、（g）只是规定了本条的规定允许各国采取为保障人民、动植物的生命或健康所必需的措施和为养护可用竭的天然资源，并非直接关于贸易发展和环境保护的规定。GATT 协定中可被称为直接涉及环境问题的规定只有 1979 年东京回合通过的《补贴与反补贴协定》中的第 8 条第 2（c）款，遗憾的是，该条的规定也附加了相应的限制②。在争端解决方面，GATT 争端解决机构对于贸易

① 刘光溪．坎昆会议与 WTO 首轮谈判［M］．上海：上海人民出版社，2004：429.

② 该条规定：各成员方可在必要的限度内，给予那些为执行环保法规、采取环保措施而加重了经济负担的企业以一定的补贴。

与环境问题采取比较冷漠的态度，即专家组对所涉案件是否涉及环境政策采取回避，当所涉案件中与环境有关的贸易措施与无歧视原则、最惠国待遇原则、国民待遇原则等不一致时，往往裁定该措施在 GATT 第 20 条下是不正当的①。

随着经济全球化的迅猛发展，WTO 将环境问题纳入了多边贸易体制。虽然 WTO 没有处理环境问题的专门协定，但是不少 WTO 协定中都包含着相关环境保护的条款。例如，GATT1994 第 20 条将保护人类、动物或植物的生命、健康而影响货物贸易的政策，视为 GATT 原则的例外；农业协定规定了环境计划是补贴消减的例外；技术性贸易壁垒协定和卫生与动植物检验检疫措施协定明确承认环境目的的合法性；知识产权协定规定了政府可以拒绝对危害人类、动植物生命健康，或者是对环境有严重危害危险的对象授予专利等。此外，WTO 还成立了贸易与环境问题处理的工作机制，如在 1994 年乌拉圭回合结束时，成立了贸易与环境委员会（CTE），负责 WTO 下的贸易与环境问题的谈判工作。遗憾的是，从生态文明理念的视角来看，WTO 体制中关于贸易与环境保护的规定存在诸多缺陷。

（一）WTO 体制中环境保护条款的法律地位很低

WTO 始终将促进贸易自由化作为根本宗旨，在平衡贸易自由化和环境保护的关系中，一直偏重于发展和促进贸易自由化，对环境保护重视不够。首先，WTO 协议中的环境保护措施一直作为例外条款，其法律地位很低。环境保护措施无论在 GATT1994，还是补贴与反补贴、卫生与动植物检疫措施等协定中，都基本上属于例外条款，其法律地位远低于 WTO 的无歧视、最惠国待遇、透明度等基本原则的地位。其次，WTO 中环境保护条款实施的范围和效果受到限制②。由于发达国家出于私利，利用其政治、经济强势，对环境保护条款实施的范围进行了限制，最大限度地保护自己的利益。例如，现有环保条款涉及的领域多数为发达成员方向发展中成员方要价较高的领域，知识产权协定对知识产权的保护十分严格，为发达成员方的私有企业借知识产权保护之名，向发展中国家索要高价铺平了道路。同时，对于广大发展中成员方所关心的商品出口、危险废物及垃圾的跨国转移及污染产业向发展中成员方转移等问题，却百般阻挠，致使 WTO 多边贸易体制迟迟没有对这些领域进行必要的规范③。

---

① 李寿平. WTO 框架下贸易与环境问题的新发展［J］. 现代法学，2005，27（1）：36.
② 李寿平. WTO 框架下贸易与环境问题的新发展［J］. 现代法学，2005，27（1）：35.
③ 王海峰. 贸易自由化与环境保护的平衡［J］. 国际贸易，2007，4：59.

（二）WTO中大多数关于环境保护的规定不够明确，缺乏实践操作性

发达国家成员方为了最大限度地维护自己的私利，在规范环境保护措施时刻意采用了原则性的规定，降低相关规定的可操作性，致使在实践中难以付诸实施。例如，WTO协定中采用了“可用竭的自然资源”“有关的措施”“必需”“有效”及“最小贸易限制”等含义模糊的词语，也未对这些概念做出明确的界定和解释，严重削弱了相关规定的可操作性①。

（三）WTO没有将特殊差别待遇纳入环境保护的规定中

众所周知，WTO体制中专为发展中成员方提供了特殊差别待遇，为发展中成员方的经济发展提供补助。由于发展中成员方的经济、科技水平远低于发达国家成员方，切实为广大的发展中成员方提供特殊优惠待遇，是当今世界全球正义的体现，更是广大发展中成员方人民的需要。遗憾的是，现行WTO有关环境保护的规定缺乏对发展中成员方的特殊差别待遇，这为发达国家与发展中国家在环境保护方面的冲突埋下了祸根②。这样一来，由于发达国家的环境管制和环境标准远比发展中国家复杂，这无疑严重限制了发展中国家的商品进入发达国家市场，也自然为发达国家的商品进入发展中国家市场打开更大的方便之门。

二、发展中国家在多哈回合关于贸易与环境谈判中面临的困难

WTO成立以后，为了回应国际环境运动对自由贸易会破坏环境的关切，对GATT1947的相关规定进行了修正，彰显了WTO对环境问题的关注，如将GATT序言中的“使世界资源得以充分利用”修改为“对世界资源的最佳利用”，并且还明确纳入了可持续发展的目标和宣示了对保护环境的考虑。然而，由发达国家主导的WTO始终将自由贸易作为根本性的理念，对环境保护问题没有给予足够的重视。这样一来，自WTO多哈回合谈判以来，虽然多次涉及环境保护问题，但都是雷声大雨点小，既没有制定专门的环境保护协定，也未在保护环境方面做出具有实质意义的具体规定。因此，发展中国家在多哈回合关于贸易与环境谈判中面临着诸多困难。

---

① 欧福永，熊之才. WTO与环保有关的贸易条款评析［J］. 当代法学，2004，103（1）：158.

② 李寿平. WTO框架下贸易与环境问题的新发展［J］. 现代法学，2005，27（1）：36.

（一）WTO 法理框架中的可持续利用资源和保护生态系统思想仍未成为主流理念

当今国际法已经认可了可持续发展原则为国际法的一般法律原则，该原则是与协调经济发展、社会正义和环境保护相关的其他法律原则的集大成者，这些法律原则为可持续发展原则提供了法律和哲学基础①。国际法协会（ILA）的可持续发展法律问题委员会（Committee on Legal Aspects of Sustainable Development）在 2002 年的一份声明中指出了可持续发展原则的基础包括了下列方面的法律原则：自然资源的持续使用、公平和消除贫困、共同但有差别、对人类健康、自然资源和生态系统的预防原则、公众参与与信息公开和司法救济、良治、社会、经济、人权和环境目标，等等②。然而，WTO 序言虽然已经宣示可持续发展是 WTO 的宗旨和目标之一，但是，WTO 仍坚持以贸易自由化为己任，始终将 WTO 协议中关于环境保护的规定视为例外规则。换言之，WTO 的终极目标不是更自由的贸易，而是同人类价值和福利紧紧相连，正如 WTO 成立宪章——马拉喀什协议中提出的目标：提高生活水平、依照可持续发展目标来优化配置全球资源、保护和维护环境等。因此，集中彰显生态文明理念的可持续发展的理念并未成为 WTO 法理框架中的主流思想，这就决定了 WTO 多哈回合中关于环境保护的谈判难以取得实质性的结果。

（二）WTO 多哈回合关于贸易与环境保护谈判举步维艰

在 1986 年乌拉圭回合启动的时候，各国政府并没有计划将环境问题纳入多边贸易谈判。在乌拉圭回合接近尾声时，由于 1992 年里约会议通过了一系列包含有贸易条款的国际多边环境协定，一些政府开始注重环境问题，特别是一些发达国家政府开始采取相关贸易限制措施来保护环境。这样一来，许多发展中国家担心环境问题被纳入多边贸易体制可能被当作贸易保护主义措施，因此极力反对。由于环境保护已经成为多数国家十分关注的问题，在发达国家的要求下，马拉喀什协议明确可持续发展是多边贸易体制的一个重要目标。1994 年 4 月，马拉喀什部长会议也通过了《关于贸易与环境决定》，明确将贸易政策、环境政策和可持续发展三者的关系作为 WTO 的一个优先事项，并建立贸易与环境

---

① SANDS P. *International Law in the Field of Sustainable Development: Emerging Legal Principles, in Winfried Lang, edited, Sustainable Development and International Law* [M]. London: Graham & Trotman/Martinus Nijhoff, 1995: 62－66.

② ILA. New Delhi Declaration of Principles of International Law Relating to Sustainable Development [R]. Netherlands: Kluwer Academic Publishers, 2002.

委员会来专门负责协调环保与贸易发展，积极与“贸易与发展委员会”“可持续发展委员会”等合作。该委员会的基本任务是：搞清贸易与环境措施之间的关系以有利于可持续发展；对多边贸易体系条款是否需要修改提出适当建议，但这些建议必须与多边贸易体系的公平、平等及非歧视原则相一致，特别是要符合有利于促进贸易与环境措施之间积极的相互作用规则，有利于可持续发展，并要考虑到发展中国家，特别是最不发达国家的实际需要；避免贸易保护主义措施，坚持有效的多边规则以确保多边贸易体系响应《21 世纪议程》和《里约宣言》，等等①。

WTO 贸易与环境谈判主要根据多哈宣言的第 31 条来进行，主要集中在三个方面：一是第 31（1）条的 WTO 规则和多边贸易环境协定（MEAs）间的关系，二是第 31（2）条的 WTO 与 MEA 秘书处间的协作，三是第 31（3）条的环保产品和服务的关税和非关税壁垒的消除。这三个方面谈判内容都将在 WTO 贸易和环境特别委员会（CTESS）下进行。另外，多哈回合谈判的其他方面也同环境相关，如农业谈判和渔业补贴，后者作为规则谈判的一部分进行②。

WTO 贸易与环境委员会成立以后，1996 年提交了第一份年度报告。但是，由于发展中国家与发达国家之间利益的冲突及观点的分歧，WTO 贸易与环境委员会对此问题一直不能取得共识，因此，在 1996 年的新加坡第二次部长会议上，WTO 成员方未能就贸易与环境问题达成任何协定。在 1999 年的西雅图 WTO 部长会议上，由于发达国家与发展中国家对环境与贸易问题的分歧仍然未能协调，会议仍没有取得任何进展。2001 年在卡塔尔的多哈举行的 WTO 第四次部长会议上，终于通过了《多哈宣言》，明确了新一轮多边贸易谈判的 19 项谈判议程，其中包括贸易与环境谈判。2003 年的 WTO 第五次部长级会议在墨西哥坎昆市举行，主要集中在针对农产品问题进行谈判，关于贸易与环境的议题只是重申了过去的立场，并没有达成任何协定。主要的冲突集中在自由贸易主义与环境主义的纷争以及发达成员与发展中国家成员的不同看法上③。截至 2017 年 12 月，布宜诺斯艾利斯举行的第十一次部长级会议，关于贸易与环境问题的谈判一直没有取得实质性的成果。

WTO 多哈回合谈判经历了跌宕起伏、峰回路转和柳暗花明的艰难历程，不

---

① 李寿平 . WTO 框架下贸易与环境问题的新发展［J］. 现代法学，2005，27（1）：37.

② 付丽 . WTO 在环境保护中的作用及环境谈判对我国的影响［J］. 世界贸易组织动态与研究，2011，18（3）：55.

③ 刘光溪 . 坎昆会议与 WTO 首轮谈判［J］. 上海：上海人民出版社，2004：447.

少议题的谈判或多或少取得了进展，遗憾的是，关于贸易与环境的谈判始终步履维艰，难以取得实质性进展。其中主要原因有二：一是 WTO 自身运作机制存在缺陷，例如，WTO 的“一揽子接受”原则必然会导致多边贸易谈判旷日持久①；二是各成员国没有在 WTO 多边贸易体系中建立起一致的生态文明理念，特别是发达国家与发展中国家对贸易与环境之间的关系难以达成共识，发展中国家担心发达国家利用保护环境为借口，实施贸易保护主义措施。例如，在贸易自由化与环境关系方面，自由贸易者认为自由贸易对环境是有利的。他们认为，从福利经济学的角度来看，自由贸易有助于实现环境资源的最优配置，从而保证生产活动能够按照最有效的方式进行。另外，贸易自由化还有利于消除那些扭曲贸易的政策措施，如补贴和税收等，而这些措施都被证明是不利于环境保护的②。环境主义者则认为，自由贸易会给环境保护带来消极的影响，理由是自由贸易所带来的经济活动的增加会导致大气污染，增加对非再生资源的使用，过多地消耗那些可再生资源。在贸易政策与环境保护的关系方面，自由贸易者认为，贸易本身并不会损坏环境，导致环境恶化的根源在于市场和政府管理失灵，即外部性问题。解决这个问题的最佳办法是直接解决贸易的外部性问题，而不是运用贸易手段来改变全球的自由贸易体系。另一种观点认为，贸易政策对于解决环境问题是非常必要的。他们认为，贸易政策不仅可以用来限制那些危害环境的产品的贸易，而且可以用来防范环境保护过程中搭便车的现象。相比之下，采取贸易政策来解决环境问题虽然不是最理想的做法，但至少是最可行和最有效的③。

一般地说，发达国家成员和发展中国家成员在贸易与环境问题上的主要分歧是，前者一方面希望打开发展中国家的环境、货物与服务产品的市场；另一方面，企图以保护其环境为由，实施贸易保护主义，限制来自发展中国家的产品进入其市场④。后者对贸易与环境问题的态度经过了一个变化过程：早在多哈回合谈判的初期，发展中国家担心发达国家以保护环境为借口实施贸易保护主义，不同意将贸易与环境问题纳入 WTO 多边贸易谈判中去。自 2003 年坎昆部长级会议之后，发展中国家开始逐渐接受了环境保护的世界潮流，同意在

① 刘光溪．坎昆会议与 WTO 首轮谈判［J］．上海：上海人民出版社，2004：27.

② 高秋杰，田明华，吴红梅．贸易与环境问题的研究进展与述评［J］．世界贸易组织动态与研究，2011，18（1）：61.

③ 刘光溪．坎昆会议与 WTO 首轮谈判［J］．上海：上海人民出版社，2004：449.

④ 刘惠荣，许枫．论发展中国家对待 WTO 环境与贸易问题的立场［J］．山东科技大学学报（社会科学版），2006，8（4）：62.

WTO 框架下谈判贸易与环境问题，主张在处理贸易与环境问题上要为发展中国家提供更多的市场准入机会，要加强对发展中国家的技术转让和技术援助从而进一步加强发展中国家的能力建设①。也就是说，在新的一轮 WTO 多边贸易谈判中，关键是如何体现“共同但有区别责任”原则及如何实现对发展中国家的技术援助、资金援助，并将贸易与环境问题和减轻贫困结合起来②。

（三）发展中国家在多哈回合关于贸易与环境谈判中面临的困难

1. 贸易自由化作为 WTO 的终极目标不利于环境保护

从 GATT 到现行的 WTO 多边贸易体制，始终将贸易自由化作为其终极目标。虽然《建立世界贸易组织协定》的序言中包括了可持续发展目标及保护环境等方面的内容，但是，GATT1994 的第 20 条（b）、（g）的规定作为 WTO 环境政策的最主要条款，始终没有摆脱“例外条款”的命运。这样一来，截至目前，WTO 多哈回合关于贸易与环境问题的谈判的主要目的并不是为了保护环境，而是在多边贸易体制中，如何实现在使贸易措施不影响环境保护的同时实现贸易自由化，防止以环境保护为借口推行贸易保护。在争端解决方面，WTO 争端解决机构在审理相关案件中，一直在努力寻找贸易自由与环境保护的平衡线，谨小慎微，不敢越雷池半步。因此，WTO 固守贸易自由化的终极目标，一定程度上构成了环境保护的障碍。换言之，期望 WTO 多边贸易体制在环境保护方面做出较大实质性进展，至少在近年里，可能性是很小的。

2. 发展中国家的政治、经济及法律能力有限

从 GATT 到 WTO 的发起和发展，一直是在发达国家的主导之下。相比而言，发展中国家的政治制度不够完善，经济能力有限，例如许多发展中国家的企业缺乏足够的精力和资金像发达国家那样保护环境。如果不顾这些企业的实际情况，过高地要求他们保护环境，势必会削弱这些企业的竞争力，减缓发展中国家的经济发展，使环境与贸易问题陷入恶性循环。在法律能力方面，发展中国家的法律制度一般不如发达国家的完善，根本没有能力对发达国家的法律理念及体制施加实质性的影响。这必然导致发展中国家在国际经济法的谈判中处于被动接受发达国家建议的地位③。

---

① 彭淑．论 WTO 发展中成员对待贸易与环境问题的立场［J］．政治与法律，2004，6：90.

② 李寿平．WTO 框架下贸易与环境问题的新发展［J］．现代法学，2005，1：35.

③ 刘惠荣，许枫．论发展中国家对待 WTO 环境与贸易问题的立场［J］．山东科技大学学报（社会科学版），2006，8（4）：61.

3. 发达国家经常倚仗强势不切实履行自己在国际协议中的承诺

首先，发达国家没有完全履行 WTO 协定规定的义务。发展中国家在乌拉圭回合谈判中，在知识产权、服务贸易和投资措施等发达国家强势领域做出了许多让步，促成了乌拉圭回合谈判的成功。然而，发达国家并没有完全履行开放市场的承诺，对发展中国家的纺织品、农产品还是采取限制进口的措施，对本国的农产品和纺织品实行各种补贴，千方百计保护国内产业。其次，发达国家没有履行在其他国际协议中对发展中国家的经济援助。例如，发达国家在 1992 年的里约热内卢世界环境与发展会议上，郑重承诺每年拿出国民生产总值的 0.7% 来援助发展中国家。在 1994 年第 20 届西方七国首脑会议上，发达国家承诺减免发展中国家债务的 67%。然而，发达国家并没有完全兑现自己的承诺。他们实质上背离了在里约会议上的承诺，不愿承担自己应尽的义务，不愿为解决全球环境问题建立全球伙伴关系做出自己的努力和贡献①。

4. WTO 决策程序无法协调发达国家和发展中国家的分歧

WTO 作为多边贸易体制，其决策程序存在诸多不合理之处，无法协调发达国家和发展中国家的分歧。以“协商一致”原则为例。“协商一致”原则运用到 WTO 决策过程中的具体过程可以被形象地理解为“同心圆”结构②，即先将一些困难的议题交由少数成员讨论，在取得小范围的“协商一致”后，以“圈圈递进”的方式向外推进，推向更多的国家以取得更大范围的支持，最后达到全体成员“协商一致”的效果。这个“同心圆”的中心为谈判主席，最里侧的圆圈为谈判主席召集的双边或者极少数国家开展的非正式的磋商会议，向外一圈为只有少数国家参加的“绿屋会议”，然后交至谈判委员会非正式会议，最后才交由谈判委员会组织正式会议来进行最后的敲定。“协商一致”原则源起于 GATT 时期。第二次世界大战后各国在寻求建立一个促进全球贸易的国际组织时，在《哈瓦那宪章》中确立了“一成员一票，简单多数决”的国际贸易组织决策原则。该决策原则在 GATT 中得以延续。1947 年 GATT 创始缔约方只有 23 个，运用简单的“多数决”即可以完成决议的通过。23 个缔约方都是第二次世界大战的胜利国，均为发达国家或者潜在的发达国家，他们之间有良好的信任基础并且利益分歧本身较小，因此“多数决”即可在所有成员间达成满意的结果。然而随着 GATT 的发展，成员不断增多，在半个世纪的冲突与妥协的谈判实践中，多数决执行起来不再能够满足发达国家的预期，“协商一致”应运而生

① 徐淑萍. 发展中国家环境与贸易问题对策研究［J］. 中国法学，2002，3：153.

② 钟楹. WTO 多边贸易谈判决策机制改革研究［D］. 北京：对外经贸大学，2016.

并一直作为不成文的决策机制存在着。虽然GATT1947中规定了投票表决的决策机制①，并未提到“协商一致”，但是在决策的实践中，GATT规定的投票表决制度仅适用于接纳新成员和给予豁免的决定，“协商一致”成为决策惯例占据主要地位②。

WTO研究专家杰克逊（Jackson）表示，GATT成员在GATT的实践中会尽可能地避免正式投票的决策方式，因为他们对“票决一致”持恐惧的态度③。“票决一致”是公认的民主的决策方式，但是这种决策方式存在一大缺陷，那就是如果少数人支持的法律智慧没有得到全部同意或者达到约定的多数同意，它将不能发挥作用。结合当时的国际背景，发达国家占据少数，发展中成员占据绝对多数，在这种两方利益固定矛盾分歧很大的情况下，“票决一致”如果成为主要的决策方式，票决结果很可能倾向于发展中国家的利益并导致发展中成员垄断公共事务决定权。“协商一致”就是在这种背景下诞生的，这种决策原则要求各方协商寻求共识。可以说，这种决策方式能够避免投票产生的对立，目的在于平衡势力不均等的各方之间的权利义务④。

WTO时期，成员更加发展壮大，截至2018年3月4日，WTO正式成员数量为164个。理论上讲，成员数量的增加会导致全体一致的可能性降低，采用“多数决”可以增加协商的成功⑤。但是，其中的发展中国家的数量大大增多，占据全体成员的70%并且仍持续增加。发达国家考虑发展中国家占据了绝对多数，多数决会导致发达国家失去对WTO的控制。因此，“协商一致”以制度的形式被规定下来，虽然《WTO协定》中也有规定投票表决作为辅助制度，在“协商一致”不能达成共识时补充适用，但是在实践中，“协商一致”基本作为唯一的决策方式存在着⑥。显然，“协商一致”原则有利于发展中国家利用其在WTO中占有的多数地位，与发达国家进行抗争，但是，该原则在发达国家仍然

---

① GATT1947第25条：每缔约方拥有一票，一般情况下，决定以投票的简单多数通过。

② JACKSON J H. The world trade organization：constitution and jurisprudence［J］. International Affairs，1999，75（2）：400.

③ JACKSON J H. The Perils of Globalization and the World Trading System［J］. Fordham International Law Journal，2000，24（1&2）：379.

④ 吴斌. 论WTO决策机制［J］. 河北法学，2004，22（2）：89.

⑤ BLACK D J. & PAYLON A L. Decision making in international organizations：an interest based approach to voting rule selection［M］. Columbus：Ohio State University Press，2009：24.

⑥ 周跃雪. WTO决策机制法律问题研究［D］. 重庆：西南政法大学，2015.

主导 WTO 事务的今天，会导致 WTO 多边贸易谈判举步维艰，难以取得成果①。

再以 WTO 中“一揽子承诺”原则为例。WTO 对“一揽子承诺”（single package）的表述为“要么全部，要么全不”（nothing is agreed until everything is agreed），要求 WTO 成员对多边贸易协定要么全部接受，要么全部拒绝，不可以在众多协定中挑选然后选择部分接受。可见，“一揽子承诺”原则具备三个要素：全体成员、接受所有协定和同时履行。

理论界对“一揽子承诺”在多边贸易谈判中的性质存在一些分歧。经过总结梳理，“一揽子承诺”有以下两层含义。首先，“一揽子承诺”是一种谈判模式。东京回合“菜单式”的谈判模式导致了谈判的碎片化、零散化，被事实证明是行不通的。“一揽子承诺”的谈判模式使得议题之间具有关联性，发达国家和发展中国家这两类成员可以在这种模式下进行权益博弈。例如在蒙特利尔 GATT 部长级会议谈判中，对于农业自由化的谈判由于利益冲突严重，谈判僵持不下，美国和欧盟国家提议将农业议题暂时搁置，先同意接受已经协商完成的议题。凯恩斯集团作为一个发展中国家的集团明确表示彻底拒绝这个提议，使谈判不得不停下来。他们坚持只有在农业领域做出实质性承诺之后，才有可能形成任何协定。发展中国家的坚持在“一揽子承诺”谈判模式下是一种合法要求。正是发展中国家的这种坚持迫使欧盟在两年之后的布鲁塞尔同意达成农业议题的协定。其次，“一揽子承诺”也是 WTO 多边贸易谈判的原则。作为一项法律原则，《建立世界贸易组织协定》规定了 WTO 所有协定都要受到“一揽子承诺”的约束，确立了其法律原则的地位。“一揽子承诺”作为一项法律原则，保障了 WTO 多边贸易体制的完整性和统一性。同时，“一揽子承诺”有助于促成符合绝大多数成员利益的多边贸易协定的形成，对 WTO 长久稳定的发展至关重要。

“一揽子承诺”的概念最早是在乌拉圭回合谈判中美国提出的，规定于《埃斯特角宣言》第 2.2 条②，其目的在于弥补东京回合谈判的缺陷。多边贸易谈判的东京回合将不同的关键领域均分别制定了独立的文本，或称之为“守则”。这一系列的守则是由六个部分的条约组成的，它们相互独立，允许 GATT 缔约方选择性的接受，这种情况被诙谐地称为“菜单式的 GATT”。此外，六个部分

---

① 张帆．国际公共产品理论视角下的多哈回合困境与 WTO 的未来［J］．上海对外经贸大学学报，2017，24（4）：6.

② 《埃斯特角宣言》第 2.2 条：谈判的发起、进行和结果的实施都应视为一揽子承诺的组成部分。但是，早期达成的协定在取得一致共识的情况下，可以在谈判正式结束前予以临时或最终实施。在评价谈判的总体平衡时，应当把早期达成的协定考虑在内。

的条约中存在相互冲突矛盾的规则。"菜单式的 GATT"导致东京回合谈判的破碎化、零散化，严重地影响了谈判最终成果的整体性和统一性。在东京回合谈判成果"东京守则"签署时，100 多个谈判成员中只有 41 个签署了"报告书"，发展中国家中只有阿根廷接受了最终协定①。也就是说，发展中国家和发达国家对东京回合最终的结果都不满意。

在接下来的乌拉圭回合中，国际形势发生变化，全球经济形势恶化，保护主义加剧，发达国家和发展中国家对于多边贸易体系的未来发展分歧严重，这种多样化的利益和目标对乌拉圭回合提出了许多挑战。首先，乌拉圭回合要修复由东京回合造成的破碎的多边贸易体系。其次，要设计出新的谈判规则以满足日益增大的合作需求。发达国家极力主张将投资措施、知识产权保护及服务贸易等议题纳入谈判，而发展中国家和新成立的凯恩斯集团则明确表示如果继续忽视他们关注的农产品、纺织品贸易、保障措施以及关税升级等方面的利益，他们将拒绝新领域贸易规则的谈判。这种分歧是催生"一揽子承诺"的主要动因。以美国为代表的发达国家建议将"一揽子承诺"的概念引入谈判，但是发展中国家担心这种谈判模式会增加其负担，如果将来在实践中出现问题，发达国家可能会对发展中国家实施交叉报复。最终各方达成妥协，同意将削减农业补贴、实施差别和特殊待遇原则以及纺织品等方面的要求纳入乌拉圭回合谈判范畴，并且同意将"一揽子承诺"写入发起乌拉圭回合的部长宣言《埃斯特角宣言》。事实上，整个乌拉圭回合中谈判模式已经逐步由"权力导向"向"规则导向"演进，"一揽子承诺"在这种情形下具有先行者的角色。"一揽子承诺"在整个乌拉圭回合谈判中发挥了非常重要的作用。各议题之间的关联性保证了多边贸易谈判的整体性、统一性和多边性。由于各议题之间存在关联，参与方在谈判时便可以互有牵制，他们有权中止谈判或者保持其在某个领域的谈判进展。

WTO 成立之后，新一轮的谈判几经周折才得以开展，在历经三次失败的部长会议之后，2001 年 11 月终于在多哈第四次部长会议上启动了新一轮谈判，即多哈发展回合谈判。多哈回合启动后谈判形势依然不容乐观，多次会议无果而终。从"一揽子承诺"的谈判模式的视角来看，这种谈判模式有助于解决 WTO 体系中的碎片化问题，但是也存在诸多缺陷，其中之一是不能解决谈判成员之间的分歧，会导致谈判旷日持久。例如，发达国家急于扩大 WTO 已有协定的管辖范围以谋求更大的收益，他们仍执意将竞争政策、贸易便利化及政府采购等

---

① 徐泉. WTO"一揽子承诺"法律问题阐微［J］. 法律科学，2015，1：155.

领域纳入谈判范围，并且曾在坎昆会议中明确表示不会在农业议题谈判中让步。发展中国家对此极为不满，他们担心欧美利用“一揽子承诺”的谈判模式强行加入新议题并拒绝在发展中成员关切的问题上让步，加剧他们在国际经济中的不平等地位。发展中国家坚持应当尽快落实乌拉圭回合的协定，要求发达国家落实其承诺，对发达国家提出的几乎所有建议都持抵制态度。其结果必然是导致坎昆部长级谈判无果而终。

第二节　中国在多哈回合谈判中的对策

WTO多哈回合以来，经历了一个跌宕起伏、举步维艰的过程，当前正处于进退维谷的境地。因此，采取正确的对策，对于在多哈回合谈判中逐渐建立起生态文明理念，正确处理贸易与环境保护的关系，取得相应的谈判成果，是至关重要的。

一、适时抓住建设“人类命运共同体”的历史机遇

众所周知，任何国际协定的产生，都是具有不同利益的主体之间实力相互碰撞及博弈的结果。WTO作为当今世界最重要的多边贸易体制，始终是由发达国家主导和把持的，这就决定了WTO协定必然有利于发达国家，漠视发展中国家的实际情形。因此，要提高WTO协定的实质正义性，建构生态文明理念框架，唯一的路径是提高发展中国家的实力。虽然广大发展中国家成员在WTO中占多数，但是，由于他们的政治、经济及法律势力弱小，难以与发达国家进行势均力敌的博弈，因此，广大发展中国家必须走携手合作的路径，才能在短时间内形成合力，尽快增强竞争能力。

显而易见，由于广大发展中国家分散于世界各地，各自情形互有差异，要携手并肩，形成合力，需要一个历史的机遇。可喜的是，这个机遇正好摆在我们的面前：当前经济全球化的发展趋势使世界各国从来没有像今天这样如此密不可分，广大发展中国家从来没有像今天这样积极关注国际事务，发达国家从来没有像今天这样在国际事务中处处碰壁，中国从来没有像今天这样接近实现中国梦，并且有能力参与诸多国际事务。这次历史机遇的最重要标志，当数习近平总书记高瞻远瞩，顺应了历史发展潮流，适时提出了“一带一路”及“人类命运共同体”的倡议。这些倡议的历史意义在于：在人类历史上首次系统提出了“命运与共”“共建共享”的全球治理理念，直击发达国家一贯推行的“零和博弈”“以邻为壑”

的冷战思维，指明了人类发展的正确方向。另一方面，这些倡议主要以发展中国家为依托，打破了少数发达国家多年来主导国际事务的传统模式，为广大发展中国家在 WTO 多哈回合谈判中携手合作，组成合力，提供了前所未有的机遇。一方面，当今世界的发展中国家数量多，势力弱，为了形成群体势力，发展中国家只能采取组团合作的方式①。另一方面，随着“一带一路”及“人类命运共同体”建设的逐渐展开，我国作为当今世界第二大经济体和最大发展中国家，正产生着越来越重要的影响力，越来越多的发展中国家期盼我国在国际事务中发挥主导作用。换言之，我国不仅要积极参与，还必须主导与其他发展中国家的合作，既是其他发展中国家的要求，也是历史的必然②。因此，我国主动参与并主导与其他发展中国家组成形式各样的集团，是我们充分利用 WTO 多哈回合谈判这个平台，与发展中国家合作以增强合力的重要举措。

二、积极宣传生态文明与可持续发展原则

习近平在诠释其人类命运共同体时，把加强生态环境治理作为人类命运共同体的可持续发展的目标，为全球生态环境治理指明了路径与方向。由于各国在生态环境治理方面，必须自己支付相关成本，发达国家往往坚持以邻为壑的冷战思维，不愿意承担国际责任③；同时，发展中国家却因为能力有限，常常力不从心，也不愿承担相应成本。因此，习近平在 2015 年 11 月 30 日的气候变化巴黎大会上督促大会“达成一个全面、均衡、有力度、有约束力的气候变化协议”，并希望《巴黎协定》“在制度安排上各国同舟共济、共同努力”。习近平在十九大报告中强调说，“人与自然是生命共同体，人类必须尊重自然、顺应

① 近年来，发展中国家经常采用组成国家集团的方式提高群体能力，在多边谈判中与发达国家抗衡，大大制约了发达国家的主导地位。例如，乌拉圭回合谈判中的凯恩斯集团、多哈回合谈判中的非洲集团、加勒比海和太平洋国家集团、最不发达集团和 90 国集团及哥本哈根会议关于全球气候谈判中的发展中国家集团（“77 国集团” + 中国）等。这些由发展中国家组成的形式各异的集团在多边谈判中成功维护了自己的利益，如发展中国家成员在世界贸易组织多哈回合谈判中拒绝接受发达国家成员提出的农业补贴方案，成功阻止了谈判的进行，使他们的设想落空；美国在咄咄逼人的发展中国家面前，只能退出《巴黎协定》；等等。虽然发展中国家集团有利于增强群体能力，在与强大的发达国家进行“势均力敌”的博弈中可能导致多边谈判旷日持久，但是，这无疑有助于建立更公平的世界新秩序，保证各国人民共建共享，和谐合作。

② 张帆．国际公共产品理论视角下的多哈回合困境与 WTO 的未来［J］．上海对外经贸大学学报，2017，24（4）：8.

③ 例如，美国总统特朗普于 2017 年 6 月宣布退出《巴黎协定》，就是一些发达国家固守零和博弈，不愿承担国际责任的一个最糟糕的例子。

自然”。也就是说，世界各国人民只有坚持生态文明的理念，走绿色发展的道路，才能使人类命运共同体的建设成为可能。

可喜的是，习近平提出建设人类命运共同体的倡议在国际社会博得了欢迎和重视。例如，2017 年 2 月 10 日，联合国社会发展委员会第 55 届会议通过决议，首次写入“构建人类命运共同体”，随后，联合国安理会也将“构建人类命运共同体”写入决议。这足以表明，构建人类命运共同体的倡议符合世界大多数国家人民的利益和意愿，是各国人民共同的理想。从环境保护的视角看，人类命运共同体必然是一个人与自然和谐共处、尊崇自然及绿色发展的生态体系，是人类赖以生存的清洁美丽的世界。更令人欣喜的是，2019 年 3 月召开的十三届全国人民代表大会第一次会议对宪法进行了再次修改，其中最引人注目的是将“生态文明”载入了宪法。这意味着把“生态文明”作为五大文明体系纳入我国协调发展总体布局，把生态文明建设作为社会主义现代化强国的重要目标，为中国特色社会主义生态文明建设提供全面的、根本的法律保障。

毫无疑问，我们紧紧抓住这一千载难逢的历史机遇，在多哈回合谈判中大力宣传生态文明和可持续发展的理念，既是我们向全世界贡献中国智慧的最佳时间，也是建设人类命运共同体的一部分。

三、呼吁尽快硬化特殊差别待遇规则

WTO 法律体系中的“特殊差别待遇规则”作为 WTO 涵盖协定中不可分割的一部分，旨在授权发达国家成员为发展中国家成员提供背离 WTO 多边贸易体系中由最惠国待遇和国民待遇原则代表的无歧视原则，以帮助发展中国家成员进行能力建设和发展经济。然而，由于发达国家成员出于维护私利的目的，依仗其强势进行操纵和摆布，SDT 规则始终没有摆脱其“软法”的性质，致使 SDT 规则在维护发展中国家成员利益方面，成为形同虚设的空架子。西方有不少学者从多方面对专为发展中国家制定的 SDT 规则进行了剖析，认为这些规则没有什么实质意义。例如，哈里森教授从保护人权的视角出发，指出：“许多特殊和差别待遇条款（用词）是‘尽最大努力’，而这样的承诺并不具有可执行性。例如，马拉喀什协定已被联合国贸易和发展会议（以及其他的人权组织）批评，因为这个协定对于它规定的（给予发展中国家的）援助措施缺乏可操作的机制。同样的，对《农业协定》的研究报告指出该协定前言包含了提高发展中国家产品市场准入的内容，但未落实以何种方法达到这个目标。当前，农产品贸易自由化的失败正威胁整个多哈回合谈判，而且自由化进程的主要障碍是关税以及发达国家提供给农民补贴问题。因此，人们将观察诸如‘提高发展中

国家产品市场准入’这类的一般性目标能否有贯彻人权功能的表现，然而，在缺乏任何执行机制的情况下，（一般性原则）事实上是没有实质意义的。”①

显而易见，WTO 中的 SDT 规则只是发达国家兜售给发展中国家的一件没有任何价值的华丽外衣，必须予以实质性修改。特别是发达国家近年来不仅不进一步完善 SDT 规则，竟然再次疯狂作祟，打着“贸易自由化”和“平等”的幌子，将 SDT 规则从“长期性的例外规则”变为“临时性规则”，致使 SDT 制度面临夭折的危险处境。因此，督促发展中国家成员尽快行动起来，将 WTO 法律体系中的 SDT 规则由“软法”转变成“硬法”，为发展中国家成员维护自己的合法权益提供法律保障，已成为当务之急。

从现代法理的角度看，使 SDT 规则成为具有法律拘束力的硬法，具有充分的合理性。

（一）WTO 法的硬法性质必然要求“硬化”SDT 规则

WTO 法总体上属于硬法是不容置疑的客观事实②。WTO 法属于硬法，经历了从 GATT 时期的软法到现行的硬法的曲折过程，其硬法性质主要体现在以下几个方面。

1. 立法上，WTO 所实现的“一国一票”和“一揽子承诺”等制度基本保证了程序正义

WTO 的“一国一票”制度是指，WTO 成员在正式谈判、协商和其他会议上的决策过程中，主要实现“一国一票”的形式上平等原则，基本实现了发达国家成员所标榜的“民主立法”设想③。“一揽子承诺”指任何 WTO 成员在接受 WTO 协定时，必须全部接受，没有选择的权利。表面上，这强调了法律所要求的统一性和一致性，是 WTO 法构成硬法的重要标志，然而实际上，这个特征漠视了发展中国家成员的特殊情形，迫使发展中国家成员放弃话语权，接受对

---

① HARRISON J. *The Human Rights Impact of the World Trade Organization* [M]. Spartanburg: Hart Publishing, 2007: 146.

② 严格来说，WTO 法与各国国内法一样，是一个总体上属于硬法，同时也包含着软法规则的法律混合体。其中的软法规则不多，但一定程度上起到补充硬法的作用。（ROBILANT A. Genealogies of Soft Law [J]. The American Journal of Comparative Law, 2006, 54: 551; FOOTER M. The Return to “Soft Law” in Reconciling the Antinomies in WTO Law [J]. Melbourne Journal of International Law, 2010, 11: 250.）

③ 另一方面，发达国家通常在实行“一国一票”的幌子之下，依仗自己的强势，在谈判结束或大会表决前，通过“绿屋会议”“院外座谈”等方式，软硬皆施，迫使经济弱小又对发达国家市场依赖性强的发展中国家成员接受他们的建议，从而在最后表决时实现他们自己预谋的计划。

自己不利的协定或承诺。

2. 司法上，成立了类似国内法院的争端解决机构

人类法律史表明，设立具有强制执行力的法院是硬法的必备条件之一。WTO 争端解决机构是当今世界国际法中少有的具有强制执行力的争端解决机构。该机构是从 GATT 争端解决机制演化而来的，并且较好地克服了原来的一些痼疾，完成了从“权力取向性”到“规则取向性”或“法律化”的发展过程①。WTO 争端解决机制的法律化主要表现在：设立了专门的具有排他性的争端解决机构，增设了上诉复审机构，使争端案件的处理更加专门化、专业化，增加的“反向一致”的决策方式大大增强了 WTO 争端解决机构裁决的权威性。WTO 争端解决机制的法律化具有较高的权威性和公正性，使争端解决更加公平公正、快速有效，也为发展中国家提供了一个相对有效的利益保护途径②。

因此，WTO 法经过漫长的“法律化”过程，已经从 GATT 时期的软法，变成总体上具有法律拘束力的硬法，成为当今世界国际法体系中唯一的国际经济硬法（hard international economic law）③。所以，尽快使 WTO 法中的 SDT 规则变为硬法，融入 WTO 硬法框架，自然是顺理成章了。

---

① HUDEC R. *Enforcing International Trade Law*：*The Evolution of the Modern GATT Legal System* [M]. New Hampshire：Butterworth Legal Publishers，1993：213.

② 另一方面，WTO 争端解决机制的法律化必然对案件事实提出更高的要求，会拖沓结案时间，影响司法效率。国际知名 WTO 学者杰克逊指出：“在 GATT 中，事实问题通常不是那样重要。”也就是说，GATT 专家组的目的是“主要通过采用推定或被广泛接受的法律原则来确定某个特定成员的措施是否违反了 GATT 规则”。然而，由于事实日趋复杂，WTO 程序规则存在诸多缺陷，WTO 专家组必须对当事方提交的事实付出比 GATT 案件更多的注意。结果是 WTO 专家组只能耗费更长的时间来审理错综复杂的事实问题。（JACKSON J H. William J. Davey & Alan O. *Sykes*. *Legal Problems of International Economic Relations*：*Cases*，*Materials and Tex* [M]. Saint Paul：West Publishing Company，2008：272.）换言之，GATT 案件解决的是重大的、更宽泛的原则问题，而 WTO 解决的是围绕事实细节存在的细微差别之间的冲突。（Bohl K. *Problems of Developing Country Access to WTO Dispute Settlement* [J]. Chicago - Kent Journal of International & Comparative Law，2009，9：146.）

③ LANGILLE J. *Neither Constitution Nor Contract*：*Understanding the WTO by Examining the Legal Limits on Contracting Out of Through Regional Trade Agreements* [J]. New York University Law Review，2011，86：1484. 从另一方面看，这种法律化对举证责任提出了更高的要求，这对那些财经能力弱小并不谙熟西方法院诉讼技巧的广大发展中国家成员来说，无疑增加了诉讼成本和胜诉的难度。

（二）WTO的宗旨及多哈回合通过的《WTO部长宣言》为SDT规则的硬化指明了方向

《马拉喀什建立世界贸易组织协定》序言强调了WTO的宗旨之一是："进一步认识到需要做出积极努力，以保证发展中国家，特别是其中的最不发达国家，在国际贸易增长中获得与其经济发展需要相当的份额。"可见，帮助发展中国家发展是WTO的宗旨之一，尽快硬化SDT规则，自然符合WTO的宗旨，是名正言顺的举措。

此外，WTO多哈回合通过的《WTO部长宣言》对SDT规则给予了高度重视，重申SDT规则是WTO协议不可分割的组成部分，同意对"SDT条款进行审查以便加强这些条款并使之更精确、有效和可操作性"，并授权WTO贸易与发展委员会（The WTO Committee on Trade and Development，CTD）完成以下四个方面的工作：（1）识别已经具有强制性质的SDT条款以及在性质上不具有约束力的SDT条款；（2）考虑将SDT条款转化为强制性条款在法律上和实践中对发达国家以及发展中国家的影响，识别各成员认为应具有强制性的条款；（3）考虑能使发展中国家尤其是最不发达国家最好使用SDT条款的方法；（4）根据第四届部长级会议通过的工作方案，考虑如何使SDT条款融入WTO框架。显然，WTO多哈回合通过的《WTO部长宣言》指明了WTO法律体系中的SDT的发展方向，为尽快硬化SDT规则提供了支持。

（三）现代法理框架中"正义"理论是SDT规则硬化的重要理论根基

现代国际法的主流理论最早源于古希腊和古罗马。随着他们的逐渐强大，他们开始征服别的国家，拓展自己的疆土。同时，他们出于自己作为强者的私利，开始发展法学理论，并利用其强势，向别国大肆推广。早期的法学理论崇尚的是诸如"平等""正义""自由""民主"等价值理念，一定程度上被其他法学理论不完善的国家所接受。实际上，他们宣扬这些"平等""正义""自由""民主"等价值理念时故意地强调程序正义，刻意回避实质正义问题，其实质是推行弱肉强食、适者生存的丛林规则，缺乏实质正义。也就是说，这些早期的法学理论主要是强者实施霸权的华丽外衣，注重强者的实质利益的最大化，漠视占多数的发展中国家的实际情况，自然导致强国愈强，弱国愈弱的结果。

可喜的是，随着发达国家殖民时期的结束，越来越多发展中国家开始崛起，并在国际社会为了自己的利益与发达国家博弈抗争，这迫使发达国家开始收敛其明目张胆的扩张政策。同时，发达国家中不少具有国际正义感的学者逐渐认识到传统法学理论的侵略性，开始对实质正义进行系统的研究，发展和丰富了现代法学理论。其中，弗兰克的国际法公正理论和罗尔斯的正义论，具有明显的代表性，自然成为硬化 SDT 规则的法理基础。

1. 弗兰克的国际法公正理论

弗兰克（Franck）在其《国际法与组织中的公正》这一国际法公正理论研究中的里程碑式的著作中指出，国际法已经迈进了一个崭新的“后本体论”时代，人们从法律的视角对其存在的关注已经被通过公正标准来对此进行评估的需要所替代。“存在着一个人所共知的、迅速增强的全球性共同体意识，正当性的程序已经建立，这积极地促进和要求国家间关于公正的讨论，包括分配公正问题”。弗兰克在本书中主要从道德的视角，全面地诠释了国际法中的公正理论，提出了一个系统的公正理论框架，其中有助于发展中国家的是他的最大最小原则（maximum and minimum principle）。该原则指商品分配中的不平等必须建立在这样的基础上才是公正的：这种不平等不仅有利于受益者，还应按比例或更大程度上对所有人有利①。

弗兰克的最大最小原则提出后，引起了国际法学界的极大关注，学者从多个方面给予了评述②。笔者认为，弗兰克作为发达国家的学者，凭着自己较强

① FRANCK T M. *Fairness in International Law and Institutions* [M]. Oxford：Clarendon Press，1995：18.

② 关注弗兰克公正理论的学者很多，评述也见仁见智。例如，罗尔斯的评述很有代表性。罗尔斯一方面肯定了弗兰克公正理论作用，认为最大最小理论在当今充满着“极端不公正、深度贫穷及不平等”的世界中具有重要的感染力。（RAWLS J. *The Law of Peoples* [M]. Massachusetts：Harvard University Press，1999：117.）另一方面，罗尔斯指出，自己提出的“援助义务原则”更合理，如果弗兰克的最大最小原则持续适用，没有目标或截止点，即使在一个假设的与现实世界完全不同的世界，也会存在问题的。罗尔斯为了论证其结论，还举了个例子：两个自由、体面且具有相同富裕程度和人口数量的国家，第一个国家决定工业化并增加储蓄率，第二个国家却满足于更游牧、更休闲的生活。几十年后，第一个国家比第二个国家富裕一倍。那么，那个工业国家应该征税来为第二个国家提供资金帮助吗？如果适用援助义务原则，不必征税，这是正确的。如果适用没有目标的全球平均主义原则，只要一个国家比另一国家富裕，就必然存在财税流动。这当然是不能接受的。英国牛津大学教授塔斯拉斯从法哲学的视角分析认为，弗兰克公正理论源于西方传统的公正思想。他指出，斯多葛学派、中世纪自然主义及启蒙理性主义所代表的西方文化传统中的道德普世性的主流，将他们的道德规范的客观性赋予了普世性，试图弱化种族中心主义。他们主张这些道德规范不仅普遍适用于所有个人或社会，而且具有普遍的效力。弗兰克公正理论承袭了上述观点，存在浓厚的幼稚乌托邦思想：他的关于公正包括正当性（程序公正）和分配公正（实体公正）的思想，忽视了其他如人权、濒危动物保护等价值的重要性，因此，很难适用于国际社会。（Tasioulas J. *International Law and the Limits of Fairness* [J]. European Journal of International Law，2002，13：1023.）

的国际社会责任感，敏锐地发现了当今国际社会中各国人民相互依赖的客观事实，从道德的视角来审视当今世界中资源分配的公正问题，肯定了发展中国家在国际社会中的重要性，确认了政治、经济弱小的发展中国家在国际资源分配上，有权获得优惠的待遇。

2. 罗尔斯的差别原则

罗尔斯作为当今世界最著名的具有强烈平等主义倾向的新自由主义学者，经过多年的持之以恒的努力探索和修正，创设了创新性的关于正义的理论体系。其中，他从原始状态下进行推理，提出了两个正义原则，即“（1）每一个人对于一种平等的基本自由之完全适当体制都拥有相同的不可剥夺的权利，而这种体制与适用于所有人的同样自由体制是相容的；（2）社会和经济的不平等应该满足两个条件：第一，它们所从属的公职和职位应该在公平的机会平等条件下对所有人开放；第二，它们应该有利于社会之最不利成员的最大利益（差别原则‘difference principle’）”①。第一个正义原则适用于处理社会制度中的公民平等自由问题，它不允许以最大多数人的利益为借口否定每个人拥有平等的各项基本自由；第二个正义原则用来处理有关社会和经济利益的不平等问题，使之“合乎最少受惠者的最大利益”。显然，在罗尔斯的差别原则中，自由的平等、机会的平等、分配的平等是罗尔斯正义理论的主要内容和关注的焦点。也就是说，正义要体现对弱者的利益的合理处理，要达到最差境遇中的人们利益最大化②。显然，差别原则有利于缩小社会经济利益分配的不平等，在许可的范围内让最小受惠者得到他们的最大利益，并允许那种能给最少受惠者补偿利益的不平等分配③。尽管罗尔斯的正义理论存在诸多缺陷，但在实践层面上，该理论适当关注了国际社会中作为弱者的发展中国家的利益，自然成为WTO特殊差别待遇制度具有正当性的重要理论基础④。

---

① RAWLS J. *A Theory of Justice*［M］. Massachusetts：the Belknap Press of Harvard University Press，1971：266.

② 盛美军. 罗尔斯正义理论的法文化意蕴［M］. 哈尔滨：黑龙江大学出版社，2009：274.

③ 刘宏斌. 德沃金政治哲学研究［M］. 长沙：湖南大学出版社，2009：67.

④ 虽然罗尔斯的正义理论只是对纯粹弱肉强食的市场经济的改良，但是，与哈耶克、诺齐克等强调形式的程序正义相比，罗尔斯的正义理论对实践的意义是不可低估的，它不仅有利于构建国内的，也有利于构建国际社会的高效与和谐发展的制度体系，可以为矫正以自由化为核心的国际经济立法偏离社会正义的现状提供某种理论启示。（刘志云. 论全球化时代国际经济法的公平价值取向［J］. 法律科学，2007，5：92.）

(四)“硬化”SDT 规则是国际合作发展原则的重要体现

国际合作发展原则作为一项国际交往的基本原则，已被国际社会广泛认可，也是 WTO 应遵循的基本原则，在经济全球化的今天具有重要的现实意义。发展权的规定散见于相关国际公约及联大决议，如联合国大会于 1945 年通过的《联合国宪章》《世界人权宣言》《关于人民与民族的自决权的决议》《对自然资源的永久主权的决议》《关于发展权的决议》《发展权利宣言》等。根据上述决议的具体规定，发展权的主要内容：（1）发展权作为一项人权，是全体人类中的每一个人都应享有的权利，发展权中的个人主体是具体的现实的人；（2）发展权的内容涵盖经济、政治、文化、社会、生存五个方面。此外，还可以将发展权的内容分为参与发展、促进发展和共享发展。

在经济全球化快速发展的当今世界，国际合作已经成为发展中国家实现发展权的关键途径。也就是说，当今的经济全球化已经使发达国家的利益与发展中国家的利益紧密联系在一起，发展中国家的经济发展和增长也有助于发达国家的繁荣。国际合作义务在“联大决议”、《国际法原则宣言》《关于各国依联合国宪章建立友好关系及合作之国际法原则之宣言》等多项文件中已有表述，已经成为国际交往的一项基本原则。根据《各国经济权利和义务宪章》，国际合作的基本目标是实行世界经济结构的改革，建立公平合理的国际经济新关系和国际经济新秩序，使全球所有国家都实现更普遍的繁荣，所有民族都达到更高的生活水平。为此，一切国家都有义务对世界经济实现平衡稳定的发展做出贡献，都有义务注意到发达国家的福利康乐同发展中国家的成长进步是息息相关的，充分注意到整个国际社会的繁荣昌盛取决于它的各个组成部分的繁荣昌盛。可以看出，国际合作的目的就是为了促进各国的发展，不仅要保证各国都能参与到国际合作与交流中，更要保证各国在合作中都能获得切实的利益与发展。

WTO 作为当今世界最重要的多边贸易法律体系，其宗旨明确表述了合作发展原则，特别强调了对发展中国家发展权的维护①。WTO 的宗旨除了提高人类生活水平，保证充分就业和最适宜地利用世界资源外，还明确保证发展中国家的国际贸易增长份额和经济发展。可见，加强国际合作发展，对发展中国家给予特殊照顾，已经成为 WTO 的宗旨之一，理所当然成为 SDT 规则硬化的重要理论支撑②。

（五）国际法中的法律多元化理论是“硬化”SDT 规则的重要理论依据

据国外学者研究，当今国际法中的法律多元化最早源于欧洲中世纪的商人法（Lex Mercatoria）③，体现了当时来自不同国家的商人在一起进行商品交易时

---

① 国外不少学者认为发展问题是 WTO 法的核心问题，甚至提出 WTO 是发展组织。例如，国际知名 WTO 法学者凯里西（Qureshi）认为，发展不仅指发展中国家的经济发展，也包括世界各国人民的发展问题。他指出，虽然不能说 WTO 是发展组织，但有诸多令人信服的理由证明 WTO 可以作为发展组织来运作，例如，WTO 没有明示禁止 WTO 作为发展组织来实施其职能和目标；《建立世界贸易组织协定》已经明示将发展作为其目的，GATT1994 第四部分也包括了发展目的，第 29 条规定的原则都包括了发展目的。总之，贸易自由坚定置于发展的框架之中；虽然 WTO 属于集中于国际贸易自由化的特殊的国际组织，但是 WTO 存在于国际经济秩序的“逻辑”之中。贸易就是为了发展，而不是使其终止。发展是贸易的引擎，与目标和结果同等重要。他总结指出：“国际组织法中的一项原则是：如果一个组织依其目的运作，该组织的行为就被推定为合理的。既然 WTO 已经将发展定为其目的，它作为发展组织的行为就被推定为合理的。”（QURESHI A H. *International Trade for Development: The WTO as a Development Institution* [J]. Journal of World Trade, 2009, 43: 174.）

② 从自由贸易与发展的关系视角看，发达国家对 SDT 规则的看法经历了一个从 1947 年 GATT 时期的“调整工具”（adjustment tool）到乌拉圭回合时期的“发展工具”（development tool），又回到当前的多哈回合时期的“调整工具”的过程。SDT 规则是“调整工具”的观点是西方新自由主义思想的产物，主张发达国家和发展中国家都会从自由贸易中获得平等的收益，他们都应承担相同的法律义务；但是，由于发展中国家发展基础较差，发达国家应该暂时为发展中国家提供特殊差别待遇，以便帮助他们调整相关决策，尽快融入 WTO 多边贸易体系。SDT 规则是“发展工具”的观点对新自由主义思想略做调整，认为发展中国家参与自由贸易的基础较差，自由贸易在一定条件下能够导致发展中国家的获益小于发达国家，甚至使经济基础恶化。因此，SDT 规则应该成为发展中国家的“发展工具”，直接关系到发展中国家的可持续性发展。由于发展是 WTO 多边贸易体系中的宗旨之一，SDT 规则自然应该成为 WTO 法的一部分。所以，发达国家应该承担帮助发展中国家发展经济的法律义务。SDT 规则在多哈回合中再次成为“调整工具”表明发达国家崇尚的新自由主义思想正在作祟，把 SDT 制度推向了崩溃的边缘。（SENONA J M. *Negotiating Special and Differential Treatment from Doha to Post - Hong Kong: Can Poor Peoples still Benefits?* [J]. Journal of World Trade, 2008, 42: 64）

③ ROBILANT A. *Genealogies of Soft Law* [J]. The American Journal of Comparative Law, 2006, 54: 501.

的不同需求，需要法律对不同的主体做出相应的保护的客观事实。当时的法律多元化较好地反映了当时的情形，强化了当时的政治和经济的多样性，促进了经济和自由的发展①。

当前的经济全球化正以史无前例的气势席卷全球的每个角落，几乎所有的国家都主动或被动地卷入其中。在当前的地球村里，各国政治上相差迥异，经济上贫富悬殊，文化上各不相同，需求上更是千差万别。作为当今世界中最为错综复杂的 WTO 多边贸易法律体制，典型反映了这种客观事实。这自然要求 WTO 法律体系的多元化，为各成员提供不同的法律保障。因此，我们在 WTO 发展中，必须抛弃一揽子的正统观念和允许差别化②。也就是说，我们尽快使 SDT 规则硬化，是当今世界政治、经济、法律及文化等方面多元化发展的自然需要。

综上，WTO 法律体系中的 SDT 规则的"软法"性质在法理上，违反了相关法学理论的基本要求；在实践上，导致了广大发展中国家成员在多边贸易体制中受益的不确定性，破坏了谈判中形成的利益平衡关系。尤其是多哈回合谈判已经把 SDT 规则制度推到了夭折的边缘，使发展中国家成员不得不面临失去享受特殊差别优惠待遇的法律制度保障。因此，发展中国家成员必须尽快携手，采取切实可行的对策，尽快硬化 SDT 规则，以便为发达国家成员创设帮助发展中国家成员的法律义务，切实维护发展中国家成员的合法权益。

首先，我们应该利用一切机会大力宣传相关支持特殊差别待遇规则硬化的法理思想。有关 SDT 规则硬化的法学理论近年来已经取得了较快发展，为我们硬化这些规则提供了强有力的支持③。发达国家成员反对硬化 SDT 规则的政客和学者对此自然心知肚明，只是出于维护自己的国家利益的需要，故意予以掩盖或断章取义而已。考虑国际社会近年来的制度建立无不以完整的理论框架为根基的事实，发展中国家成员应该利用一切机会大力宣传相关支持 SDT 规则硬化的法学理论，并积极开展相关研究和予以完善。尤其是西方国家不少具有较强国际社会正义感的学者近年来做了大量的相关研究，已经出版了不少专著和论文。这是一支重要的科研队伍，如果我们积极主动与他们进行合作研究，不

---

① ROBILANT A. *Genealogies of Soft Law* [J]. The American Journal of Comparative Law, 2006, 54: 513.

② PAUWELYN J. *The Transformation of World Trade* [J]. Michigan Law Review, 2005, 104: 8.

③ EWELUKWA U. *Special and Differential Treatment in International Trade Law: A Concept in Search of Content* [J]. North Dakota Law Review, 2003, 79: 875.

仅可以利用他们的读者群和感召力，还可以加强我们呼声的力度，取得事半功倍的效果。

其次，我们应该在当前的多哈回合谈判中积极修改相关的 SDT 条款。总体来说，SDT 规则属于软法，不具有法律可执行力①。对这些规则进行硬化是我们的长期目标。就当前来看，发展中国家成员应该充分利用多哈回合谈判这个平台，对这些条款进行修改和完善，具有较大的可能性和可操作性，对硬化 SDT 规则也至关重要。

一些发展中国家尝试修改上述相关条款的实践表明，提出的修改建议要从多方面考虑，切实提高相关条款的法律可操作性及实质效力，绝不是仅仅将“may”或“should”改为“will”或“shall”那么简单。其中，下列印度的修改尝试值得我们借鉴。印度在修改 DSU 第 4 条第 10 款时，首先建议将“should”改为“shall”以便使该条款具有强制性。然后，印度发现这个修改并不足以使该条款“更准确，有效或可操作性”，接着，印度针对“特别注意”（special attention）一词，提出该词语要求申诉方“在专家组专家要求和在申诉书中解释它如何或是否予以了特别注意”②。此外，印度对 DSU 第 21 条第 2 款的修改建议更有意义：该 21 条第 2 款督促专家组在监督发展中国家执行其裁决时，应“特别注意影响”（particular attention should be paid）发展中国家成员利益的事项。为此，印度提出两项修改建议：一是将“should”改为“shall”，使其成为强制性措辞，二是针对“特别注意”提出了一系列具体的操作时间表。

与对第 4 条第 10 款的修改建议相比，印度对 21 条第 2 款的修改建议更切实可行：前者只要求发达国家成员承担相应的举证证明责任，却没有提出具体的实体标准。这样，发达国家成员只要证明自己已经予以特别注意，就符合了要求，而不必证明它已经适当地考虑了发展中国家的需要。这就如同仅仅要求谈判双方“诚实地开展谈判”，却不要求必须达成协议一样，没有什么实质的意义③。

对 SDT 规则进行实质性的修改，提高其可执行力，符合多哈回合通过的《WTO 部长宣言》的要求。从短期看，这样可以快速为发达国家成员设定帮助发展中国成员的法律义务，在切实保护发展中国家成员的利益方面收到立竿见

---

① GARCIA FJ. *Beyond Special and Different Treatment*［J］. Boston College International & Comparative Law Review，2004，27：312.

② CTD，Communication from India，TN/CTD/W/6（June 17，2002）.

③ GARCIA F J. *Garcia. Beyond Special and Different Treatment*［J］. Boston College International & Comparative Law Review，2004，27：315.

影的效果；从长期看，可以制造声势，提高发展中国家成员的信心，尽快使SDT规则硬化，为发展中国家成员维护自己的合法权益创设长久的法律保障。

四、坚持共同但有区别责任原则

众所周知，《联合国气候变化框架公约》规定了气候保护的五项基本原则，“共同但有区别责任”原则不仅是其中之一，而且占有重要的地位。该原则包含两个方面：一是不论国家强弱或大小，都生活在同一个地球上，地球气候的变化是各国造成的，因此各国都必须共同行动起来，承担共同的气候保护责任，共同保护气候；二是虽然各国都要担负共同的气候保护的责任，但是各国对气候变化问题承担的历史责任、现实情况和将来发展需求的不同，对国际气候变化责任的承担并不是平均地分配，而是呈现出“有区别”的责任后果①。

遗憾的是，由于WTO尚未出台调整自由贸易与环境保护的政策，发达国家利用自己强大的经济实力和先进的设备，频频打着贸易自由化和“平等”的旗号，实施贸易保护主义，向发展中国家施加压力。最明显的例子是美国实施的“碳关税”单方面措施：2009年6月22日，美国众议院通过《清洁能源和安全法案》，针对进口的二氧化碳排放密集型产品，如铝制品、钢铁、水泥以及化工产品征收普遍性关税。美国将在2020年对达到美国碳排放标准的外国产品征收高额关税。美国在没有与相关国家进行协商的情况下，单方面出台这样的措施，理所当然地受到中国、印度等国的反对。美国的做法违背了《京都议定书》确定的发达国家与发展中国家在气候变化领域“共同但有区别责任”原则，严重损害了发展中国家的利益，是贸易保护主义的表现②。显然，由于WTO体系中没有纳入“共同但有区别责任”原则，发展中国家在发达国家实施贸易保护主义措施面前，难以切实保护自己的权益。

“共同但有区别责任”原则与WTO体制中的“特殊与差别待遇”规定看似相同，实质上，二者不可同日而语：前者是国际气候保护的基本原则之一，在国际气候保护法律制度中占有举足轻重的地位；后者只是WTO体制的“例外规定”，属于“软法”，不能构成各国的法律义务。尤其是由于发达国家仍然固守零和博弈的冷战思维，正在迫使“特殊与差别待遇”制度面临夭折的境地。因

---

① WIRTH D A. *The Rio Declaration on Environment and Development, Two Steps Forward and One Step Back* [J]. Geogia Law Review, 1995, 29: 60；曹明德. 中国参与国际气候治理的法律立场和策略：以气候正义为视角 [J]. 中国法学, 2016, 1: 37；寇丽. 共同但有区别责任原则：演进、属性与功能 [J]. 法律科学, 2013, 4: 99.

② 刘敬东. WTO中的贸易与环境问题 [M]. 北京：社会科学文献出版社, 201: 20.

此，广大发展中国家在多哈贸易与环境的谈判中，必须坚持“共同但有区别责任”原则，应具体包括三个方面的内容：（1）应当承认各国在政治、经济、法律及文化等方面客观存在的多样性，尊重各国多样化的发展模式，不能要求发展中国家承担与发达国家相同的气候保护责任；（2）发达国家的经济发达，人民生活水平高，消耗的资源多，相对会给环境带来更多的负担和损害，自然应该承担更多的责任；（3）发展中国家应该承担气候保护的责任。但是，发达国家应该承认发展中国家气候保护的能力有限，允许发展中国家在气候保护方面承担与其能力相称的责任。同时，各国都是人类命运共同体的成员，发达国家应该承担为发展中国家提供资金和技术方面的援助的义务，帮助发展中国家切实提高国际气候保护的能力①。

实际上，发展中国家在多哈贸易与环境问题谈判中坚持“共同但有区别责任”原则，存在两个客观条件。一是《多哈会议部长宣言》第32条明确提出谈判要考虑发展中国家和最不发达国家的需要，第33条提出：“我们认识到对发展中国家特别是其中的最不发达国家在贸易与环境领域提供技术援助和能力建设的重要性。我们也鼓励应在国家级层面上在愿意开展环境审查的成员之间分享专业知识和经验。”这表明多哈回合已经认可了“共同但有区别责任”原则，并且在实施实践中迈出了可喜的一步。二是WTO多哈回合中的贸易与环境问题，与国际气候保护问题难以分割开来。因此，在WTO多哈回合的贸易与环境谈判中坚持作为国际气候保护的基本原则的“共同但有区别责任”原则，自然是顺理成章、理所当然的了。

五、在主要问题上坚持清晰、正确的立场

WTO多哈回合谈判取得的任何结果，都具有法律拘束力，直接关系到我国的利益，我们决不可掉以轻心。同时，由于参加谈判的国家多，问题纷杂，局面难以掌控。特别是我国作为最大的发展中国家，在多哈回合谈判中应发挥主导作用。因此，我国在多哈回合谈判中，必须有清晰、正确的立场，决不能在发达国家的强势面前，人云亦云，唯唯诺诺。也就是说，我们在多边谈判前，必须制定好自己的具体方案，并且在实际谈判中，坚持自己的立场，认真同发达国家讨价还价。首先，发展中国家应该全力防范发达国家利用环境保护为借口，实施贸易保护主义来限制发展中国家的产品进入他们的市场。其次，发展

① 刘惠荣，许枫．论发展中国家对待WTO环境与贸易问题的立场［J］．山东科技大学学报（社会科学版），2006，8（4）：63.

中国家要全力以赴地坚持 WTO 体制中的“特殊与差别待遇”规定和国家气候协议中的“共同但有区别责任”原则，携手并肩，形成合力，迫使发达国家为发展中国家提供资金和技术援助，切实提高发展中国家的能力，因为，加强发展中国家的能力建设是当前打破多哈回合中的贸易与环境谈判的僵局，实现环境保护和可持续发展的根本①。

同时，在具体问题上，发展中国家应该旗帜鲜明，端正态度。WTO 多哈回合关于贸易与环境的谈判，应该围绕多哈的授权，实现贸易、环境与发展的三赢局面（win - win - win）②。一般地说，多哈回合谈判应该在 WTO 贸易与环境委员会的组织下，涉及的主要问题是贸易自由化与环境状况的关系，WTO 与多边环境协议（MEAs）之间的关系，环境、货物与服务的贸易壁垒问题，环境标志问题等，展开讨论。

（一）贸易自由化与环境状况的关系

在贸易自由化与环境状况的关系方面，尽管发展中国家也参与进来，但是由于发展中国家经济发展水平较低，能力有限，相关的争论主要集中在发达国家中的自由贸易主义者和环保主义者之间。自由贸易主义者认为，自由贸易不是引起环境问题的根源，贸易只是影响环境的诸多因素中的一种因素，环境问题的根源在于各种不同的市场失灵和政府失灵。环保主义者则认为，由于竞争压力，发达国家和不严格执行法律的国家进行自由贸易，会在两者之间产生不公平的竞争，从而导致发达国家降低环境标准，或放松对现存标准的执行，或放弃采取更好的环境标准③。还有一种更普遍的观点认为，贸易自由化对环境的影响有赖于三种效应，即技术效应、结构效应和规模效应的此消彼长，最终的结果如何是很难精确预测的。他们认为：（1）即使说贸易和经济的增长最终不会必然导致环境恶化，但这并不能保证说它不会使环境恶化；（2）经济的增长最终固然会对环境带来积极的影响，但它更适用于地区的环境问题；（3）如果政策适当，贸易带来的收益应该足以抵消其对环境带来的负面效应，贸易是可以对环境起到积极作用的，但仅仅依靠贸易所带来的经济增长并不足以解决环境问题，最重要的还是要有恰当的环境政策和良好的政治氛围，即政府的诚信和有效的治理④。

---

① 彭淑．论发展中成员对待贸易与环境问题的立场［J］．政治与法律，2004，6：89.
② 刘光溪．坎昆会议与 WTO 首轮谈判［M］．上海：上海人民出版社，2004：434.
③ 王海峰．贸易自由化与环境保护的平衡［J］．世界经济研究，2007，4：62..
④ 刘光溪．坎昆会议与 WTO 首轮谈判［M］．上海：上海人民出版社，2004：448.

（二）WTO与多边环境协议之间的关系

在WTO与多边环境协议之间的关系方面，各方提出的问题主要涉及WTO贸易体制与“绿色”贸易条款之间有什么样的关系及WTO协议与各种各样的国际环境协议、公约之间有什么样的关系等。截至目前，全球约有200多个多边环境协议，其中涉及贸易条款的协议有20多个。这些贸易条款中有的违背了WTO的最惠国待遇原则、国民待遇原则或其他规定，从而构成了MEAs贸易政策与WTO协议之间冲突的根源。

在如何解决MEAs贸易政策与WTO协议之间冲突问题上，发展中国家与发达国家的立场是完全对立的。例如，欧美于1994年提出了一个议题，建议对WTO第20条和其他相关条款进行修改，以便使多边环境协议中的贸易措施能够得到WTO的“事先的承认”，即无论是以前还是今后签署的多边环境协议，其贸易规则都将自动被WTO规则认可。发展中国家则反对欧盟的提议，指出欧盟的目的是使其单方面的措施合法化，从而为其推行贸易保护主义寻找合法的幌子。大多数发展中国家认为，WTO现有的第20条已经为环境保护提供了足够的空间，WTO争端解决机制也完全有能力解决有关MEAs的争端，因此完全没有必要对WTO规则尤其是第20条做出修正，这也是WTO贸易与环境委员会（CTE）的官方立场。发展中国家最反感的是MEAs对非成员实施歧视性贸易限制措施的规定。发展中国家需要的是金融和技术支持以及技术转让这样的积极措施，而不是单方面的限制和制裁①。

（三）环境、货物与服务的贸易壁垒问题

美国在多哈回合谈判中提出了关于环境、货物与服务的贸易壁垒问题，并成为积极的推动者。实际上，以美国为首的发达国家提出这项议题的用意十分明显，即倚仗自己在环境、货物与服务方面的优势，以自由贸易为借口，竭力进一步打开发展中国家的市场，为发达国家的企业进入这一“尚待开发”的领域扫清障碍。发展中国家认为，发达国家实际上是滥用WTO规则和自由贸易原则，以剥夺发展中国家保护环境的合法和正当权利②。

目前这方面的争论的主要问题是关于环境产品的定义和清单、环境产品关税和非关税壁垒的消减模式，以及环境服务分类和环境服务贸易自由化问题。如果环境产品与服务的范围界定得过广，可能因技术水平的差异，导致发达国

---

① 刘光溪．坎昆会议与WTO首轮谈判［M］．上海：上海人民出版社，2004：451.
② 刘光溪．坎昆会议与WTO首轮谈判［M］．上海：上海人民出版社，2004：452.

家的产品均比发展中国家的产品更利于环境保护，形成严重的绿色壁垒。因此，我国作为最大的发展中国家，应该在谈判中以维护发展中国家的利益为出发点，坚持“共同但有区别责任”的原则，主张发达国家缩短环保技术的保护期限并推动环境技术向发展中国家的转让，同时，我们要充分利用环境产品与服务清单和自由化模式的谈判等机会，尽量减少我国在一定时期内的环境产品和服务贸易的逆差，以及因环境服务的开放而造成的社会成本，切实维护我国的贸易利益①。

（四）环境标志问题

环境标志问题并不是一项正式的谈判议题，却是贸易与环境问题中最有争议的问题之一。欧盟、瑞士、日本通过扩大《多哈部长级宣言》对贸易与环境委员会在生态标志问题上的授权，力图将生态标志问题作为贸易与环境委员会讨论的核心问题。环境标志问题是一种变相的生产工艺过程与方法（PPM）问题，是一种有效的环境保护手段，可能会对国际贸易带来影响。也就是说，如果产品的生产方法对环境不利，即使这种方法对产品的性能没有丝毫的影响，这种产品也将被看作是不利于环境的产品。

发达国家认为，环境标志应该以“生产工艺和生产方法”为标准，其目的就是使 PPM 在 WTO 的规则中合法化，把发达国家的环境标准和生产方法强加在发展中国家的头上，从而削弱发展中国家的环境产品的竞争力，维持在这个领域的霸权地位。发展中国家认为，不同成员的经济发展水平不同，环境标准对不同国家来说是不一样的，不应强迫发展中国家接受发达国家的环境标准和生产方法。这样一来，我国应该坚持“共同但有区别责任”原则，维护发展中国家的利益；另一方面，我们应该与其他发展中国家一起，加强相互合作，吸取发达国家在这方面的经验教训，注重自身能力建设，切实提高自己环境产品在国际市场的竞争力。

六、加强与发达国家的环境合作

发展中国家应该认识到，发达国家的生态文明理念较强，环境保护的法律制度较完善，经济较发达，技术设备较先进，是国际环境保护的重要力量。相比之下，发展中国家较多关注自己的经济发展，能力较弱，生态文明理念较落后，不愿意在环境保护方面投入较多的资金和技术。因此，发展中国家在 WTO 多哈回合谈判中，应该加强与发达国家的合作。一方面，发展中国家应该团结

---

① 王海峰．贸易自由化与环境保护的平衡［J］．世界经济研究，2007，4：64.

起来，迫使发达国家做出让步，在环境保护方面承担更大的责任，为发展中国家提供更多的资金和技术援助，帮助发展中国家提高环境保护能力；另一方面，发展中国家要积极学习他们的生态文明理念，认真吸取他们在环境保护方面的经验和教训。同时，发展中国家在保护来自发达国家的知识产权时，应该建立起完善的国内法律制度，加强相应的基础设施建设，做好与发达国家的配合工作。

七、推进 WTO 体制理论框架的改革

随着经济全球化的快速发展，各国经济的发展对环境的损害日益严重，导致了各国人民的环境保护浪潮逐年高涨。同时，越来越多的人对 WTO 体制产生怀疑和诸多不满，以至于催生了当今世界的逆全球化运动。这些大规模的抗议活动的深层次原因，是近年来西方学者推崇的以民主、人权为核心的“宪政化”思潮对人们的意识产生了深刻影响①。换言之，之所以越来越多的人们不满意 WTO 体制的主要原因是，WTO 体制理论框架中忽视了“社会正义”（主要指人们所关心的人权、劳动权等权利）②。著名学者哈里森（Harrison）认为：“这些西雅图不同利益集团代表的是社会对全球化的广泛关注，以及贸易领域中 WTO 及其成员在创制贸易法律规则时的作用。抗议者的共同关注实质上是 WTO 作为决定贸易法规则、对‘社会正义’具有广泛影响的论坛。不论不同的抗议集团的每一个诉求是否合理，其是否被正确地组织、指导，他们吸引公众眼球的主张是：大量的与国际贸易规则有关的社会正义事务未被列入 WTO 工作内容。”③联合国人权事务高级专员办公室报告也认可了这一客观事实，指出 WTO 贸易体制目的在于贸易自由化并致力实现商业目标，而人权法制度关注国际贸易自由化对于人权的社会影响，这种差别无疑会对人权保护造成威胁④。

显而易见，WTO 的理论框架中的宗旨是通过贸易自由化来促进多边贸易的发展，缺失了环境保护的内容和相关规则。由于环境保护与人们的人权保护具有直接的关系，将生态文明的理念和环境保护规则纳入 WTO 理论框架，就意味着对 WTO 制度进行以维护人权与社会正义为核心的“宪政化”改革。然而，这

---

① 刘敬东．WTO 中的贸易与环境问题［M］．北京：社会科学文献出版社，2014：14.

② PETERSMANN E U. *Theories of Justice*, *Human Rights and the Consititution of the International Markets*［J］. Loyola of Los Angeles Law Review, 2003, 37: 428.

③ HARRISON J. *The Human Rights Impact of the World Trade Organization*［M］. Spartanburg: Hart Publishing, 2007: 4.

④ 刘敬东．WTO 中的贸易与环境问题［M］．北京：社会科学文献出版社，2014：15.

种对 WTO 制度进行“宪政化”改革问题，引起学术界的长久的争议，难以达成共识。

主张 WTO 制度应该纳入相关人权保护的理念和规则的主要是联合国相关机构和学者。例如，联合国人权委员会 2001 年的报告批评 WTO 对发展中国家和妇女来说就是一场“噩梦”，因为 WTO 缺失相关“维护公共利益的规则”，导致 WTO 无法通过这些规则来实现其维护人权的义务①。联合国人权事务高级专员前几年出台了多次报告，对 WTO 的相关协定，如 WTO 知识产权协定(TRIPS)、WTO 农业协定（AOA）及 WTO 服务贸易协定（GATS）等，进行了详细分析，要求纳入相关维护人权的规定，并建议 WTO 把保护和促进人权作为其宗旨，并保证 WTO 的规则和政策能够切实保护和促进人权。主张 WTO 制度进行“宪政化”的代表人物彼特斯曼认为，“宪政化”不仅是国内法，也是国际法的发展方向。在比特斯曼看来，国际法组织及联合国各人权组织都强调各国际组织考虑人权问题，如联合国各人权组织多次强调了人们的食物权、健康权、教育权、发展权、财产权、享受科学进步成果权及知识产权等，这些权利都是 WTO 应该考虑的权利。他甚至警告，如果没有人权原则作为指导，市场经济将归于失败②。

当然，彼特斯曼的观点也面临不少学者的批评。有学者认为 WTO 倡导的贸易自由化不仅没有损害人权，反而极大地促进了各国财富的增长，为促进和保护人权做出了贡献③。阿尔斯通教授认为，国际人权法和国际贸易法的目标不同，体制不同，不应混为一谈。在他看来，以人权原则来改造 WTO 体制无异痴人说梦④。同时，发展中国家也反对对 WTO 制度进行“宪政化”的理论，担心发达国家成员以人权为由制裁发展中国家的历史重演⑤。

我们认为，WTO 制度的理论框架中缺失生态文明和环境保护的理念和规则，必须对当今世界的环境恶化承担必要的责任，这是不容置疑的。因此，对 WTO 理论框架及相关规则进行改造修改，也是毫无疑问的。然而，对 WTO 制度进行实质性的改造或者将国际贸易组织和人权保护组混为一谈的设想，也是

---

① PETERSMANN E U. *Theories of Justice*, *Human Rights and the Consititution of the International Markets* [J]. Loyola of Los Angeles Law Review, 2003, 37: 429.

② PETERSMANN E U. *Theories of Justice*, *Human Rights and the Consititution of the International Markets* [J]. Loyola of Los Angeles Law Review, 2003, 37: 454.

③ 刘敬东. WTO 中的贸易与环境问题 [M]. 北京：社会科学文献出版社，2014：188.

④ ALSTON P. *Resisting the Merger and Acquistion of Human Rights by Treaty Law*: *A Reply to Petersmanm* [J]. European Journal of International Law, 2002, 13 (4): 815.

⑤ 刘敬东. WTO 中的贸易与环境问题 [M]. 北京：社会科学文献出版社，2014：188.

不切实际的乌托邦思想。切实可行的方案是，在维持 WTO 体制现行理论框架的基础上，适当纳入生态文明的理念，增加环境保护的规则，并切实提高这些规则的可执行性。同时，要适当发挥 WTO 争端解决机构的自由裁量权，在裁决 WTO 贸易与环境问题时，做出符合生态文明理念的裁决，为保护环境做出应有的贡献。

第三节　充分利用 WTO 争端解决机制平台

一、切实重视 WTO 争端解决机制的作用

WTO 争端解决机制是当今世界少有的法律机制，在 WTO 规则的制定、执行乃至发展中发挥着重要的作用。因此，我国作为最大的发展中国家，应充分利用 WTO 争端解决机制，这是我们在 WTO 法律体系中建立生态文明理念，推动 WTO 向正确方向发展的不可分割的一部分。

（一）切实了解和认真对待 WTO 规则的整体性和强制性

众所周知，国际法中的大多数法律体制具有明显的政治性，相关争端主要通过外交途径解决。做出的裁决也是“无牙的老虎”，主要靠败诉方的自觉性来执行。然而，WTO 法却具有明显的“规则导向”，绝不可等闲视之。与其他国际条约、国际习惯法和国内法律相比，WTO 规则具有几个重要特征。

第一，WTO 规则带有很强的政治性和政策性①。WTO 规则作为国际贸易公法，以政府间贸易政策和实践的协调为其价值趋向和终极目标，调整的是政府之间的宏观经济贸易关系。“加入 WTO 后，我们认识到中国的许多经济、贸易政策与法律的决定权并不完全单独由中国政府决定，要受到自己参加的国际条约的约束。国际条约和国际法已经‘闯入’国家乃至省级政府的决策。”② 一旦成员方侈谈国家主权而违反 WTO 规则导致在 WTO 争端解决机构中败诉，不仅会受到其他相关成员方的贸易报复，遭受重大经济损失，还会被迫纠正其相关政策或法律法规。更为严重的是，如果成员方对 WTO 规则尊重不够，或者泼皮

① KAPTERIAN G. A *Critique of the WTO Jurisprudence on “Necessity”* [J]. International & Comparative Law Quarterly, 2010, 59: 98.

② 张玉卿. 善用 WTO 规则 [M]. 国际经济法学刊：第 10 卷. 北京：北京大学出版社，2004：7.

刁难，必然会使其国家在国际社会中遭受多方指责，结果自然会使国家主权无法得到维护，国际形象受损①。

第二，WTO 规则具有不容置疑的强制性和排他性。司法管辖权方面，WTO 规则与国际公法中的原则以及国际法院之间存在的最大实质性不同是，WTO 的管辖权是强制性的和排他性的。这就是说，一旦成员方违反 WTO 规则，其他相关外国企业或政府在选择管辖权方面具有主动权和选择权，而不管该成员方是否同意接受这种管辖。例如，WTO 争端解决机制引入了“反向协商一致”原则，只要不是所有的成员都反对，专家组或上诉机构的报告在争端解决机构审议中便会获得通过，从而排除了败诉方单方面阻挠报告通过的可能。更重要的是，拒不履行的成员方可能受到报复。在此意义上，WTO 的成立从实质上改变了国际规范无牙老虎的弱势，成为全球化环境下国际规范的重要特征②。

第三，WTO 规则具有高度的统一性和完整性。WTO 法律体系虽然涉及面广，规则错综复杂，但是，一旦成员方违反任何 WTO 规则，都有可能受到指控并被直接诉至 WTO 争端解决机构接受审查和裁决。WTO 规则这种高度的统一性和完整性，使 WTO 规则成为名副其实的疏而不漏的法律之网。

第四，WTO 法的公法性质决定了 WTO 争端涉及面广，数额巨大，被裁败诉的结果往往不堪设想。WTO 法是调整 WTO 成员政府之间的国际贸易关系，法人和自然人不是其主体。这样一来，WTO 争端涉及的是一个行业或多个行业，一项不公正的裁决足可毁掉发展中成员关系国计民生的核心行业。特别是多数发展中国家正处在法治建设和经济发展的初期，诸多工业往往十分脆弱，不堪一击。这样，一项不公正的 WTO 裁决完全可能使发展中国家的经济发展战略夭折，结果不堪设想。

可见，与其他国际法中的法律体制相比，WTO 法已经成为长着“利牙”的老虎，必须认真对待。任何疏忽大意或漫不经心，必然招致严重后果。

（二）认真研究相关程序，掌握诉讼技巧

正确运用 WTO 争端解决机制与不可一世的大国“过招”，是一项具有高度诉讼技巧的挑战性工作。由于 WTO 争端解决机制的目的是公正、高效率地解决

① 我国加入 WTO 表明我国作为主权国家对 WTO 规则的认可，是主权国家运用和实现主权的一种方法，是主权让渡行为。如果把 WTO 专家组、上诉机构的裁决认为是干涉内政、侵犯主权，就是对 WTO 的不了解、不认识。参见张玉卿．善用 WTO 规则［M］．国际经济法学刊：第 10 卷．北京：北京大学出版社，2004：8.

② 王贵国．经济全球化与全球法治化［J］．中国法学，2008（1）：17.

成员之间的纠纷，其所倡导的司法节制、效率等原则贯穿整个制度的始终，因此，WTO 争端解决机制有着不同于国内程序法的特点，当事方必须熟练掌握和运用。

1. 司法经济原则（principle of judicial economy）至关重要

这里的司法经济原则是指专家组和上诉机构在审理过程中，要遵循效率原则，只对争议的核心问题尽快地做出公正的裁决，以降低司法成本，促进国际贸易的发展。而不是事无巨细，面面俱到。早在“美国羊毛衬衣案”中，上诉机构就依据“谅解”第 3 条第 7 款和第 4 款明确指出，争端解决机制的明确目的是确保争端的积极解决，专家组不必对起诉方所有请求做出裁决。另外，对专家组的职责做出规定的“谅解”第 11 条也没有要求专家组审查所有的请求。因此，在“美国面筋案”及“美国羊肉案”中，专家组和上诉机构使用过司法经济原则。例如，该原则在被誉为“中国入世第一案”（美国钢铁保障措施案）中得到了适用：起诉方提出了大量的法律主张，认为每个措施都违反了 WTO《保障措施协议》和 GATT 的多个义务。专家组没有必要对每个主张都进行审查，只对未预见的发展、进口增加、因果关系和对等性做出了裁决，认定美国违反了 WTO 所规定的义务。专家组认为，对这几个方面的裁决，就足以判定美国的保障措施不符合 WTO 协定，从而迅速、有效地解决了本案的争议，因此，没有必要继续审理其他方面①。再如，在欧共体与韩国奶制品保障措施案中，韩国认为欧共体在其请求成立专家组的申请中所列出的条款是不够的，要求专家组全面拒绝欧共体的诉请。专家组认为，成立专家组的请求包括了争议措施的描述以及诉请，就算是足够详细，没有必要面面俱到。

与司法经济原则有关的还有专家组的非常设性的特点。该特点决定了专家组的工作程序都有明确的时间限制，当事方所提供的口头或书面材料要简明扼要。例如，第一次实质性会议上的双方口头陈述就要求口头陈述要尽量简洁清晰，发言要击中要害，不要面面俱到，贪大求全。

显而易见，我们在利用 WTO 争端解决机制的过程中，要遵循司法节制原则，尽量注意做到以下几点。首先，在第一次实质性会议前，要认真仔细对所有法律主张进行严格筛选，找出最核心的问题。只有这样，才能集中火力，给予致命的一击。其次，无论口头陈述还是书面陈述，都要力求删除不必要的客套语，切忌拖泥带水，要简明扼要，做到招招击中要害，不给对方喘息之机，同时，也给专家组留下好的印象。再次，要注意加强与外国律师的沟通和合作，

---

① 杨国华. 中国入世第一案 [M]，北京：中信出版社，2004：263.

充分发挥外国律师的法律及语言方面的优势。

2. 特别注意认真回答专家组的问题

WTO 争端解决机制的专家组审理并未完全采用英美法院的"对抗制"，专家组也常常提出问题。例如，在第一次实质性会议上，双方口头陈述后，就进入"答问"阶段。双方可以互相提问，专家组也可以随时提问。双方互相提问中常出现唇枪舌剑、互不相让的局面，任何当事方不可忽视。更重要的是，专家组无论是在第一次实质性会议上，还是第二次实质性会议上或中期审议中，都可能提出大量的问题。而这些问题往往就是专家组根据以做出裁决的主要问题，当事方必须回答。这方面如果操作不当，就可能直接影响专家组的裁决。

可见，认真回答专家组所提出的问题，是至关重要的一步，切不可掉以轻心。为了做到万无一失，当事方在会议前应针对专家组可能提出的问题进行研究整理，各行专家集思广益，提前准备好多个方案，以防万一。尤其要注意的是，要准备好具体的材料、数据，尽量使用原始数据，让事实说话，切不可主观臆造。

3. 当事方应对自己提出的事实与理由做出"充分合理的解释"（reasoned and adequate explanations）

根据"谅解"的规定，当事方应对自己提出的主张做出"充分合理的解释"，否则，就很难使专家组认可。在本案中，专家组在未预见的发展、进口增加、因果关系和对等性等方面认定美国的保障措施依据不足，很大程度上是因为美国对其主张没有做出"充分合理的解释"。究竟什么是"充分合理的解释"，WTO 争端解决规则中没有给予明确的说明，但根据 WTO 争端解决机构的审理实践，"充分合理的解释"主要指当事方对其主张的解释必须符合 WTO 法律所规定的或被广泛接受的法理，并且必须建立在确凿的事实之上。"谅解"第 11 条规定，专家组的职责是对有关事实进行客观评估。必须指出，根据专家组的审理实践，这种客观地评估并非仅对所提供的证据进行重新审查，还要评估调查当事方是否提供了"充分合理的解释"。在欧共体与韩国奶制品保障措施案中，专家组指出了韩国主管部门的报告存在诸多问题，其中的一个问题是没有对其选择的因素及这些因素如何导致其产业损害的结论做出充分合理的解释①。

因此，这就要求当事方熟练掌握国际法中的基本法理及 WTO 法律所倡导的基本原则，并能充分地应用到实践中去。国际法中基本法理及 WTO 法律所倡导的原则源远流长，博大精深，我国相关人员必须下大力气，刻苦钻研，切实做

① 王新奎，刘光溪．WTO 保障措施争端［M］．上海：上海人民出版社，2001：141.

到对相关理论融会贯通，运用自如，为将来在 WTO 法庭上据理力争做好充分的准备。这里要强调的是，掌握相关法理对起诉中的中方行政人员和律师至关重要，切不可疏忽大意。一般地说，我们在 WTO 法庭上起诉或应诉中，通常是花重金聘请外国律师，中方律师只做一些辅助性工作，如协助搜集证据、简单的法律翻译、相关沟通等，往往对相关法理的学习注意不够。毫无疑问，聘请外国律师绝非长远之计，我们必须靠自己的律师来应对一切。我们自己的律师要积极加强理论学习，同时，注意在实践中进一步充实，对将来独立从事诉讼业务自然是至关重要的。

二、督促 WTO 专家组和上诉机构关注目的法律解释法

如前所述，《建立世界贸易组织协定》的序言中包括了可持续发展目标及保护环境等方面的内容，WTO 倡导利用世界资源要考虑与环境保护的合理关系。遗憾的是，WTO 专家组和上诉机构在解释 WTO 规则时，存在忽略 WTO 目的的缺陷，不利于 WTO 成员端正贸易与环境保护之间的关系。

（一）专家组和上诉机构的解释过分机械，忽略了目的解释的重要性

1969 年《维也纳条约法公约》是 WTO 协议解释的最重要的法律依据。根据国际法委员会的解释，“条约法公约”第 31 条采取的是约文解释法，即把约文推定为各条约当事国的意思的权威表示，而不是从头调查各当事国的意思。该委员会还指出，第 31 条并未对规定中的用语含义、上下文、目的和宗旨、善意等解释因素之间规定法律义务性的上下级关系，而只是按照逻辑把一些解释因素进行适当的排列①。显而易见，“条约法公约”第 31 条所规定的解释程序是一个统一体，专家组和上诉机构在确定词语的通常含义时，不能按次序对规定的解释因素单独进行考虑，而必须将规定的所有解释因素进行统一性的考虑。

1. 过分依赖词典来确定用语的通常意义

WTO 专家组和上诉机构在协定解释中遵循国际法委员会的关于约文反映了成员方意旨的观点，认为 WTO 协定的用语表现了 WTO 成员使用语言的目的。例如，上诉机构在“美国汽油案”中指出，1994 年关税与贸易总协定第 20 条的用语反映了理性 WTO 成员的意旨②。因此，上诉机构在起初主要依靠词典来确定协议用语的通常含义，例如，上诉机构在“阿根廷对鞋类进口的保障措施案”

---

① DAMME I V. *Treaty Interpretation by the WTO Appellate Body* [J]. European Journal of International Law, 2010, 21: 620.

② 美国汽油案（WT/DS2/AB/R），第 18 段。

中利用词典解释了“未预见的发展”（unforeseen developments）的通常意义。此外，上诉机构在“欧共体关税优惠案”“韩国牛奶案”“美国热轧钢板案”“欧共体特定海关事项案”等案中，也基本通过词典来确定相关词语的通常含义。

2. 上诉机构的探索过分谨慎，忽略了目的解释法的重要性

（1）上诉机构审理实践中逐渐认识到词典定义具有诸多局限性，开始考虑“条约法公约”中规定的其他解释因素。上诉机构通常的做法是：先依靠人们对特定词语含义的理解或词典的解释，而词典的定义经常用来确认人们对该词语的常识性理解。上诉机构经常查阅一部或多部词典，同时结合条约的用语和上下文来确定词语的含义。一般情况下，上诉机构在多数案例中会参阅普通词典，如《简明牛津词典》已经成为上诉机构最常用的词典之一，但是，在涉及法律其他领域，如商业、经济、社会等领域时，也参阅专业技术词典。上诉机构认为词典含义不能解决至少三个问题：词典含义表明“类似产品”应在很多方面类似，但没有指出在哪些方面应该类似；词典含义没有指出应该多大程度上相互类似；词典含义没有明确从谁的视角来确定“类似”的意义（消费者、发明者和制造者）。

因此，上诉机构只得考虑相关上下文和协定的目的来确定类似的含义。例如，上诉机构发现了欧共体在“欧共体香蕉案”中为了解释“协调”（harmony）一词，首先查阅了《牛津简明英语词典》，并参考了“谅解”第9.3条的目的和宗旨及语境，发现“协调”被定义为“不同部分之间的结合或适应，以组成一个统一而有序的整体”。因此，“协调”与“同步”“synchrony”不同，“并不要求所有的部分在同一时间相互和谐”。上诉机构总结性地指出，“词典不能单独解决解释中复杂的问题，因为词典旨在将词语的所有意义都列举出来，不管某些意义是常用的、罕见的、普通的，还是特殊的”①。

（2）上诉机构采用的“事实上下文”，构成了一定意义上的创新。上诉机构在审理“欧共体鸡块案”中审查了专家组对欧共体减让表中“含盐的”（salted）一词的解释过程，先考查了不同词典的释义，发现具有多重含义，不足以解释争议产品是否属于减让表中减让的范围；然后，专家组考虑条约用语中的“上下文”，考查了减让表中的相关术语，接着考虑了相关的其他协议或文件，专家组发现任何一项都没有在解释“咸的”一词的通常意义时有进一步作用，专家组仍无法得出确切的答案。这样，专家组开始突破第31条对“上下文”范畴的规定，转向了“事实上下文”，考查了其他成员的减让表、各种盐含量和附

---

① 美国博彩案（WT/DS285/AB/R），第164－166段。

加保存方法及两者之间的关系。同时，专家组还考虑了 WTO 协定的目的和宗旨及“条约法公约”第 32 条中的补充规定。最后，专家组得出了欧共体的“含盐的”鸡块属于欧共体减让的内容，欧共体对争议产品征收的关税高于所应承担的义务。显然，上诉机构支持了专家组将“事实上下文”作为确定词语通常含义的一部分的做法，对“条约法公约”第 31 条第 2 款中“上下文”的范围进行了宽泛、扩充性理解。

（3）上诉机构最近强调了“相关性要求”，限制了“上下文”在条约解释中的适用范围。如上所述，上诉机构在适用“上下文”中进行了一定的创新，拓展了“条约法条约”31 条第 2 款中规定的“上下文”范围，但在最近的案例中明显感到缺乏自信，提出了“上下文”的“相关性要求”，限制了“上下文”的适用范围。例如，上诉机构在“中国汽车配件案”中指出：“我们曾经指出条约解释者的任务是适用‘条约’第 31 条和 32 条的规定的解释工具来确定特定条约用语的意义。然而，第 31 条第 2 款规定的上下文的范围是宽泛的。然而，第 31 条第 2 款（2）中定义的上下文必须具有相关性：对条约解释者来说，上下文的相关性指上下文应该清楚明白地表明争议中的用语或短语的意义，使解释问题得以解决。因此，相关情形中作为相关上下文的特定规定、协定或文件，不仅要限于第 31 条第 2 款（2）规定的正式范围之内，还要与需要解释的语言相关，从而帮助解释者确定该语言的意义。”

显然，上诉机构已经意识到词典意义的局限性，并开始了探索，如在解释实践中采用了“事实上下文”的概念。遗憾的是，上诉机构又强调上下文的“相关性”的重要性，缩小了“条约法条约”第 31 条第 2 款列举的解释因素的分类。可见，上诉机构在解释实践中过分依赖文本解释，“明显是形式主义的行为，后来逐渐向平衡的方向过渡”。在有限的改革中主旨不明确，思维逻辑不清，实践中动摇不定，缺乏自信，解释的结果必然欠缺必要的正当性。国际法委员会曾指出，规避协定的实质意义的一种严格的文本解释，是对善意原则的违反①。

（二）违反了“条约法公约”的规定，过分依赖特定条约的目的，忽视了 WTO 整个条约的目的

目的解释是以法律规范的目的为根据来阐述、确定法律规范的意义的一种

① WAINCYMER J. *WTO Litigation, Procedural Aspects of Formal Dispute Settlement* [M]. London: Cameron May Ltd 2002: 431.

解释方法①。目的解释法的法律依据是，人类行为都是有一定目的的，受“目的律”的支配，立法者制定法律时也都有一定的目的，故法律解释者当然要使解释的结论与此目的保持一致②。在一些国内司法体制中，目的解释法曾被作为与纯粹文本分析相分离的一种探求意义的方法。在国际司法裁判实践中，目的解释法也逐渐得到灵活的运用。在 WTO 争端解决实践中，专家组和上诉机构经常采用目的解释法来解释 WTO 相关协定和法律文件，做了有意义的探索和创新，同时，也存在诸多问题。

1. 违反了“条约法公约”的规定，过分依赖特定条约的目的，忽视了 WTO 整个条约的目的

“条约法公约”第 31 条要求条约应依其用语按其上下文并参照条约的目的和宗旨来确定用语的通常意义，善意地予以解释。从这一措辞看，“条约法公约”第 31 条的目的和宗旨毫无疑问是指整个条约的目的和宗旨。也就是说，条约的目的和宗旨要从作为一个整体的条约中得以确立③。“国际法委员会认为，条约的目的是指明示的目的，尤其是条约序言中的规定。”上诉机构在“欧共体鸡块案”中对此进行了确认，认为这里“目的和宗旨”用于解释的起点是条约整体。那么，“条约法公约”第 31 条（1）所指的“目的和宗旨”是否排除了对条约特定条款的目的和宗旨的考虑，“条约法公约”没有对此做出具体规定。一些学者从整个条约与具体条款之间的关系考虑，认为第 31 条（1）的规定也包括具体条款的目的和宗旨，上诉机构在“欧共体鸡块案”中也予以确认。

需要强调的是，与“条约法公约”通过时的国际条约相比，WTO 这个当今世界最庞杂的多边法律体制要复杂得多，其中，《WTO 协定》有其表达整个 WTO 条约的目的和宗旨的序言；各附属协定也大多有其自己的序言，其中包含了该特定协定的目的和宗旨；具体协定中的某些具体条款也有表明其目的和宗旨的内容。同时，这些诸多目的和宗旨之间还存在冲突和矛盾。因此，如何从这些存在冲突的诸多目的和宗旨中确立用来解释相关规定的目的和宗旨，是十分艰难的。这意味着仅仅考虑 WTO 整个体制的一般目的可能难以解释清楚，而一旦脱离整个体制的目的，有可能失去公正性。分析上诉机构在一些案子的解释实践，其基本脉络比较清晰：在“美国汽油案”中，上诉机构指出，审查一

---

① 张志铭．法律解释操作分析［M］．北京：中国政法大学出版社，1998：117.

② 梁慧星．民法解释学［M］．北京：中国政法大学出版社，1995：226.

③ LENNARD M. *Navigating by the Stars：Interpreting the WTO Agreements*［J］. Journal of International Economic Law，2002，14：27.

项措施是否根据GATT1994第20条获得正当性时，要强调的目的和宗旨应当是第20条引言的目的和宗旨，而非整个GATT1994或WTO协定的目的和宗旨；在“美国海龟案”中，上诉机构批评专家组没有考虑第20条引言的目的和宗旨，而审查了GATT1994和WTO协定的整体目的和宗旨，并以过分宽泛的方式描述了这一目的和宗旨，专家组得出了削弱WTO多边贸易制度的措施必然被视为不属于第20条允许的措施范围的结论。上诉机构进一步指出，第20条引言的目的和宗旨与GATT1994及WTO协定的目的和宗旨不同，后者是以更广的方式规定的；维持而不是削弱多边贸易体制必然是WTO协定的一项根本的和普遍的基础，但它并不是一项权利或义务，也不是可以用来评价第20条引言的一项特定措施的解释性规则①。可见，上诉机构对集中考虑特定条约规定的目的和宗旨的解释方法持谨慎的反对态度，开始了探索对目的和宗旨的宽泛的解释方法。

2. 过分依赖条约的约文来确定条约的目的和宗旨，缺乏法理上的正当性

根据国际法委员会的解释，“条约法公约”第31条规定了条约解释诸要素之间没有法律上的效力等级之分。也就是说，第31条（1）规定的用来确定条约用语通常意义的上下文、条约的目的和宗旨等诸因素之间并无轻重之分，应该同等考虑。我国有学者总结为：善意解释是根本原则，约文解释是基本方法，参照目的和宗旨解释是条约解释正当性的保证②。完全可以说，条约用语的意义并不是抽象的、孤立的，必须考虑该用语的所有相关因素后才能确定其意义，因此，在条约的目的和宗旨已经查明以前，还不能说一个条文的意义是清楚的。因此，条约用语意义离不开条约目的和宗旨的参照，一个违背条约目的及宗旨的解释必然缺乏其正当性。

上诉机构在“美国海龟案”中清楚地表明了条约解释中考虑条款的目的和宗旨的条件及其作用，依稀可见上诉机构关于如何寻求条约的目的和宗旨及其法律职能的基本立场是：第一，必须从特定条款的约文中寻求条约的目的和宗旨；第二，只有在约文的含义含糊或无法确定时，或需要予以确认时，才可以参照作为整体的条约的目的和宗旨。换言之，如果约文的含义清楚明白时，就不必参照条约的目的和宗旨了。

（三）督促WTO专家组和上诉机构关注目的解释法有利于环境保护

综上，WTO条约解释存在的最大缺陷是漠视了目的解释法的重要性：一是违反了“条约法公约”关于条约整体性的规定，过分注重约文因素的作用，忽

---

① 美国海龟案（WT/DS58/AB/R），第121段。

② 张东平．WTO争端解决中的条约解释研究［D］．厦门：厦门大学，2003.

视了目的因素验证解释正当性的职能；二是过分集中于 WTO 条约特定条款的约文来探究其目的，只是在约文本身所表现的含义模糊或无法确定时，或者须对约文本身的解读的正确性进行确认时，才参照作为一个整体的条约的目的和宗旨。可见，这种解释方法缺乏足够的正当性，不利于各成员保护环境。

1. 坚持将 WTO 条约的目的和宗旨作为衡量条约解释正当性的重要标准

理论上，法律作为调整特定社会关系的规则，必须有其特定的目的和宗旨。法律的目的主要是指立法者想要达到的境地，希望实现的结果。罗马法法谚称，“立法的目的是法律的灵魂”。“法律目的消失后，法律本身便不复存在了。”因此，法律的目的和宗旨与具体法条的解释、执行等之间的关系，只能是目的与手段或方式之间的关系，即具体法条的解释、执行等只能以法律的目的或宗旨为应取得的结果，任何背离或违反法律的目的或宗旨的解释、执行等程序都是不容许的。WTO 作为“原则向型”的多边贸易法律制度，在无力对错综复杂的经济、法律问题做出具体规定的同时，主要靠 WTO 协定的诸多原则来表现其价值取向，维护其正当性。这些主要的价值取向是自由贸易、维护多边贸易体制、市场准入、平等互利、透明度、可持续发展及对发展中国家的特殊和差别的待遇等。正是这些价值取向维持着 WTO 之所以为 WTO 的存在，任何有悖于这些价值取向的解释必然会导致 WTO 面目全非。在 WTO 条约解释实践中，专家组和上诉机构应该始终将 WTO 条约的目的和宗旨作为衡量条约解释的正当性的主要标准，使自己的条约解释始终与 WTO 条约的目的保持一致，维护 WTO 法律制度的独特性和神圣性。

2. 坚持 WTO 整个条约目的优于特定条款目的的原则

WTO 中包含多种层次的目的，既有整个 WTO 协定的一般目的，又有具体协定、具体条款的目的。因此，正确处理 WTO 整个协定的目的与特定协定或条款的目的之间的关系，也是至关重要的。考察 WTO 协定的解释实践，专家组或上诉机构时而认为 WTO 的特定协定的目的应该优先考虑，时而认为特定协定的目的应该与 WTO 整个条约的目的相一致，尚未形成一致的思路。我们认为，正确的方法是将两者的目的协调起来考虑，不能顾此失彼：第一，原则上坚持 WTO 整个协定目的优先的原则，即在特定协定的目的不同于或有悖于 WTO 整个协定的目的时，应遵循整个协定的目的；第二，在整个协定的目的没有规定或含义不清时，可以服从特定协定的目的；第三，不管是 WTO 整个协定的目的或是特定协定或条款的目的，都必须以明确的规定为限，禁止毫无限制地将 WTO 协定没有明确规定的环保、人权、劳工标准等敏感目的强行塞进 WTO 体制中来，因为将这些重大的目的并入 WTO 体制，必须通过多边协商决策机制解决，不宜通过专家组或上诉机构对条约的解释来完成。

三、充分利用 WTO 协定中的涉及环境保护的规则

《建立世界贸易组织协定》的序言及 GATT1994 的第 20 条（b）、（g）对贸易与环境问题做了规定，此外，WTO 的相关具体协议也对环境保护做了相关具体规定：(1)《技术性贸易壁垒协议》在前言中指出，不应阻止任何国家在其认为适当的程度内采取必要的措施，以确保其出口货物的质量，或保护人类、动物或植物的生命或健康，保护环境；对技术法规和标准的合格程序不要给国际贸易造成不必要的障碍。该序言还强调指出，发展中国家在制定和实施技术法规、标准以及对技术法规和标准的合格评定程序上可能遇到特殊困难，希望对他们给予帮助。(2)《卫生与植物检疫措施协议》明确指出，实施动植物检疫制度对于保护动植物健康和安全是必要的，但不能构成任意的或不合理的歧视或不对国际贸易构成变相的限制。(3)《农产品协议》的附件 2 中规定了"绿箱政策"，其中涉及与环境规划项目有关的国内支持措施不在消减之列。(4)《与贸易有关的知识产权协议》第 1 条明确指出，成员方有权在自己的法律体制范围内，决定采取适宜的方法实施本协定的条款。第 27 条进一步规定，所有发明均可被授予专利，但如果阻止对这些发明的商业性利用对避免严重损害环境是必要的，可不授予发明权。(5)《服务贸易总协定》也与 GATT 一样将环保需要列为一般例外。例如，第 14 条规定，为了保护人类、动物和植物生命或健康，服务贸易总协定不妨碍成员国在一定情况下在服务贸易领域采取或强制执行各种措施。

WTO 的上述关于环境保护的规定清晰地表明了 WTO 协调贸易与环境关系的总目标和总原则：根据可持续发展的目标，优化使用世界资源，根据各自的需求和经济发展的实际水平，寻求既保护和保存环境又达到上述目标的手段。多边贸易体制在协调环境与贸易的关系中应遵循的原则为公开、平等、非歧视，有利于促进可持续发展，并且要考虑到发展中国家，特别是最不发达国家的实际需要，避免贸易保护主义措施，监督为环境目的而采取的贸易措施①。

截至目前，WTO 争端解决机构已经受理并裁决了多起涉及贸易与环境问题的案件，其司法实践经历了一个发展过程，即从注重对条文的语词性解释道适当运用目的解释；从重点关注贸易自由化的利益到逐步强调环境保护的重要性和环境政策所体现的重要国家利益；从以狭义的观点解释第 20 条的适用范围到

① 李寿平 . WTO 框架下贸易与环境问题的新发展［J］. 现代法学，2005，27（1）：35..

以发展的观点进行解释；从单纯强调贸易规则到引用一般国际法、国际环境法和国际环境公约的原则和条文对WTO条文进行解释，使WTO协议与相关国际环境协议相协调；以及从相对割裂贸易与环境的关系到强调两者的协调关系和可持续发展目标的实现等①。

显而易见，随着经济全球化的迅猛发展，全球环境保护面临的情势日趋严重，WTO多边贸易体制日益注重贸易与环境的保护问题。因此，充分利用WTO争端解决机制的平台，是我们尽快在WTO多边贸易体制框架内建立生态文明理念，切实保护好各国人民的共同环境的不可分割的一部分。

四、大胆利用WTO协定中特殊差别待遇规则

法学界有著名的法谚：法律的真谛是实践。WTO多边贸易法律体系中的SDT规则的最大特征之一，是其毋庸置疑的政治性，其中不少法律规则没有法律拘束力，也缺乏可操作性，致使WTO争端解决机构中的专家组和上诉机构享有较大的自由裁量权。因此，如果发展中国家在争端解决中充分援引这些规定，并且敢于据理力争，就可以对专家组和上诉机构成员形成压力，督促他们通过能动的司法解释途径发展SDT规则，从而做出有利于发展中国家成员的裁决。尤其是充分利用WTO法庭来表达发展中国家成员的诉求和呼声，有助于提高发展中国家成员在WTO平台上的话语权，为提高特殊差别待遇条款的可执行性，乃至建立相应的制度做好舆论准备。

WTO争端解决实践表明，不少发展中国家成员，如印度、巴西、印度尼西亚及中国等，在相关争端解决活动中多次援引过SDT规定，取得了较好的结果。例如，加拿大在1996年的巴西飞机出口补贴案中，指控巴西对一家民用飞机制造商给予了已经被禁止的出口补贴。巴西声称即使它提供了禁止的出口补贴，基于其发展中国家的地位，它有权援引WTO《补贴与反补贴措施协定》中的相关专为发展中国家制定的SDT待遇规定，在WTO协定生效之日起8年内这样行事。专家组审理后支持了巴西的意见，指出该协定赋予了发展中国家成员的特殊差别待遇，该反补贴协定在8年内不适用于发展中国家②。

在WTO争端解决实践中积极援引SDT规则，并敢于为之据理力争。WTO争端解决机构作为WTO多边贸易法律体系的“皇冠上的明珠”，是发展中国家

① 丁明红.WTO体制下贸易与环境政策之法律协调问题研究［D］.厦门：厦门大学，2006：185.

② 巴西飞机出口补贴案（WT/DS46/R），第7.50页。

成员为了维护自己的合法权益据理力争的重要平台。如果充分利用这个平台，积极援引 SDT 规则，具有重要的意义。即当我们援引执行力较强的 SDT 规则时，自然可以督促专家组和上诉机构重视发展中国家成员的正当诉求，有利于我们取得实实在在的利益；即使我们援引执行力不强的 SDT 规则，虽然难以得到专家组和上诉机构的支持，但是可以督促专家组积极发挥自己的司法能动性，做出有利于发展中国家的裁决。更为重要的是，可以提高我们的话语权，表达我们的呼声，给发达国家成员产生震慑，为硬化 SDT 规则制造声势。发展中国家成员参与 WTO 争端解决的实践证明，这是切实可行的。例如，《关于争端解决规则与程序的谅解》的第 22 条对发展中国家的特殊情形的规定模糊不清，但是，在 WTO 争端解决实践中，曾有不少发展中国家成员要求 WTO 争端解决机构考虑他们的发展中国家地位，在报复水平和范围方面，给予优惠待遇。例如，在欧共体Ⅲ香蕉案中，厄瓜多尔递交了相关数据，证明香蕉贸易如同其国民经济中“生命血液”（lifeblood）一样重要。仲裁员指出，厄瓜多尔已经成功证明了其香蕉贸易足够重要，厄瓜多尔经济对此有“高度”依赖性，因此，厄瓜多尔的证明达到了第 22.3 条对实施报复所规定的要求。在分析第 22.3（d）中规定的“更广泛的经济因素”（the broader economic elements）问题中，厄瓜多尔争辩说，他们正面临着历史上最严重的经济危机。仲裁员最终认可了厄瓜多尔的诉求。

必须强调的是，仲裁员在厄瓜多尔没有主动援引第 21.8 条的情况下，却主动援引了第 21.8 条规定，以支持厄瓜多尔的诉求①。WTO 争端解决实践表明，仲裁员的裁决往往比专家组和上诉机构更灵活，这虽然可能招致司法能动性的质疑，但是，对发展中国家来说，不能不说是利好的消息：在与发达国家对簿公堂中，发展中国家应大胆援引相关规定，据理力争。在一定情况下，可能争取到有利于发展中国家的裁决②。

---

① 《谅解书》第 21.8 条规定，如案件是由发展中国家提出的，则在考虑可能采取何种适当行动时，DSB 不但要考虑被起诉所涉及的贸易范围，还要考虑其对有关发展中国家成员经济的影响。

② 需要指出的是，根据 WTO 相关规定，WTO 争端解决机构做出的裁决仅仅对争端当事方有拘束力，对其他方和后来的裁决不具有先例约束力。然而，WTO 争端解决的实践表明，其裁决对后来的相关裁决具有重要的影响力，对 WTO 法的修改也具有不可小觑的作用。因此，发展中国家成员在参与 WTO 争端解决活动中应积极援引 SDT 规则，对硬化这些规则是十分重要的。

本章小结

在 WTO 多哈回合中，关于贸易与环境问题的谈判经历了一个漫长且荆棘丛生的过程，可圈可点的成果屈指可数。我们认为，这其中最重要的根源在于贸易政策和环境政策各自追求的价值和目标的冲突、国际社会发展的失衡以及世界各国错综复杂的利益的冲突。换言之，WTO 法理框架中缺乏关于生态文明理念的一致的共识，导致 WTO 协议中的相关贸易与环境的规则缺乏可操作性。令人欣慰的是，随着经济全球化的全面发展，世界各国越来越感觉到以“共建共享”及“合作共赢”为主要特征的“人类命运共同体”建设的重要性，开始关注国际环境保护问题。尤其重要的是，随着广大发展中国家的日益崛起，当今世界各国相互博弈的能力日趋平衡，调整国际贸易和环境保护的法律制度自然越来越趋向公平。我国作为世界最大的发展中国家，应该在国际贸易发展和环境保护中，发挥主导性的作用。也就是说，在各国人民的努力下，一个具有系统生态文明理念的 WTO 多边贸易体制，必然会大大促进国际贸易的良性发展和对国际环境保护，为人类共同的美好生活做出重要的贡献。

主要参考文献

一、中文文献

（一）中文类著作

1. 包海松．繁荣的真相［M］．北京：中国经济出版社，2014.

2. 陈江风．天人合一观念与华夏文化传统［M］．北京：生活·读书·新知三联书店，1996.

3. 戴万稳．国际市场营销学［M］．北京：北京大学出版社，2015.

4. ［德］P. 科斯洛夫斯基．资本主义伦理学［M］．王彤，译．北京：中国社会科学出版社，1996.

5. ［德］拉茨勒．奢侈带来富足［M］．刘风，译．北京：中信出版社，2003.

6. 鄂晓梅．单边 PPM 环境贸易措施与 WTO 规则：冲突与协调［M］．北京：法律出版社，2007.

7. ［法］施韦泽．敬畏生命［M］．陈泽环，译．上海：上海社会科学出版社，1992.

8. ［法］阿尔蒂斯·贝特朗．HOME·抢救家园行动［M］．李毓真，译．北京：中国友谊出版公司，2010.

9. 傅佩荣．傅佩荣解读孟子［M］．台北：台湾线装书局，2006.

10. 傅绍华．世界近现代史简编［M］．大连：大连海运学院出版社，1992.

11. 韩德培，陈汉光．环境保护法教程［M］．北京：法律出版社，2003.

12. 郭沫若．荀子的批判［M］//十批判书．北京：东方出版社，1996.

13. ［古希腊］亚里士多德．政治学［M］．吴寿彭，译．北京：商务印书馆，1965.

14. 何建华．发展正义论［M］．上海：上海三联书店，2012.

15. 梁慧星. 民法解释学［M］. 北京：中国政法大学出版社，1995.

16. ［加拿大］黛布拉·斯蒂格. 世界贸易组织的制度再设计［M］. 汤蓓，译. 上海：上海人民出版社，2011.

17. 刘敬东. WTO中的贸易与环境问题［M］. 北京：社会科学文献出版社，2014.

18. 黄志雄. WTO体制内的发展问题与国际发展法研究［M］. 武汉：武汉大学出版社，2005.

19. 李经谋. 中国粮食市场发展报告［M］. 北京：中国财政经济出版社，2014.

20. 李秀香. WTO规则解读与运用［M］. 大连：东北财经大学出版社，2012.

21. 刘宏斌. 德沃金政治哲学研究［M］. 长沙：湖南大学出版社，2009.

22. 刘光溪. 坎昆会议与WTO首轮谈判［M］. 上海：上海人民出版社，2004.

23. 柳平生. 当代西方经济正义理论流派［M］. 北京：社会科学文献出版社，2012.

24. 马克思恩格斯选集：第3卷［M］. 北京：人民出版社，1995.

25. 蒙培元. 人与自然——中国哲学生态观［M］. 北京：人民出版社，2004.

26. ［美］赫尔曼·达利，小约翰·柯布. 21世纪生态经济学［M］. 王俊，韩冬筠，译. 北京：中央编译出版社，2015.

27. ［美］约翰·纳什. 大自然的权利［M］. 杨通进，译. 青岛：青岛出版社，1999.

28. ［美］霍尔姆斯·罗尔斯顿. 环境伦理学［M］. 杨通进，译. 北京：中国社会科学出版社，2000.

29. ［美］罗德里克·纳什. 大自然的权利［M］. 杨通进，译. 青岛：青岛出版社，1999.

30. 邱仁宗. 国外自然科学哲学问题［M］. 北京：中国社会科学出版社，1991.

31. 秦谱德，崔晋生，蒲丽萍. 生态社会学［M］. 北京：社会科学文献出版社，2013.

32. 曲爱娟. 孔孟荀的天人观及其生态伦理［D］. 杭州：浙江大学，2003.

33. ［日］岸根卓郎. 环境论——人类最终的选择［M］. 何鉴，译. 南京：

南京大学出版社，1999.

34. 冉茂宇，刘煜．生态建筑［M］．武汉：华中科技大学出版社，2014.

35. ［瑞典］缪尔达尔．反潮流：经济学批判论文集［M］．北京：商务印书馆，1992.

36. 世界贸易组织秘书处．乌拉圭回合协议导读［M］．索必成，胡盈之，译．北京：法律出版社，2000.

37. 盛美军．罗尔斯正义理论的法文化意蕴［M］．哈尔滨：黑龙江大学出版社，2009.

38. 孙振宇．WTO 多哈回合谈判中期回顾［M］．北京：人民出版社，2005.

39. 田云刚，张元洁．老子人本思想研究［M］．北京：中国社会科学出版社，2005.

40. 天河．格林斯潘传 被审判的上帝［M］．北京：新世界出版社，2015.

41. 王力国．图解经济学［M］．北京：石油工业出版社，2015.

42. 王宁．消费社会学：一个分析的视角［M］．北京：社会科学文献出版社，2001.

43. 王新奎，刘光溪．WTO 保障措施争端［M］．上海：上海人民出版社，2001.

44. 王雪．中国－东盟自由贸易区基本法律制度［M］．北京：中国政法大学出版社，2014.

45. 王礼嫱，曹叠云．中国自然保护立法基本问题［M］．北京：中国环境科学出版社，1992.

46. 吴卡．国际条约演化解释理论与实践［M］．北京：法律出版社，2017.

47. 杨国华．中国入世第一案［M］．北京：中信出版社，2004.

48. ［英］彼得·萨瑟兰．WTO 的未来［M］．刘敬东，译．北京：中国财政经济出版社，2005.

49. ［英］约翰·梅纳德·凯恩斯．就业、利息和货币通论［M］．魏埙，译．西安：陕西人民出版社，2004.

50. ［英］帕特莎·波尼，爱伦·波义耳．国际法与环境［M］．2 版．那力，王彦志，王小钢，译．北京：高等教育出版社，2007.

51. 余谋昌，王耀先．环境伦理学［M］．北京：高等教育出版社，2004.

52. 虞崇胜．政治文明论［M］．武汉：武汉大学出版社，2003.

53. 赵维田．世贸组织（WTO）的法律制度［M］．长春：吉林人民出版社，2000.

54. 赵维田. WTO 的司法机制［M］. 上海：上海人民出版社，2004.

55. 朱榄叶. 世界贸易组织国际贸易纠纷案例评析［M］. 北京：法律出版社，2000.

56. 张志铭. 法律解释操作分析［M］. 北京：中国政法大学出版社，1998.

57. 张卓元. 政治经济学大辞典［M］. 北京：经济科学出版社，1998.

58. 张文显. 二十世纪西方法哲学思潮研究［M］. 北京：法律出版社，2006.

59. 张曙光. 外王之学——《荀子》与中国文化［M］. 开封：河南大学出版社，1995.

60. 张玉卿. 善用 WTO 规则［M］//国际经济法学刊：第 10 卷. 北京：北京大学出版社，2004.

61. 张向晨. 窗外的世界——我眼中的 WTO 与全球化［M］. 北京：中国人民大学出版社，2008.

62. 周濂. 正义的可能［M］. 北京：中国文史出版社，2015.

63. 朱晓鹏. 老子哲学研究［M］. 北京：商务出版社，2009.

64. 余敏友，左海聪. WTO 争端解决机制概论［M］. 上海：上海人民出版社，2001.

（二）中文类期刊

1. 蔡守秋. 环境权初探［J］. 中国社会科学，1982（3）.

2. 曹明德. 中国参与国际气候治理的法律立场和策略：以气候正义为视角［J］. 中国法学，2016（1）.

3. 车丕照，杜明. WTO 协定中对发展中国家特殊和差别待遇条款的法律可执行性分析［J］. 北大法律评论，2007，7（1）.

4. 陈业新. 是"天人相分"，还是"天人合一"——《荀子》天人关系论再考察［J］. 上海交通大学学报（哲学社会科学版），2006（3）.

5. 陈咏梅. "法庭之友"参与 WTO 争端解决程序历史考察述评［J］. 武大国际法评论，2014（1）.

6. 符为平. 浅析荀子的"天人相分"思想［J］. 沧桑，2008（3）.

7. 高春花. 荀子的生态伦理观及其当代价值［J］. 道德与文明，2002（5）.

8. 寇丽. 共同但有区别责任原则：演进、属性与功能［J］. 法律科学，2013（4）.

9. 李慧芬．“天人之分”“天人相参”与“天人和谐”——荀子天人关系学说的朴素管理学意蕴［J］．理论学刊，2011（9）．

10. 李昳聪．荀子的生态伦理思想的当代价值［J］．自然辩证法研究，2006，22（8）．

11. 李炬蒙．孔子“天人合一”观中的和谐思想管窥［J］．湖南农业大学学报（社会科学版），2007，8（2）．

12. 李滨．世贸组织争端解决实践中的条约目的解释［J］．世界贸易组织动态与研究，2010（6）．

13. 李寿平．WTO框架下贸易与环境问题的新发展［J］．现代法学，2005（1）．

14. 刘志云．论全球化时代国际经济法的公平价值取向［J］．法律科学，2007（5）．

15. 刘芹．论自由贸易理论的演变与发展［J］．首都经济贸易大学学报，2004（4）．

16. 刘险峰，赵静莲．论荀子的“天人相分”和“制天命而用之”的思想［J］．理论探讨，2008（3）．

17. 鲁鹏．文明、全球化与人的关系［J］．哲学研究，2000（1）．

18. 穆治霖．应对雾霾污染的法律思考［J］．环境与可持续发展，2014（1）．

19. ［美］汤姆·雷根．关于动物权利的激进的平等主义观点［J］．哲学译丛，2000（2）．

20. 欧福永，熊之才．WTO与环保有关的贸易条款评析［J］．当代法学，2004（1）．

21. 潘存娟．老子生态伦理思想述要［J］．喀什师范学院学报，2006，27（2）．

22. 彭淑．论WTO发展中成员对待贸易与环境问题的立场［J］．政治与法律，2004（6）．

23. 蒲沿洲．论孟子的生态环境保护思想［J］．河南科技大学学报（社会科学版），2004，22（2）．

24. 钱穆．中国文化中未来可有的贡献［J］．中国文化，1994（4）．

25. 任俊华．孟子的生态伦理思想管窥［J］．齐鲁学刊，2003（4）．

26. 石如琴．上市公司环境会计信息披露模式选择浅析［J］．当代经济，2009（24）．

27. 宋俊荣.《京都议定书》框架下的碳排放贸易与 WTO [J]. 前沿, 2010 (13).

28. 涂平荣. 孔子的生态伦理思想探微 [J]. 江西社会科学, 2008 (5).

29. 王海峰. 贸易自由化与环境保护的平衡 [J]. 国际贸易, 2007 (4).

30. 杨红强, 张晓辛.《京都议定书》机制下碳贸易与环保制约的协调 [J]. 国际贸易问题, 2005 (10).

31. 王玉婧. WTO 中的可持续发展理念与中国外贸可持续发展 [J]. 江西财经大学学报, 2005 (37).

32. 王贵国. 经济全球化与全球法治化 [J]. 中国法学, 2008 (1).

33. 魏金玉. 论我国环境法体系及立法建议 [J]. 中国环境管理, 2006 (1).

34. 吴斌. 论 WTO 决策机制 [J]. 河北法学, 2004 (2).

35. 徐泉. WTO "一揽子承诺" 法律问题阐微 [J]. 法律科学, 2015 (1).

36. 杨发庭. 生态危机: 特征、根源及治理 [J]. 理论与现代化, 2016 (2).

37. 张帆. 国际公共产品理论视角下的多哈回合困境与 WTO 的未来 [J]. 上海对外经贸大学学报, 2017 (4).

38. 赵维田. WTO 案例研究: 1998 年海龟案 [J]. 环球法律评论, 2001 (夏季号).

39. 曾华群. 论 "特殊与差别待遇" 条款的发展及其法理基础 [J]. 厦门大学学报, 2003 (6).

二、英文文献

(一) 英文类著作

1. Smith A, STENNING A, WILLIS K. Social Justice and Neoliberalism [M]. London: Zed Books, 2008.

2. RUGMAN A, KIRTON J, SOLOWAY J. Environmental Regulations and Corporate Strategy, A NAFTA Strategy [M]. Oxford: Oxford University Press Inc., 1999.

3. ALFREDO S F, JOHNSTON D. Neoliberalism [M]. London: Pluto Press, 2005.

4. GOYAL A. The WTO and International Environmental Law: Towards Concilia-

tion [M]. Oxford: Oxford University Press, 2006.

5. MACLEOD A M. Economic Justice [M]. Berlin: Springer Netherlands, 2013.

6. KAPSTEIN E B. Economic Justice in an Unfair World: Toward a Level Playing Field [M]. Princeton: Princeton University Press, 2006.

7. EDWARDS C, MITCHELL D J. Global Tax Revolution: The Rise Of Tax Competition And The Battle To Defend It [M]. Washington D. C.: Cato Institute, 2008.

8. BLACK D J., PLAYLON A L Decision Making in International Organizations: An Interest Based Approach to Voting Rule Selection [M]. Ohio State University, 2009.

9. PETERSMANN E U. Theories of Justice, Human Rights and the Consititution of the International Markets [M]. Firenze: European University Institute, 2003.

10. KAPSTEIN E B. Economic Justice in an Unfair World: Toward a Level Playing Field [M]. Princeton: Princeton University Press, 2006.

11. SAMPSON G P, CHAMBERS W B. Trade Environment and the Millennium [M]. 2nd ed. United Nations University Press, 2002.

12. DELMARTINO G F. Global Economy, Global Justice [M]. London: Routledge, 2003.

13. HUFBAUER G C, ESTY D C, OREJAS D, et al. NAFTA and the Environment: Seven Years Later [M]. Washington D. C.: Institute For International Economics, 2000.

14. MERLE J C. Spheres of Global Justice [M]. Berrin: Springer Netherlands, 2013.

15. MERLE J C. Can Global Distributive Justice be Minimalist and Consensual? ——Reflections on Thomas Pogge's Global Tax on Natural Resource [M] //FOLLESDAL A, POGGE T. Real World Justice: Grounds, Principles, Human Rights, and Social Institutions. Bhin: Spinger Netherlands, 2005.

16. JACKSON J H, DAVEY W J, SYKES A O. Legal Problems of International Economic Relations: Cases, Materials and Text [M]. 5th ed. Saint Paul: West Publishing Company. 2008.

17. JACKSON J H. Sovereignty, the WTO, and Changing Fundamentals of International Law [M]. Cambridge: Cambridge University Press, 2006.

18. RAWLS J. A Theory of Justice [M]. Cambridge MA: The Belknap Press of

Harvard University Press，1971.

19. BUSH R. Poverty and Neoliberalism [M] . London：Pluto Press，2007.

20. GARDINER R. Treaty Interpretation [M] . Oxford：Oxford University Press，2009.

21. HIGGINS R. Problems and Process：International Law and How we Use it [M] . Oxford：Oxford University Press，1993.

22. CAIRO A. R. International Environmental Law Reports，Volume 2，Trade and Environment [M] . Cambridge ：Cambridge University Press，2001.

23. COTTIER T，PAUWELYN J，BURCH E. Linking Trade Regulation and Human Rights in International Law：An Overview [M] //THOMAS C，JOOST P，ELISABETH B B. Human Rights and International Trade. Oxford：Oxford University Press，2005.

24. FRANCK T M. Fairness in International Law and Institutions [M] . 2nd ed. Oxford：Clarendon Press，1995.

25. ESKRIDGE W N. Dynamic Statutory Interpretation [M] . Oxford：Harvard University Press，1993.

26. GARDINER R. The Vienna Convention Rules on Treaty Interpretation [M] //DUNCAN B. Hollis，The Oxford Guide to Treaties. Oxford ：Oxford University Press，2012.

（二）英文期刊

1. GREEN A. Climate Change，Regulatory Policy and the WTO [J] . Journal of International Economic Law，2005，8 (1) .

2. ROBILANT A. Genealogies of Soft Law [J] . The American Journal of Comparative Law，2006，54.

3. QURESHI A H. Interpreting World Trade Organization Agreements for the Development Objective [J] . Journal of World Trade，2009，43.

4. QURESHI A H. International Trade for Development：The WTO as a Development Institution? [J] . Journal of World Trade，2009，43 (1) .

5. ACKERMAN B. The Living Constitution [J] . Harvard Law Review，2007，120.

6. MCLACHLAN C. The Principle of Systemic Integration and Article 31 (3) (c) of the Vienna Convention [J] . International and Comparative Law Quarterly，2005，54.

7. EHLERMANN C D. Six Years on the Bench of the "World Trade Court", Some Personal Experiences as Member of the Appellate Body of the World Trade Organization [J] . Journal of World Trade, 2002, 36.

8. WIRTH D A. The Rio Declaration on Environment and Development, Two Steps Forward and One Step Back [J] . Georgia Law Review, 1995, 29.

9. JON F. Promoting Economic Justice in the Face of Globalization [J] . Journal of Law in Society, 2008, 9 (2) .

10. FERRARI F. Uniform Interpretation of the 1980 Uniform Sales Law [J]. George Journal of International and Comparative Law, 1994, 24.

11. GARCIA F J. Beyond Special and Different Treatment [J] . Boston College International & Comparative Law Review, 2004, 27.

12. KAPTERIAN G. A Critique of the WTO Jurisprudence on "Necessity" [J]. International & Comparative Law Quarterly, 2010, 59.

13. MANN H. NAFTA and the Environment: Lessons for the Future [J] . Tulane Environment Law Journal, 1999 - 2000, 13.

14. DAMME I V. Treaty Interpretation by the WTO Appellate Body [J]. European Journal of International Law, 2010, 21.

15. JACKSON J H. the world trade organization: constitution and jurisprudence [J] . International Affairs, 1999, 75 (2) .

16. DEMBACH J C, KAKADE S. Climate Change Law: An Introduction [J]. Energy Bar Association Energy Law Journal, 2008, 29 (1) .

17. LANGILLE J. Neither Constitution Nor Contract: Understanding the WTO by Examining the Legal Limits on Contracting Out of Through Regional Trade Agreements [J] . New York University Law Review, 2011, 86.

18. TASIOULAS J. International Law and the Limits of Fairness [J] . European Journal of International Law, 2002, 13.

19. PAUWELYN J. The Transformation of World Trade [J] . Michigan Law Review, 2005, 104.

20. PAUWELYN J. The Role of Public International Law in the WTO: How Far Can We Go? [J] . The American Journal of International Law, 2001, 95.

21. MANDLE J. Globalization and Justice [J] . The Annals of the American Academy of Political and Social Science, 2000, 570 (1) .

22. BOHL K. Problems of Developing Country Access to WTO Dispute Settlement

[J] . Chicago – Kent Journal of International & Comparative Law, 2009, 9.

23. SCHEFER N. Dancing with the Devil: A Heretic' s View of Protectionism in the WTO Legal System [J] . Asian Journal of WTO & International Health Law and Policy, 2009, 4 (2) .

24. KENNEDY M. The Integration of Accession Protocols into the WTO Agreement [J] . Journal of World Trade, 2013, 47.

25. FOOTER M E. The Return to "Soft Law" in Reconciling the Antinomies in WTO La [J] . Melbourne Journal of International Law, 2010, 11.

26. LENNARD M. Navigating by the Stars: Interpreting the WTO Agreements [J] . Journal of International Economic Law, 2002, 5 (1) .

27. WAIBEL M. Demystifying the Art of Interpretation [J] . The European Journal of International Law, 2011, 22.

28. STEINBERG R H. Trade – Environment Negotiations in the EU, NAFTA, and WTO: Regional Trajectories of Rule Development [J] . American Journal of International Law, 1997, 91 (2) .

29. HIGGINS R. Time and the Law: International Perspectives on an Old Problem [J] . International and Comparative Law Quarterly, 1997, 6.

30. DINAH S. The Participation of Nongovernmental Organizations in International Judicial Proceedings [J] . The American Journal of International Law, 1994, 88 (4) .

31. ROLLAND S E. Redesigning the Negotiation Process at the WTO [J]. Journal of International Economic Law, 2010, 13 (1) .

32. POGGE T. A global resources dividend [J] . Lua Nova, 1998, 2 (1) .

33. POGGE T. World Poverty and Human Rights [J] . Ethics & International Affairs, 2005, 19 (1) .

34. Thomas P. Moral Universalism and Global Economic Justice [J] . Politics, Philosophy & Economics, 2002, 1 (1) .

35. DONAHUE T R. Environmental and Economic Justice [J] . EPA Journal, 1977, 3 (10) .

36. SCHOENBAUM T J. International Trade and Protection of the Environment: the Continuing Search for Reconciliation [J] . American Journal of International Law, 1997, 91.

37. YAMAOKA T. Analysis of China' s Accession Commitments in the WTO:

New Taxonomy of More and Less Stringent Commitments, and the Struggle for Mitigation by China [J]. Journal of World Trade, 2013, 47.

38. EWELUKWA U. Special and Differential Treatment in International Trade Law: A Concept in Search of Content [J]. North Dakota Law Review, 2003, 97.

39. ALSTINE V. Dynamic Treaty Interpretation, University of Pennsylvania Law Review, 1998, 146.

40. ESKRIGE W N. Dynamic Statutory Interpretation [J]. University of Pennsylvania Law Review, 1987, 135.

41. ESKRIGE W N. The New Textualism [J]. University of California Law School Law Review, 1990, 37.

42. ESKRIGE W N, FRICKEY P. Statutory Interpretation as Practical Reasoning [J]. Stanford Law Review, 1990, 42.

后　记

世界贸易组织（WTO）成立至今已有24个年头了。回首这24年的风雨兼程，WTO在经济全球化及逆全球化的风雨飘摇中历经坎坷，既有希冀，又有挫折。遗憾的是，随着各国环境的恶化及全球生态危机蔓延，当前的WTO多哈回合谈判步履艰难，多边贸易体制正陷入前所未有的困境。

我国传统文化中的“天人合一”智慧，尤其是近年来习近平倡导的生态文明理念及建设“人类命运共同体”倡议，高瞻远瞩，指明了人类的发展必须理性处理好人类与环境的关系，保护好环境就是保护好人类自己，走“天人合一”之路！也就是说，WTO当前的举步维艰的根本原因之一，是沉湎于促进贸易自由化，漠视对环境的保护，有悖于生态文明的理念。因此，WTO走向成功的唯一出路，是各成员借鉴我国的“天人合一”理念，携手并肩将生态文明思想纳入其理论框架，制定相应的保护环境的规则，切实为各国的福祉做出实质性的贡献。

本书从我国传统文化和生态文明理念的视角展开研究，旨在诊脉探源，居高临下，为WTO的健康发展指明方向，提供些许实际建议，为实现“人类命运共同体”的伟大倡议尽微薄之力。

感谢WTO秘书处的法律顾问彼特斯曼、鲍威林和梅索教授对我的研究的肯定和鼓励。

我的研究生裴思泽、张秋莹、马萍、靳晶晶及时振田等，积极参加了我的研究，收集了大量的资料。他们那种严谨、认真的学风，给我留下了美好的印象。在此向他们表示感谢，并祝他们在各自的工作岗位上取得更大的成绩。最后，本书的撰写和出版得到光明日报出版社的关心和支持，在此一并表示感谢。

姜作利

2019年12月8日于山东大学青岛校区